怀孕了 就要这样吃

艾贝母婴研究中心 编著

U0278316

中国人口出版社
China Population Publishing House
全国百佳出版单位

前言 Foreword

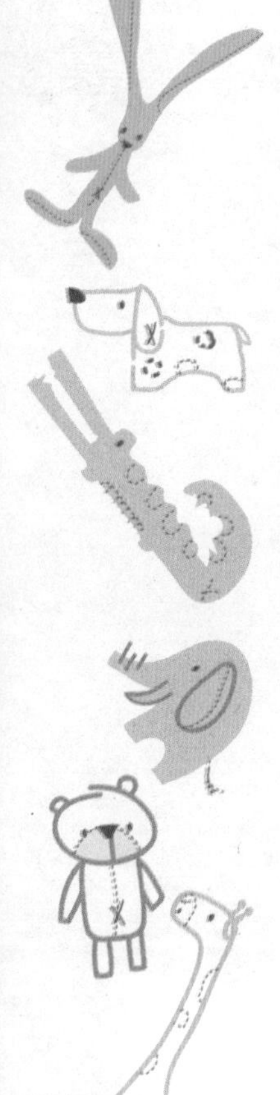

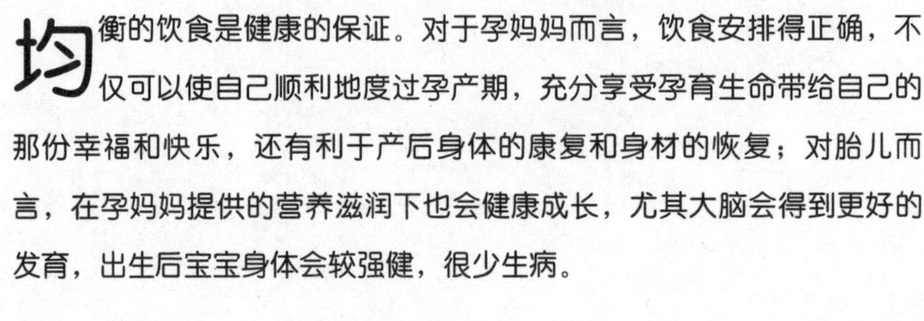

均衡的饮食是健康的保证。对于孕妈妈而言，饮食安排得正确，不仅可以使自己顺利地度过孕产期，充分享受孕育生命带给自己的那份幸福和快乐，还有利于产后身体的康复和身材的恢复；对胎儿而言，在孕妈妈提供的营养滋润下也会健康成长，尤其大脑会得到更好的发育，出生后宝宝身体会较强健，很少生病。

孕产期如何科学安排饮食的确是一门大学问。本书就是为孕产妇科学补充营养、孕育健康宝宝而量身定做的，孕妈妈可要好好学习哦！本书提前至孕前的3个月，指导育龄夫妇应如何进行饮食调养以保证优生，需重点补充哪些营养素。根据不同孕月中孕妈妈和胎儿所发生的变化，指出当月的营养需求及营养重点。此外，书中还提供适合当月的安胎养胎食谱，供孕妈妈有针对性地选用。

在产后月子里，本书围绕产后身体恢复和哺乳两大方面为读者（新妈妈）提供最佳的饮食指导，明确指出每周的饮食要点及注意事项。

另外，本书还对孕产期常见的15种症状（如孕吐、尿频、产后腹痛等）提出了食疗方案，并提供了25种最有益于孕期的食材，包括蔬菜、水果、肉类、粮食等，解析其对孕妈妈的作用，烹调时需注意事项，以便最大限度地吸收其营养。

本书语言通俗，实用性强，认真研读本书，你定能科学安排孕期的一日三餐，为自己和胎儿提供最佳的营养，母强而子壮！

目录 Contents

Part 1 合理补充营养从孕前3个月开始

Part 2 完美十月孕期，绿色营养全程陪护

Part 3 孕期所需明星营养素

Part 4 专家推荐的孕期食材及食谱

Part 5 新妈妈月子期饮食指导

Part 6 孕产期常见症状调养食谱

Part 1

合理补充营养从孕前3个月开始

怀孕前的营养状况，对胎儿将来的健康影响非常大。孕期一般是十个月，但是现在医学认为，孕前期3个月的准备也尤为重要。孕期中的胎儿生长、发育很快，孕前营养状况良好，胎儿在子宫内发育得就好，孕妈妈在围生期也很少会生病，对胎儿的智力也能产生良好的影响。

省时阅读

通过本章，你将能够了解到：

● 孕前为什么要加强营养、从什么时间开始就应加强营养；怎样判断是否缺乏营养、如何保证营养全面均衡；怎样补充有助于受孕的营养素，为什么要少喝含咖啡因的饮料；需戒掉哪些不利于怀孕的饮食习惯。

● 孕前女性补充叶酸、维生素E的好处，并且掌握正确的补充方法及需注意的事项；了解哪些食物可以提高精子质量；不同体质的女性孕前如何通过饮食来调养自己。

● 为了优生，备孕男性要注意对锌、叶酸等营养素的补充，要戒烟戒酒，要少吃有杀精作用的食物；了解男性应怎样进行饮食调养，肠胃功能差的男性进补时需注意哪些事项。

孕前营养准备常识

为什么从孕前就应加强营养

由于怀孕初期的3个月，胎儿的许多器官都已分化完毕，初具规模，而且大脑迅速发育。因此，在这一关键时期，胎儿必须从母体内获得足够而丰富的营养，特别是优质蛋白质、脂肪、矿物质和维生素。这些物质一旦不足，就会妨碍胎儿的正常发育。然而，怀孕最初的3个月，通常是妊娠反应最明显的时期，约有半数的孕妈妈会出现恶心、呕吐、不想进食等早孕反应，从而大大影响了充足营养的摄取。因此，怀孕早期胎儿的营养来源，很大部分需要依靠孕妈妈体内的储备，即孕前的饮食来提供。

有很多营养可以提前摄取并在人体内储存相当长的时间。比如，脂肪在人体内储存时间达20～40天，维生素A能储存3～12个月，铁能储存4个月，钙能储存8个月，碘能储存3年多，孕前摄取营养可以为怀孕做好准备。

实践证明，宝宝的健康状况与母亲的孕前营养状况明显相关。那些孕前营养状况好的孕妈妈所生的宝宝，不仅体重符合标准，健康状况较好，而且抵抗力强，患病率较低。另外，对宝宝学龄期的智力发育也会产生影响。

因此，无论是从孕妈妈早期营养需要还是从某些营养素的储存时间来看，每一个打算怀孕的孕妈妈都应在孕前加强营养，这对优生大有益处。

提前3个月至半年开始饮食调理

为了确保孩子的健康成长，必须确保子宫、胎盘、羊水及乳腺等方面的需要，因此，备孕女性从准备怀孕开始，就需要补充额外的营养。如果孕妈妈本身营养摄入不足，宝宝就不能从妈妈的日常饮食中摄取足够的营养。如果等到怀孕后再注意，那就是“亡羊补牢”了。

不同体质的女性，由于个体之间的差异，在孕前营养补充、饮食调理、开始时间、营养内容、加量多少等问题上，可因人而异。

体质营养状况一般的女性，孕前3个月至半年，就要开始注意饮食调理，每天要摄入足够量的优质蛋白质、维生素、矿物质和适量脂肪，这些营养物质是胎儿生长发育的物质基础。

身体瘦弱、营养状况较差的女性，孕前饮食调理更为重要，最好在怀孕前1年左右就应注意。

身体健康、营养状态较好的女性，一般来说不需要更多地增加营养，但优质蛋白质、维生素、矿物质的摄入仍不可少，只是应少进食含脂肪及糖类较高的食物。

/专家提示/

丈夫也应该和妻子同时补充营养，这样才能做到“精强卵壮”。丈夫在妻子怀孕前半年，即应补充一些有利于精子生长发育的营养物质，如锌、蛋白质、维生素A等。

判断你是否缺乏营养

如果备孕女性发现自己有以下症状，则表示身体可能正缺乏某种营养。建议备孕女性去医院进一步确诊，然后遵医嘱补充营养。

头发干燥、变细、易断，脱发，可能缺乏蛋白质、热量、必需脂肪酸、微量元素锌。

夜晚视力降低，可能缺乏维生素A。

舌炎、舌裂、舌水肿，可能缺乏B族维生素。

牙龈出血，可能缺乏维生素C。

味觉减退，可能缺乏锌。

嘴角干裂，可能缺乏B族维生素。

经常便秘，可能缺乏膳食纤维。

下蹲后起来会头晕，可能缺乏铁（缺铁性贫血）。

以上检测标准只能对备孕女性的健康状况作出粗略的判断，如出现这些情况最好去医院做进一步确认才可下定论。千万不要擅自服用某些营养素，以免损害健康。

怎样保留食物中的营养

为了保证食物中的营养物质尽可能地不流失，女性在日常生活中应做到以下几点：

冲奶粉时不要用开水，最好用40～60℃的温水冲，这样既不会破坏奶粉的营养又可保持奶粉的上佳口感。

买回来的新鲜蔬菜不要放太久才吃。制作时应先洗后切，最好一次吃完。炒菜时应大火快炒，3～5分钟即可。煮菜时应水开后再放菜，以防止维生素的流失。做馅时挤出的菜水含有丰富营养，不要丢弃，可以用来做汤。

淘米时间不宜过长，不要用热水淘米，更不要用力搓洗。米饭以焖饭、蒸饭为宜，不宜做捞饭，否则会使米饭的营养成分大量流失。熬粥时不要放碱。

水果要吃时再削皮，以防水溶性维生素溶解在水中，以及维生素在空气中被氧化。

烹制肉食时，最好把肉切成碎末、细丝或小薄片，大火快炒。大块肉、鱼应先放入冷水中用小火炖煮烧透。

合理使用调料，如醋可起到保护蔬菜中B族维生素和维生素C的作用。在做鱼和炖排骨时，加入适量醋，可促使骨骼中的钙质在汤中溶解，有利于身体的吸收。

孕前如何保证营养全面均衡

从受精到胎儿娩出，孕妈妈需要为胎儿的生长发育提供大量的营养；孕妈妈在孕期血浆容量增加、器官体积增大也需要额外的热量及营养素补充，所以，孕前要保证营养全面而均衡。

注意营养的均衡性

如果长期偏食，就会导致不同程度的营养失衡，怀孕以后会影响胎儿的生长发育。所以，在孕前要有目的地调整饮食，平时多储存一些自己身体内含量低的营养素。

注意食物搭配的多样性

一日三餐要尽量吃得“杂”一些，要做到粗粮和细粮、荤菜和素菜充分搭配。

多吃蔬菜和水果，适量补充维生素

吃水果要适量，不能过多地摄入糖分，避免体内的血糖升高，影响其他营养素的摄入。

改变不良的饮食习惯

在制订怀孕计划的前3～6个月要注意远离咖啡、浓茶和一些具有刺激性的食物。咖啡和浓茶里含有咖啡因，可在一定程度上改变体内激素的比例，从而影响受孕。而那些具有刺激性的食物，虽然可以促进食欲，但是也会引起消化不良、便秘等身体不适的症状。

/专家提示/

在饮食中还要注意，尽量少吃含有色素、防腐剂和添加剂的食物，尽量不吃腌渍品、罐头等加工食品。要多吃新鲜的绿色蔬菜和水果，在食用蔬菜、水果时，要清洗干净，该去皮的一定要去皮。

科学补充助孕营养素

以下所列都是备孕所需的营养元素，准爸爸准妈妈可以看看自己与另一半是否有缺少健康饮食的迹象。

铁：铁是人体生成血红蛋白的主要原料之一，孕前的缺铁性贫血很可能会殃及孕期，导致孕妈妈出现心悸气短、头晕力乏，甚至导致胎儿宫内缺氧、生长发育迟缓、出生后易患营养性缺铁性贫血等。为了给自身及胎儿造血做好充分的铁储备，在孕前就应治疗贫血。

铁的准备补充量：孕前每天应摄入15～20毫克的铁。

铁的食物来源：动物血、动物肝脏、鸡蛋、大豆、黑木耳、红糖、干果等。

钙：备孕期的女性钙质摄入不足，不仅会影响个人的身体健康，怀孕后也会影响胎儿的发育，使胎儿乳牙、恒牙的钙化和骨骼的发育受到影响，自己也会出现小腿抽筋、疲乏、倦怠等不适，产后还可能会出现骨软化和牙齿疏松或牙齿脱落等现象。

钙的准备补充量：孕前每天至少需要补钙800毫克。

钙的食物来源：海带、奶制品、黑木耳、鱼虾类等。

碘：碘在人体内主要参与甲状腺素的合成。孕妇严重缺碘可影响胎儿神经、肌肉的发育及可能导致死

胎及新生儿死亡。碘过量也可引起甲状腺功能亢进、甲状腺功能减退等。且我国已采取食盐加碘措施，因此不可过量补碘。

碘的准备补充量：人体内的碘80%～90%来源于食物，孕前每天需要摄入150～200微克。

碘的食物来源：海带、紫菜、海虾、海鱼等。

锌：锌对生长发育、智力发育、免疫功能、物质代谢和生殖功能等有重要作用。计划怀孕的女性宜多摄入富含锌的食物，为孕后胎儿的生长发育做准备。

锌的准备补充量：备孕女性每日需从饮食中补充12～16毫克的锌。

锌的食物来源：贝壳类海产品、猪肉、猪肝、鸡蛋、大豆、燕麦、花生等。

叶酸：叶酸是胎儿生长发育中不可缺少的营养素。若不注意孕前与孕期补充叶酸，则有可能会影响胎儿神经管的发育，造成神经管畸形，严重者可致脊柱裂或无脑畸形儿。女性应在孕前3个月及孕早期3个月每天补充0.4毫克叶酸。

叶酸的准备补充量：育龄女性每天应补充0.4毫克的叶酸，具体的补充方案应该由医生决定。

叶酸的食物来源：新鲜蔬菜、大多数的水果、蛋类、坚果、动物肝和肾等。

不利于怀孕的饮食习惯要戒掉

从准备怀孕开始，有的备孕夫妇就开始向各类美食进军了，必须提醒的是，一味地大吃特吃也是不可取的，有时还会起到负面的作用。如果有以下不良饮食习惯，就要注意养成健康的饮食习惯了。

嗜肉

相对于蔬菜水果来说，某些备孕夫妻更钟爱各类肉食。不可否认，精子的生成需要优质蛋白质。但如果高蛋白质食物摄入过多，却忽略维生素及膳食纤维的摄入，就容易造成营养不均衡，对备孕期及孕期健康不利。

嗜高糖食物

女性怀孕之后依然喜爱吃高糖食物会增加患妊娠期糖尿病的风险。这不仅会危害孕妈妈本人的健康，还可造成胎儿在母体内的发育或代谢障碍，出现高胰岛素血症及巨大儿。

嗜辛辣

过量食用辛辣食物会引起胃部不适、消化不良、便秘、痔疮等不适，孕妈妈的身体健康因此会大打折扣，影响到胎儿营养的供给。随着怀孕后胎儿的增大，孕妈妈的消化功能和排便功能会受到一定影响，如果仍然保持进食辛辣食物的习惯，就会加重便秘、痔疮等症状。因此在计划怀孕前3～6个月，备孕女性应尽量少吃辛辣食物。

避免食物污染

尽量选用新鲜天然的食品，避免食用含添加剂、色素、防腐剂的食品，如罐装食品、饮料及有包装的方便食品等。蔬菜应充分清洗，水果应去皮，以避免农药污染。炊具用铁质或不锈钢制品，不用铝制品和彩色搪瓷用品，以免铝元素、铅元素对人体造成损害。

/专家提示/

以上这些嗜好是非常不健康的饮食习惯，而对于计划怀孕的夫妇，尤其对已经怀孕的孕妈妈而言，更是影响胎儿的大问题。

孕妈妈担负着未来宝宝健康的重大责任，要严格要求自己，不要贪口腹之欲而影响胎儿健康。

少喝含咖啡因饮料

咖啡和可乐中都含有较高比例的咖啡因，长期大量饮用咖啡、可乐，会改变女性体内雌、孕激素的水平，影响雌激素转变为黄体酮的水平，从而间接抑制受精卵在子宫内的着床和发育。对男性来说，咖啡因有可能会影响精子的数量与质量，使不育的风险增加。

平时喝惯了咖啡的备孕夫妇，如果一时戒不了，就尽量减少咖啡的饮用量，且进餐后不宜马上饮用，最好在进餐结束1小时之后再饮，因为咖啡因可干扰食物中蛋白质、铁与钙元素的消化吸收，容易诱发营养不良、贫血和骨质疏松等疾患。

咖啡因是一种中枢神经兴奋物质，如果长期过量饮用，不仅容易影响睡眠，而且还会增加胰腺癌的发病率，同时还具有诱发心脏病、高血压的可能性。

孕前女性营养方案

为什么孕前要补充叶酸

叶酸是一种B族维生素，对细胞分裂和生长有重要作用。孕妈妈缺乏叶酸会影响胎儿大脑和神经系统的正常发育，严重时将造成胎儿神经管发育畸形，出现无脑儿、脑积水、脊柱裂等，也可造成因胎盘发育不良而引起流产、早产等，同时女性自身健康也会受到影响，如出现贫血症状等。据统计，我国每年出生此类患儿8万~10万人。

身处孕期的孕妈妈体内的叶酸水平明显低于平时，其原因是多方面的。一般是膳食中叶酸含量偏低，或是烹调方法不当，或吸收不良，致使摄入量不足。加之胎儿在母体内不断生长发育，母体叶酸通过胎盘转运给胎儿，也使孕妈妈叶酸的需求量增加。还有，在怀孕后由于孕妈妈的肾功能发生改变，使叶酸排出量增加，这些都会造成叶酸的缺乏。如果怀孕前女性体内的叶酸水平较低，特别是长期服用避孕药、抗惊厥药时，叶酸的代谢就会受到干扰，使叶酸水平降得更低。

如在怀孕头3个月内缺乏叶酸，可能导致胎儿神经管发育缺陷，从而增加裂脑儿、无脑儿的发生率。其次，女性经常补充叶酸，可防止宝宝体重过轻、早产以及出现唇腭裂等先天畸形。

/专家提示/

孕前3个月直至孕后3个月，都应该持续补充适量叶酸。在补充叶酸制剂之前，应先经医生检查后，按医嘱选择制剂进行合理补充。

孕前3个月开始补叶酸

由于体内缺乏叶酸的状况要经过4周的时间才能得以切实改善，所以孕妈妈要在怀孕前3个月就开始补充叶酸，使其维持在一定水平，以确保胎儿早期的叶酸营养环境。

某些药物（如口服避孕药和抗惊厥药物）及乙醇（酒精）可抑制叶酸吸收，准备怀孕的女性应该戒酒及避免服用此类药物。

这些食物含丰富的叶酸

富含叶酸的蔬菜：莴笋、菠菜、番茄、胡萝卜、龙须菜、花椰菜、油菜、小白菜、扁豆、豆荚、蘑菇等。

富含叶酸的水果：橘子、草莓、樱桃、香蕉、柠檬、桃子、李、杏、杨梅、海棠、酸枣、石榴、葡萄、猕猴桃、草莓、梨等。

富含叶酸的动物食品：动物肝脏、肾脏、禽肉及蛋类、牛肉、羊肉等。

富含叶酸的谷物：大麦、米糠、小麦胚芽、糙米等。

富含叶酸的豆类食品：黄豆、豆制品等。

富含叶酸的坚果：核桃、腰果、栗子、杏仁、松子等。

/专家提示/

叶酸容易流失。蔬菜储藏2～3天后叶酸损失50%～70%；煲汤等烹饪方法会使食物中的叶酸损失50%～95%；盐水浸泡过的蔬菜，损失的叶酸也很多。

补充叶酸，剂量把握好

虽然孕前补充叶酸非常重要，但并不是越多越好。因为叶酸并非完全是保健品，它是一种药物，只是相对来说不良反应小一些而已。

长期大剂量服用叶酸会影响女性体内锌的代谢而造成锌缺乏，致使胎儿发育迟缓，低出生体重儿增加；同时还会掩盖维生素B_{12}缺乏的早期表现，导致严重的神经系统损伤。

推荐剂量为每日0.4毫克，但因女性个人体质和生活习惯的差异，还需在医生的指导下进行增补。

/专家提示/

选购叶酸增补剂时，一定要挑选专门用于孕前、孕期的配方，因为孕妈妈所需的配方及剂量和针对普通人群的有很大不同。

孕前女性应补维生素E

维生素E又名生育酚，能促进性激素分泌，增加女性卵巢功能，使卵泡数量增多，黄体细胞增大，增强孕酮的作用；能促进男性精子的生成及增强其活力，对防治男女不孕不育症及预防先兆流产具有很好的作用。

维生素E在自然界中分布甚广，一般情况下不会缺乏。因此，补充维生素E的最好方法是从食物中摄取。

/专家提示/

富含维生素E的食物有：玉米、花生、芝麻、大豆、葵花子、糙米、植物油、乳类、坚果。

不同的体质孕前调养方案

阳虚体质调养方案

阳虚体质特征

形体偏胖，精神状态不好，总是没精打采。
面色灰暗，缺少光泽。
经常感到身体疲惫，没有力气，喜欢躺着。
怕冷，手脚经常发凉。
浑身无力，懒得说话，语声低微。
口中乏味，不喜喝水或喜热饮。
大便偏稀，小便多，水肿，小便不利。

饮食调养要点：饮食上应注意少吃寒凉、生冷食品。

饮食调养妙方：

虫草全鸡：取老母鸡1只，冬虫夏草10克，姜、葱、胡椒粉、盐、黄酒适量。将老母鸡鸡头劈开后纳入虫草10枚扎紧，余下的虫草与葱、姜一同放入鸡腹中，放入罐内，再注入清汤，加盐、胡椒粉、黄酒，上笼蒸1.5小时，出笼后去姜、葱，加鸡精调味即可。

功效：补肾助阳，调补冲任。

温补鹌鹑汤：取鹌鹑2只，菟丝子15克，艾叶30克，川芎15克，加清水1200毫升煎至400毫升，去渣取汁；药汁与鹌鹑一同隔水炖熟即可。

功效：温肾固冲，适用于女性宫寒，体质虚损者。

阴虚体质调养方案

阴虚体质特征

形体偏瘦，面色偏红。
时常午后感觉烘热，口燥咽干。
舌红，苔少或干。
喜冷饮。
易心烦急躁，夜寐不安或梦多。
大便偏干。

饮食调养要点：饮食上少食助阳之品，多食黑木耳、藕汁等清热、凉血止血之品。

饮食调养妙方：

海参粥：取海参15克，粳米60克，葱、姜末各适量。将海参用温水泡发后洗净切成小块，粳米洗净，入锅中加入海参、葱末、姜末及水熬成粥即可。

功效：滋阴养血、清泻虚火。

淡菜薏苡仁墨鱼汤：取猪瘦肉100克、淡菜60克、干墨鱼100克、薏苡仁30克、枸杞15克。将墨鱼浸软，连其内壳切成4～5段；淡菜浸软后，洗净；猪瘦肉亦洗净切块。三者一齐放入砂锅，加清水适量，大火煮沸后，小火煮3小时，调味即可。

功效：滋阴补肾。

血虚体质调养方案

血虚体质特征

面色苍白，或者枯黄，没有光泽。
嘴唇、指甲缺少血色。
头晕目眩，心悸失眠，手足麻木。
月经量少，或月经延期，或闭经。
舌淡苔白。

饮食调养要点：饮食上宜吃补血养血之品。如大枣、桑葚、桂圆、鸡肉、猪肉、花生、黑木耳等。

饮食调养妙方：

枸杞肉丁：取猪肉250克，枸杞子15克，番茄酱50克。将肉洗净后切成小丁，用刀背拍松，加酒、盐、水淀粉拌匀，用六七成热的油略炸后捞出，待油热后复炸并捞出，油沸再炸至酥膨起，枸杞子磨成浆，调入番茄酱、糖、白醋，成酸甜卤汁后倒入余油中，炒浓后放入肉丁，拌匀即可。

功效：补益肾精、滋养阴血。

乌贼骨炖鸡：取鸡肉100克，乌贼骨30克，当归30克，盐、鸡精各适量。把鸡肉切丁，当归切片，乌贼骨打碎用纱布包好，装入陶罐内加清水500毫升，盐适量，上蒸笼蒸熟，每日1次。一般3～5次可见效。

功效：乌贼骨有收敛止血的作用，当归和鸡肉都是补血佳品，对血虚症候者颇具疗效。

气虚体质调养方案

气虚体质特征

身倦乏力，少气懒言，爱出汗，劳累时症状加重。
头晕目眩，面色淡白。

饮食调养要点：可食一些补中益气的药膳，如大枣、桂圆、羊肉、高良姜等。

饮食调养妙方：

枸杞莲子汤：取莲子150克，枸杞子25克，白糖适量。将莲子用开水泡软后剥去外皮，去莲心，再用热水洗两遍；枸杞子用冷水淘洗干净待用；煮锅加适量清水，放莲子、白糖煮沸10分钟后，放入枸杞子再煮10分钟，即可盛碗，佐餐食之。

功效：补中益气，补肾固精，养心安神。为肝肾不足、眩晕、耳鸣、腰酸、气短等症的食疗佳品。

益脾饼：取白术20克，鸡内金10克，干姜4克，大枣175克，面粉350克，盐、食用油各适量。将白术、干姜用纱布包起扎紧，放入砂锅内，下洗净去核的大枣，加适量水，大火烧沸转小火熬1小时左右，药汁留用；枣肉取出捣成泥，与面粉、研成细粉的鸡内金、盐、药汁和成软面团，然后分成小面团，擀成薄饼，小火烙煎，做三餐主食。

功效：健脾、益气、开胃。可用于脾弱气虚，运化失常所致的食少便溏、脘腹胀满、倦怠无力等症。

肝郁体质调养方案

肝郁体质特征

胸肋部、小腹胀痛或窜痛。
胸闷，喜欢长出气。
抑郁或易怒。
咽喉如哽，吞之不下，吐之不出。
乳房胀痛，月经不调、痛经或闭经。

饮食调养要点：忌食油腻及不易消化的食物。

饮食调养妙方：

郁芍兔肉汤：取兔肉100克，白芍15克，郁金12克，陈皮5克。将兔肉洗净切块，与白芍、郁金、陈皮一起入锅，小火煮2小时，再加盐调味即可，食肉饮汤。

功效：理气解郁。

茉莉花糖茶：取茉莉花5克，白糖10克。将茉莉花、白糖入杯，用沸水冲泡15～30分钟即可。

功效：理气解郁。

/专家提示/

提高受孕概率不仅需要从饮食方面进行调整，生活习惯、环境因素、生理因素等都会影响受孕。而一些不良的穿衣习惯，如穿丁字裤等，容易导致阴部发炎、瘙痒，感染各种炎症而无法受孕。

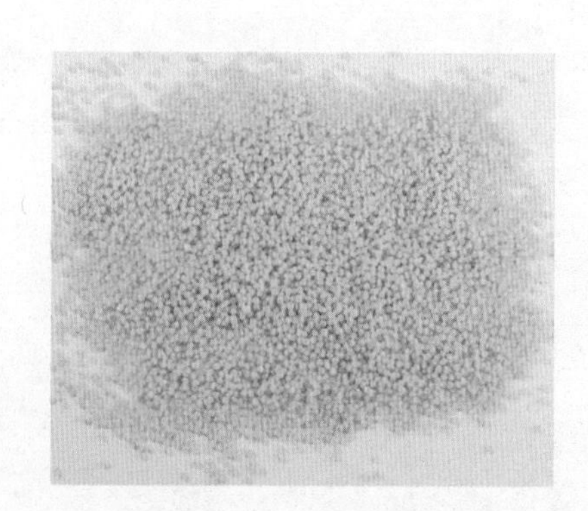

孕前男性营养方案

孕前男性应补锌

锌对人体内新陈代谢活动有着重大影响。研究表明，缺锌可能是男性不育的一个原因。正常人的血浆中锌含量为0.6～1.33微克／毫升，而精液中锌含量比血液中锌含量要高很多。锌直接参与精子内的糖酵解和氧化过程，保持精子细胞膜的完整性和通透性，维持精子的活力。如果男性缺锌，二氢睾酮、睾酮（雄激素）减少，不利于精子生成。因此，建议男性适当吃一些含锌食物，提高精子的质与量。一般来说，男性每日应该摄取锌15毫克。如有必要，可以通过口服锌硒宝片来补锌。

专家提示

含锌丰富的食物有：牡蛎、蛤蜊、蚌、炒西瓜子、芝麻酱、松仁、黑芝麻、海米、猪肝、黑米、牛奶、螃蟹、鲫鱼、鸡肝、牛肉等。

为了优生宝宝，请戒烟戒酒

香烟中有20多种可导致染色体和基因发生变化的有害成分。主要成分尼古丁会降低男性的性激素分泌、引起精子发育畸形、数量减少，同时会影响女性的卵子质量；其中的氰化物还可导致胎儿唇、腭裂，神经管畸形，智力低下等。

而酒会损害睾丸的间质细胞，导致性欲减退、精子畸形和阳痿。长期酗酒可能导致胎儿发育迟缓、智力低下。

如果备孕夫妇想拥有一个健康聪明的宝宝，无论如何都要戒除烟酒。

吸烟的备孕夫妇平时可以多食用杏仁、山药、胡萝卜、大白菜、牛奶、梨、荸荠、枇杷等食物，对清除体内烟毒很有好处。

杀精食物要少吃

油炸烧烤食物：含有致癌毒物丙烯酰胺，可导致男性少精、弱精。

含咖啡因的食物：咖啡、浓茶、巧克力等。咖啡因会使交感神经活动频繁，而副交感神经受到抑制，临床表现为性欲减退。

含反式脂肪酸的食物：奶茶、饼干、巧克力、沙拉酱、奶油蛋糕等。反式脂肪酸会减少男性激素的分泌，对精子的活跃性产生负面影响，中断精子在身体内的反应过程。

男性一起来备孕

作为生育宝宝的另一半，男性饮食同样也会影响到孩子的健康。如果男性的饮食不科学，就会影响到精子的质量，进而影响到胎儿的健康。精子产生的周期为90天，所以男性要在妻子怀孕之前的3个月为自己制订一个科学的饮食计划。

多吃蔬菜和水果

蔬菜和水果中维生素的含量十分丰富，这些营养物质是男性生理活动所必需的，男性若长期缺乏上述维生素，会导致精子数量减少或影响精子活动能力，在这种条件下，即使受孕，也容易产生死胎或畸形胎儿，严重者甚至会导致不孕。

补充优质蛋白质、微量元素和矿物质

蛋白质是生成精子的主要物质之一，充足的优质蛋白质能够提高精子的质量和数量。富含优质蛋白质的食物有鳜鱼、牡蛎、深海鱼、虾等，此外还有各种瘦肉、动物肝脏、蛋类、乳类等。

人体内的微量元素和矿物质对男性的生育能力也有着重要的影响。如锌、锰、硒等矿物质营养元素能够直接参与男性睾酮的运载和合成的活动，同时还有助于提高精子的活动能力，所以男性要多食蔬菜及水果。此外，还要多食用一些海洋性植物，如海藻类或菌类食物。

忌服药物

停止用药，由于很多药物都能通过血—睾屏障进入睾丸，破坏精子DNA的合成，进而会影响到精卵健康结合，最终会导致男性不育症。过多药物还能伴随精液通过性生活进入女性阴道，经阴道黏膜吸收后溶入血液循环，其后果会造成孕妈妈出现习惯性流产，或使低出生体重儿和畸形儿的发生概率增加，同时还会增加新生儿的死亡概率。

/专家提示/

烟草中含有的大量有害物质会使基因和染色体发生变化；长期摄入酒精及碳酸饮料也会导致染色体出现畸变，最终导致宝宝畸形。为了孕育一个健康聪明的宝宝，准爸妈一定要从孕前就戒烟忌酒。

多吃哪些食物可以提高精子质量

计划怀孕的准爸爸可以多吃以下食物来提高精子质量。

含锌食物：锌可使性欲提高，精子活力增强。各种动物性食物中，以牡蛎含锌量最高，此外，牛肉、鸡肝、蛋类、羊排、猪肉等含锌也较多。

富含精氨酸的食物：据研究证实，精氨酸是精子形成的必需成分，而且能够增强精子的活动能力，对男性生殖系统正常功能的维持有重要作用。富含精氨酸的食物有鳝鱼、海参、墨鱼、章鱼、芝麻、花生仁、核桃等。

肠胃功能差的男性进补宜清淡

现代生活节奏加快，许多男性都不同程度地存在着由于生活不规律、烟酒过度所造成的消化不良、胃炎、胃溃疡等疾病。

在进补时，肠胃功能差的男性应该遵循清淡、易消化、各类营养均衡摄入的原则，宜少食多餐，忌大鱼大肉，忌暴饮暴食。

玉米、莲子等食物富含淀粉，有利于肠胃消化，还可以健脾益气。

萝卜有消积滞、化痰热、解毒、下气、宽中等功效，经常出现胀气现象的男性可食用。

冬季，肠胃功能差的男性宜常食各类温性热粥，如玉米粥、莲子粥、山药粥，既能御寒，又可给养，还能疗疾。在肉类的摄入上，肉丸子、鱼片粥、羊肉粥等容易消化，适合消化能力差、胃气不足的男性进补。

碱性食物让我们的身体更健康

人的身体就像不停运转的机器，在新陈代谢过程中会产生不少“废物”，而且空气中也会有大量有毒、有害气体和微粒被吸入。如果体内废物积蓄过多或机体解毒排污功能减弱，废物不能及时排出时，就会影响到自身的健康。

经常食用绿叶蔬菜、水果、海带、紫菜、木耳、粗粮等食物，能帮助我们排出体内毒素，改善我们的体质。

Part 2

完美十月孕期，绿色营养全程陪护

怀胎十月，一个小小生命如同种子萌芽需要雨露的浇灌一样，孕育宝宝的过程需要各种营养素的滋补。适度而科学地加强营养是非常必要的，但不要错误地以为孕期吃得越多越好、吃得越贵越有营养、营养补充得越多越好。

省时阅读

本章将为你如何科学安排孕期的饮食提供全面指导。通过本章，你将能够了解：

● 每个孕月孕妈妈的身体变化和胎儿的发育状况。

● 每个孕月的饮食要点，保持体重正常增长；孕期饮食的一些宜忌，如避免食用易导致流产的食物、不宜贪吃冷饮、不宜喝咖啡和浓茶等。

● 孕期重要的营养素（如蛋白质、脂肪、钙、铁、碘、锌及各种维生素）的补充方法；为促进胎儿大脑发育需补充哪些营养素。

● 一些孕期常见症状（如小腿抽筋、下肢水肿、缺铁性贫血等）的饮食调理方案；应怎样安排分娩前的饮食，剖宫产前有哪些饮食问题。

● 不同孕月的食谱制作方法。

孕1月 初怀喜胎怎么吃

孕妈妈身体在变化

本月是整个神奇的生命诞生过程的起点，而这起点源于准爸爸和孕妈妈种下一棵甜蜜的种子。整个孕1月，孕妈妈的体型都不会出现明显变化。孕妈妈的月经会停止（少数人第一个月尚有少量的月经样出血），不久之后，孕妈妈还会开始妊娠反应（恶心、呕吐），饮食嗜好改变。

胎儿对妈妈说

妈妈，在我还只是一颗小小的受精卵的时候，我的性别和许多的遗传特性都已经决定了，不论是像爸爸还是像妈妈，都是我期待的呢。是爸爸的精子和妈妈的卵子创造了最初的我，在变身成受精卵之后，我还要花费3天时间才能到达妈妈的子宫，然后在里边着床安家。

到这个月底，我将发育到直径约1厘米大小，体重也会增加到1克左右。为我输送养分的胎盘、脐带，还有我的心脏、大脑和脊髓的原型，都开始出现。不过我还没长成爸爸、妈妈那么漂亮的外形呢，所以，请叫我可爱的“小海马”吧。

怀孕后要调整饮食结构

孕妈妈在怀孕后需要及时调整自己的饮食结构，一是为胎儿发育提供充足的营养，二是通过饮食调整身体内部环境，为顺利度过不适的孕早期，安全过渡到孕中期打下基础。

多吃蔬菜水果

怀孕后每天最好多吃一些新鲜蔬菜和水果，包括深色绿叶蔬菜和柑橘类水果。深色绿叶蔬菜能够提供叶酸和B族维生素，柑橘类水果能提供丰富的维生素C，利于骨骼、血管等的生长，同时对胎儿神经系统的发育有着重要作用。胡萝卜、红薯中所含的胡萝卜素有助于胎儿视力和各种组织的发育。

平时吃蔬菜、水果较少，比较爱吃肉的孕妈妈都应调整，最好每天都能有所补充，如果不爱吃硬质蔬果，可以榨汁食用，如早餐可以饮用橙汁。每天的进餐时段都应安排一些绿色蔬菜，外加一些水果。工作的孕妈妈在上下午时分可以添加一个苹果、柑橘、番茄等作为加餐。

孕期吃水果每日最好不超过300克，并应尽量选择含糖量低的水果，或以蔬菜代替，避免妊娠糖尿病的发生。

多食用一些粗粮

粗粮中含有多种对孕妈妈十分有益的微量元素，如全麦食品中含有多种微量元素，如铬，这些微量元素不仅有助于胎儿的组织发育，而且也能帮助孕妈妈调节体内的血糖浓度；荞麦的蛋白质中含有丰富的赖氨酸，能促进胎儿发育，增强孕妈妈的免疫功能。荞麦中的铁、锰、锌等微量元素和膳食纤维的含量比一般谷物丰富，还含有丰富的维生素E、烟酸等，能有效降低人体血脂和胆固醇、保护视力、促进机体的新陈代谢等。

因此孕妈妈要注意做到粗细搭配，尽量少吃过精过细的米、面，以免造成某些营养元素吸收不够。但粗粮也不要吃得太多，因为过多食用粗粮可能会影响消化和吸收。不习惯吃粗粮的孕妈妈要改变习惯，慢慢适应食用粗粮；孕前已经开始吃粗粮的孕妈妈怀孕后也应当坚持下去。

改变不良饮食习惯

怀孕后一定要改变不良饮食习惯，注意饮食卫生、科学、合理。日常习惯在外应酬，爱吃油腻、辛辣、刺激，长期饮酒、饮咖啡的孕妈妈要调整生活习惯，把可能对胎儿与自己有不利影响的饮食习惯一一戒除，回归到正常健康的饮食状态，饮食不规律的孕妈妈一日三餐也应回到规律的饮食状态。

揭秘营养对孕妈妈的影响

《五脏论》云：一月如珠露，二月如桃花，三月男女分，四月形象具，五月筋骨成，六月毛发生，七月游其魂，男能动左手，八月游其魄，女能动右手，九月三转身，十月受气足。

女性怀孕以后，一要注意根据孕月的不同，随时调整食谱；二要留意季节的变化，在饮食上有所差异。

随着胎儿在孕妈妈体内的生长发育，其营养需求不同，故孕妈妈的饮食不应千篇一律，而应根据胎儿和胎盘的成长，适应其生理性、代谢性需要，进食适宜的食物。

孕1月

胚胎刚形成，此时饮食应精细熟烂，在主食上可多吃点大麦粉，副食调味以酸味为主。

孕2月

孕妈妈早孕反应较为严重，为防止呕吐，可以在起床前吃点干食，如烤馒头片、饼干、面包等，不要喝菜汤和稀粥。晚餐后一般呕吐减轻，因此晚餐可以吃得丰盛些。

孕3月

孕妈妈易喜易怒，因此，可以适当多吃点公鸡汤，这是为了满足胚胎组织的正常发育，必须保证蛋白质尤其是完全蛋白质的供给。这需要比平时稍多吃一点瘦肉、鱼、蛋和大豆制品。

孕4月

可多吃点粗粮。如果孕妈妈想呕吐又不想进食，就要在饮食上多下点工夫，注意调和胎气、养肝养胎。

孕5月

是胎儿发育最为迅速的时候，对营养的需求最大，因此，这时孕妈妈的饮食原则是不仅数量要多，质量也要高。

孕6月

这时孕妈妈一般火大，喜好冷饮、凉食，孕妈妈尽量少吃凉东西，多吃含有纤维素的食物，防止孕期便秘的发生。

孕7～9月

到了孕晚期，胎儿趋向成熟，饮食原则应因人而异。若胎儿发育较好，孕妈妈又较胖，则应稍稍限制饮食，以防胎儿长得过大而给分娩造成困难；相反，若孕妈妈体质较差，胎儿发育又不太好，则应加强营养，吃得更好一些。

饮食注意符合三个要求

孕妈妈的饮食应注意符合以下三个要求：卫生、营养全面、配比合理。

要符合卫生要求。与家庭烹调相比，外面的食物一般都多油、多盐，注重口感而不甚注重营养的保留与搭配，孕妈妈应该减少外出就餐次数，尽量在家食用清洁卫生、烹调清淡的食物，尽量避免过分油腻与刺激性强的食物。

要尽量保证营养全面。我们的身体在完成各种代谢活动时，需要蛋白质、脂肪、糖类（碳水化合物）、水、各种维生素、矿物质和必需的微量元素，还需要纤维素等多种营养素。没有任何一种食品具备这么多的营养素。孕妈妈每日饮食应做到：

保证优质蛋白质的供给

孕早期蛋白质的摄入量不应低于怀孕之前的摄入量，应注意选用容易吸收、消化、利用的优质蛋白质，如乳类、蛋类、豆制品、鱼类以及肉类等。

蛋白质每日摄入量应不少于35克，此量如果换算成具体的食物相当于200克粮食+50克瘦肉+1个鸡蛋。只有这样，才能保证母体的蛋白质平衡。

补充适当的碳水化合物

孕早期孕妈妈每日应补充150克以上的碳水化合物，碳水化合物的补充可以避免因饥饿而导致母体血液中蓄积酮体，酮体积聚于羊水中，可以被胎儿吸收。如果胎儿摄入过多酮体会对大脑发育产生不良影响。

富含碳水化合物的食物很多，如大米、小米、玉米、面粉、薯类、糖等。

补充足量的微量元素

某些微量元素的缺乏会导致胎儿生长迟缓，引起骨骼和内脏畸形，有的微量元素还可影响中枢神经细胞，甚至导致中枢神经系统畸形。因此，孕妈妈每日饮食中应尽量选择含铜、锌、钙、铁等较为丰富的食物，帮助自己维持正常的生理需求。

富含铜、锌、钙、铁等矿物质的食物有肉类、肝脏、核桃、芝麻、豆类、乳制品、海产品等。

饮食要配比合理。孕妈妈的每日饮食要注意配比合理，尽量保证粮谷类食物、蔬菜、水果、动物性食品、乳制品、富含维生素的食物等的合理搭配，保证营养全面的同时注意不要过量。

以下是孕妈妈每日所需的各类食物总量参考表，可根据个人的具体情况作出合理调整：

孕早期孕妈妈应少食多餐，注意少吃油炸食品、高热量食品、含糖分高的食品等，除3次正餐外，可另加2～3餐辅食。晚上孕吐较轻时，可适当增加食量。

孕妈妈每日所需各类食物总量参考表

食物	日需数量
主食（米、面等）	300～500克
蔬菜	500～800克
瘦肉、鱼、虾	200～250克
豆类食品	100～200克
鲜奶	250毫升左右
水果	200～250克
鸡蛋	1～2个
糖	20克左右（尽量少吃）

/专家提示/

胎儿出生后的饮食习惯深受孕妈妈饮食习惯的影响。如果孕妈妈胃口不好、偏食，或吃饭过程常被干扰，饮食不规律，那么，胎儿出生后就经常表现出没有胃口、不喜欢吃东西、常吐奶、消化吸收不良，甚至较大后宝宝出现明显偏食的现象等。所以，如果孕妈妈希望日后宝宝能有良好的饮食习惯，自己就要养成良好的饮食习惯。

孕1月不需加大饮食量

一些孕妈妈在得知自己怀孕后，立刻开始加大日常饮食量，认为吃得越多对胎儿越好。其实这是一种误解。

食物的摄入量取决于孕妈妈的自身热量需求，不一定吃得多就会为胎儿提供更多的营养，关键在于饮食结构要均衡。此外，孕妈妈还应该根据自身的情况来判断适当多吃何种食物，又适当少吃何种食物。

孕期孕妈妈所需热量随孕期变化改变。孕早期每日热量摄入为8778千焦（2100千卡），这也是一般女性每日所需的热量；到孕中期，孕妈妈每日所需热量为9614千焦（2300千卡），孕后期孕妈妈的热量摄入为每日10868千焦（2600千卡）。

从以上的营养学数据可以看出，怀孕之后，孕妈妈的每日所需热量并没有增加太多，所以，怀孕之后没必要大吃大喝。

孕妈妈只要保证每日都摄入足够的营养，做到均衡膳食，就能够为自己和胎儿提供足量且高质的营养。

孕1月要重点补充叶酸

孕1月要重点补充营养素——叶酸。

补充叶酸可以防止贫血、早产，防止胎儿畸形，孕早期这项工作非常重要，因为早期正是胎儿神经器官发育的关键时期。孕妈妈应继续按照孕前指导，坚持口服叶酸片来保证每日所需的叶酸。

此外，还要注意多吃富含叶酸的食物，如深绿色蔬菜（菠菜、油菜等）；动物肝脏（鸡肝、猪肝、牛肝等）；谷类食物（全麦面粉、大麦、米糠、小麦胚芽、糙米等）；豆类、坚果类食品（黄豆、绿豆、豆制品、花生、核桃、腰果等）以及新鲜水果（枣、柑橘、橙子、草莓等）。

科学吃酸：禁吃酸山楂

由于酸味能刺激胃分泌胃液，有利于食物的消化与吸收，所以多数孕妈妈怀孕后都爱吃酸味食物。

但酸山楂不能吃。虽然酸山楂富含维生素C，但无论是鲜果还是干片，孕妈妈都不能吃。因为山楂或山楂片具有刺激子宫收缩的成分，有可能引发流产和早产，尤其是在孕早期，以及有过流产、早产史的孕妈妈更不可食。

酸味食物有很多种，孕妈妈食用时要注意科学选择，避免食用对身体有害的酸味食物。孕妈妈可选择番茄、橘子、杨梅、石榴、葡萄、绿苹果等新鲜果蔬，这样既能改善胃肠道不适症状，也可增进食欲，加强营养，有利于胎儿的生长，一举多得。

但一定不要吃腌渍的酸菜或者醋制品。人工腌渍的酸菜、醋制品虽然有一定的酸味，但维生素、蛋白质、矿物质、糖分等多种营养几乎丧失殆尽，而且腌菜中的致癌物质亚硝酸盐含量较高，过多地食用对母体、胎儿的健康都有危害。

/专家提示/

多数怀孕女性喜欢吃酸味食物，主要是因为女性怀孕后，胎盘会分泌出一种物质——绒毛膜促性腺激素，它能使胃酸的分泌量明显减少，导致消化酶的活力大大降低，从而影响孕妈妈的食欲和消化功能。孕妈妈因此会出现食欲减退、偏食、恶心、呕吐等早孕反应。酸味食物能够刺激胃液分泌，有利于增进食欲，加强孕妈妈对食物的消化吸收，可有效减轻恶心、呕吐等症状。

科学安排孕期早餐

孕妈妈一定要坚持吃早餐。

有的孕妈妈平时作息不规律，晚睡晚起，没有吃早餐的习惯；有的孕妈妈怀孕前就不注重早餐，觉得吃早餐太麻烦，而且由于并不觉得不吃早餐有什么不适，于是怀孕后依然不吃早餐。

这些认识和习惯都是错误的。早餐对常人来说非常重要，对孕妈妈来说更加重要。

怀孕后，孕妈妈的身体负担逐步加大，不仅自身需要及时营养补充，腹中的胎儿也需要从母体处吸收更多的营养用来生长发育，孕妈妈以为自己不吃早餐没有什么不适，但胎儿会在这种长期的不规律的饮食环境中受到伤害。不吃早餐还容易引起孕妈妈低血糖导致头晕，孕妈妈分娩时需要一定的体力，也需要前期的营养和热量的储存。因此，孕妈妈怀孕后要更加注意早餐质量，不仅要吃早餐，而且还要保证质量。

孕妈妈的早餐应该吃温、热的食物，以保护胃气。可以选用热稀饭、热燕麦片、热奶、热豆花、热面汤等热食，这些都可以起到温胃、养胃的作用，尤其是在寒冷的冬季，这点特别重要。北方的孕妈妈还要注意改掉早餐吃油条、油饼的习惯，炸油条、油饼使用的明矾含有铝，铝可通过胎盘侵入胎儿大脑，影响胎儿智力发育。

有些孕妈妈由于之前没有吃早餐的习惯，在乍一开始吃早餐后，可能会存在些许不适，吃不下早餐，这时可以选择食用一碗杂粮粥、一个水煮鸡蛋，再加上一些清淡小菜，慢慢调整胃口。

有些孕妈妈会有晨起恶心的症状，这往往是由空腹造成的。这种情况下，早晨醒来后可以先吃一些含蛋白质、碳水化合物的食物，如温牛奶加苏打饼干，这样可以缓解恶心症状，然后再去洗漱。

一日早餐推荐

牛奶1杯或豆浆1碗、馒头或面包片2片、鸡蛋1个、少量蔬菜，另可适当搭配果酱或蜂蜜，做到营养均衡。

饮用孕妇奶粉注意事项

孕早期不用着急饮用孕妇奶粉

孕妇奶粉是在牛奶的基础上，添加孕期所需要的营养成分，包括叶酸、铁质、钙质、二十二碳六烯酸（DHA）等营养素配制而成的，比较符合怀孕女性的营养补充特点。

合理科学地服用孕妇奶粉可以保证孕妈妈和胎儿所需的营养成分，促进胎儿的正常发育和孕妈妈的健康；孕妇奶粉中锌的充足含量对孕妈妈分娩有利，因为锌有促进平滑肌收缩的作用，可缩短产程，顺利分娩。

孕早期可以不用喝孕妇奶粉，到了孕中、晚期可以将牛奶换成孕妇奶粉，以保障充足的营养。因为孕早期胚胎较小，生长比较缓慢，孕妈妈所需热量和营养素基本上与孕前相同。并且怀孕后，孕妈妈会比较注意饮食营养，而早期所需的营养又和普通人一样，所以在孕早期不需要马上饮用孕妇奶粉，再加上早孕反应，孕妈妈可能也喝不下孕妇奶粉。

到了孕中期，随着恶心、呕吐等不适慢慢减退、消失，孕妈妈的胃口越来越好，胎儿所需的营养也越来越多。即便均衡饮食，也有相当一部分孕妈妈由于食量、习惯等，仍难以获得满足胎儿生长及自身健康的诸多营养素，尤其是钙、铁等。所以建议有条件的孕妈妈可以在孕中期、孕晚期，把孕期所需的牛奶换成孕妇奶粉，来弥补营养不足。

孕妇奶粉不宜多喝

孕妇奶粉虽好，但孕妈妈也不要大喝特喝，也不要在饮用孕妇奶粉的同时兼用其他牛奶，因为孕妇奶粉喝得太多或者和其他牛奶一同服用会增加肾脏的负担，反倒不利于吸收。

孕妈妈日常饮用只要按照孕妇奶粉包装上注明的量，每天饮用两次，早晚各一次即可。而且每个人的饮食习惯不同，对营养素的需求也不完全相同，孕妇奶粉并不能面面俱到，孕妈妈最好能在医生的指导下进行适当的增减。

孕期喝水的选择与方法

怀孕期间由于胎儿的需要，体内水分增加，血液稀释，孕妈妈对水的需求量比平时要大。因此，孕妈妈应该多喝水，而且喝什么样的水、怎么喝也要加以注意，因为这直接关系到胎儿的健康。

几种对身体有害的水

没有烧开的自来水中含有致癌物，这种水孕妈妈不要喝。

久沸或反复煮沸的水中，亚硝酸根离子以及砷等有害物质的浓度很高，对胎儿的健康不利。

在热水瓶内储存超过24小时的水，随着热水瓶内水温的逐渐下降，水中含氯的有机物质会不断地被分解成为有害的亚硝酸盐。

孕期喝什么水最好

白开水，就是烧开的自来水，自来水含有许多人体所需的微量元素及矿物质，尤其是烧开后自然冷却的凉开水，其分子很容易透过细胞膜，促进新陈代谢。因此，孕妈妈应该把白开水作为主要饮品。

专家热线常见疑问解答

Q：桶装纯净水孕期能不能喝？

A：现在市售的桶装纯净水，基本都是自来水过滤之后得到的，虽然过滤掉了许多杂质，但同时也将对身体有益的矿物质过滤掉了。孕期最好不喝或少喝。

孕期如何喝水

怀孕后身体代谢量加大，容易出汗，排泄功能也会加强，这就需要足够的水分来参与代谢。孕妈妈可以根据季节、体重、工作性质等来决定每日的饮水量，通常情况下，每天至少要补充2000毫升的水（包括蔬菜、水果和汤中的水）才能满足身体的需要。

另外，还要掌握好喝水时间，早晨起床后喝一杯水，能够补充睡眠中丢失的水分，利尿通便；日间活动或工作过程中，每隔1～2小时喝一次水；晚饭后2小时喝点水。不要等到口渴才喝水，口渴说明细胞脱水已经达到了一定程度，体内水分已经失衡，是缺水的结果而不是开始。

孕期不宜喝咖啡和浓茶

很多孕妈妈都有喝咖啡和浓茶的习惯，怀孕之后这些都要远离。

咖啡内的咖啡因会通过改变女性体内雌、孕激素的比例，间接抑制受精卵在子宫内的着床和发育。

此外，如果在孕期饮用咖啡因饮料，孕妈妈可能会出现恶心、呕吐、头痛、心跳加快的症状。咖啡因还能通过胎盘进入胎儿体内，刺激胎儿兴奋，甚至会影响其大脑、肝脏、心脏等器官的正常发育。

茶叶的好处不少，还含有丰富的锌，孕妈妈可饮适量淡茶，喝淡茶无论对孕妈妈还是胎儿都是有益的。但切忌喝浓茶。浓茶中的鞣酸会与铁结合，降低铁的正常吸收率，易造成缺铁性贫血。大量的鞣酸还会刺激胃肠，影响其他营养素的吸收。

每次用3～5克茶叶泡水，同一杯茶冲泡2～3次即可。爱喝茶的孕妈妈不妨少量饮用些淡绿茶水，能减轻口中不适。

避免食用易导致流产的食物

怀孕期间，孕妈妈注意营养摄入的同时也要注意避免食用容易对自己或者胎儿产生不利影响的食物。

下表中列出的都是对保胎、安胎不利的食物，供孕妈妈参考：

名称	存在影响
薏苡仁（薏米）	对子宫平滑肌有兴奋作用，可促使子宫收缩，因而有诱发流产的可能。
马齿苋	性寒凉而滑利，对于子宫有明显的兴奋作用，能使子宫收缩次数增多、强度增大，易造成流产。
桂圆	性温味甘，极易助火，动胎动血。孕妈妈食用后可能会出现燥热现象，引起腹痛、见红等流产症状，甚至引起流产或早产。
杏、杏仁	性热味酸，有滑胎作用。
山楂	对子宫有收缩作用，孕妈妈若大量食用山楂食品，会刺激子宫收缩，甚至导致流产。
芦荟	含有一定的毒素，芦荟易导致骨盆充血，甚至造成流产。
螃蟹	性寒凉，可用于活血化瘀，也因而对孕妈妈不利，尤其是蟹爪，易引发流产。
甲鱼	性寒，有滋阴益肾的功效，但同时还有较强的活血化瘀作用，孕妈妈若误食容易造成流产。

如果孕妈妈不小心食用了上表中的某些食物，也不要过于惊慌。如果食用量很小，一般不会出现危险。如果食用量很大，或者饮食后感觉身体不适，要及时去医院咨询医生。

孕1月安胎养胎食谱

鸡汤豆腐小白菜

材料：鸡肉100克，豆腐100克，小白菜50克，鸡汤1碗，姜丝适量。

调料：盐、鸡精各少许。

做法：

1. 豆腐洗净，切成3厘米见方、1厘米厚的块，用沸水焯烫后捞起备用。
2. 将鸡肉洗净切块，用沸水焯烫，捞出来沥干水分备用；小白菜洗净切段备用。
3. 锅置火上，加入鸡汤，放入鸡肉，加适量盐、清水同煮。
4. 待鸡肉熟后，放入豆腐、小白菜、姜丝，煮开后加入鸡精调味即可。

营养师分析

这道菜可以帮助孕妈妈补充所需的营养，还可以增强消化功能、增进食欲，并且对胎儿神经、大脑的发育都有很大的好处。

酱肉四季豆

材料：牛肉100克，四季豆200克，胡萝卜100克，姜2片。

调料：黑胡椒牛排酱1包，醪糟半小匙，淀粉、香油各少许，盐适量。

做法：

1. 牛肉洗净，切成0.5厘米左右粗细的丝，放入碗中，加入黑胡椒牛排酱、醪糟、淀粉，搅拌均匀，腌制10分钟左右；四季豆洗净，斜切成丝备用；胡萝卜和姜洗净去皮，切丝备用。
2. 锅内加入油烧热，加入姜丝爆香，再加入腌制好的牛肉丝，大火翻炒几下，盛出备用。
3. 锅中留少许底油烧热，依次加入四季豆、胡萝卜丝，用中火炒匀。
4. 加入适量清水，小火焖煮至豆熟后将牛肉丝倒入拌匀，加入盐，淋上香油即可。

营养师分析

这道菜具有黑胡椒酱和香油的香气，风味独特，口味浓鲜，可以很好地提起孕妈妈的食欲，为孕妈妈补充营养。此外还有健脾、养胃、利尿、补血、强筋、壮骨的作用，多吃可以帮助孕妈妈补充元气。

豆芽炒猪肝

材料：猪肝100克，豆芽400克，姜2片。

调料：盐1小匙，酱油、醋、料酒、鸡精各适量。

做法：

1. 将豆芽洗净，用沸水焯烫后，捞出来沥干水分备用。将猪肝洗净，剔去筋膜，放入锅中煮熟，取出晾凉，切成薄片备用。姜洗净切丝备用。
2. 锅内加入油烧热，放入姜丝爆香，倒入豆芽，大火翻炒几下，放入适量醋后炒匀，盛入盘中。
3. 另起锅加入油烧热后，倒入肝片，迅速炒散，加入酱油、料酒，翻炒几下后将炒好的豆芽倒入锅内，加入鸡精、盐，翻炒均匀即可。

营养师分析

这道菜味美爽口，能够帮助孕妈妈增强食欲，同时还含有丰富而全面的营养，对帮助孕妈妈预防贫血、补充维生素A、防止胎儿畸形都有很大的帮助。

榨菜蒸牛肉片

材料：牛肉（肥瘦各一半）200克，榨菜50克。

调料：酱油2小匙，盐、淀粉、红糖、白糖各1小匙，胡椒粉适量。

做法：

1. 牛肉洗净，切成3厘米见方、0.5厘米厚的片备用；榨菜用清水淘洗几遍，切成碎末备用。
2. 将牛肉片放入碗中，加入酱油、红糖、淀粉、植物油、胡椒粉及10毫升凉开水，搅拌均匀，腌制10分钟左右。
3. 将榨菜末用白糖拌匀，拌入牛肉片中。
4. 蒸锅加水烧开，将盛牛肉片的碗放入笼屉中，蒸15分钟左右即可。

营养师分析

这道菜口味咸鲜，营养丰富，能够为孕妈妈补充丰富的蛋白质、维生素、铁、钙、磷、钾、锌、镁等营养物质，还可以调理气血，补虚养身，使孕妈妈少受疾病的困扰。

茭白炒鸡蛋

材料：鸡蛋2个，茭白300克，葱花适量。

调料：盐、高汤各适量。

做法：

1. 茭白去皮洗净，切丝备用。将鸡蛋洗净，打入碗内，加少量盐调匀备用。
2. 锅内加入油烧热，倒入鸡蛋液，炒出蛋花。
3. 另起锅放油烧热，放入葱花爆香后放入茭白丝翻炒几下，加入盐及高汤，继续翻炒，待汤汁收干、茭白熟时倒入炒好的鸡蛋，翻炒均匀即可。

营养师分析

这道菜含有丰富的蛋白质、维生素、矿物质以及对大脑发育具有重要作用的DHA和卵磷脂，这对促进胎儿的生长发育和为孕妈妈补充营养都具有重要意义。

韭菜炒豆芽

材料：韭菜100克，绿豆芽100克。

调料：酱油、鸡精、香油、盐各适量。

做法：

1. 将韭菜彻底洗净，切成3厘米长的段；绿豆芽去尾，洗净备用。
2. 锅内加入油烧至七成热，放入绿豆芽和韭菜段一起翻炒，加入酱油、盐再炒几下，最后加入鸡精，淋上香油，出锅装盘即可。

营养师分析

这道菜白绿分明，脆嫩清鲜，咸香适口，营养也非常丰富，含有丰富的维生素C、胡萝卜素和纤维素，并含有钙、铁、钾等无机盐，既能开胃又能为孕妈妈增添营养。

盐水猪肚

材料：猪肚300克，葱白1根，姜3片。

调料：花椒5粒，八角1粒，桂皮少许，料酒2小匙，醋、盐各1小匙。

做法：

1. 将猪肚内外用盐、醋擦洗，再用清水洗净后放入锅中，加适量水煮开后取出，用刀将其内外刮洗干净后，再换水放入锅中，煮沸后捞出。
2. 将葱白去根洗净，用刀拍裂，切成5厘米长的段备用；姜洗净备用。
3. 将猪肚切成3厘米左右长的菱形块，放入一个比较大的盆中，放入姜片、葱段，加入料酒、花椒、桂皮和盐，加入适量清水（以淹没肚块为宜）。
4. 蒸锅中加水烧开，将装猪肚的盆放入蒸笼，蒸20分钟左右后取出晾凉即可。

营养师分析

这道菜含有蛋白质、脂肪、碳水化合物、维生素、钙、磷、铁等营养物质，具有补虚损、健脾胃的保健功效，特别适合由于气血不足、身体瘦弱而食欲不振的孕妈妈食用。

苦瓜炒蛋

材料：鸡蛋2个，苦瓜1根。

调料：料酒、盐各适量。

做法：

1. 将苦瓜剖开去子，切成小片，用淡盐水浸泡30分钟，捞出后冲洗干净，沥干水备用。

2. 将鸡蛋洗净，打入碗内搅匀。

3. 锅内加入油烧热，倒入蛋液炒出蛋花，盛出备用。

4. 锅内重新加油烧热，放入苦瓜、盐翻炒至八分熟，倒入鸡蛋，翻炒均匀后淋入料酒翻炒几下即可。

营养师分析

这道菜含有对胎儿大脑发育具有重要促进作用的DHA和卵磷脂，对胎儿的大脑和视网膜的发育也具有十分重要的促进作用。

香菇炒金针菜

材料：干香菇20克，干金针菜80克，葱1小段。

调料：素鲜汤100毫升，水淀粉1大匙，盐适量，鸡精少许。

做法：

1. 将香菇用温水泡发后去蒂洗净，撕成小朵；干金针菜用冷水泡发，淘洗干净，沥干水后备用；葱洗净，切末备用。

2. 锅内加入油烧热，加入葱花爆香后放入香菇、金针菜煸炒均匀。

3. 加入素鲜汤，烧至金针菜熟后加入盐、鸡精，用水淀粉勾芡后即可。

营养师分析

这道菜补气强身、滋养益胃，适合贫血及有出血性疾病的孕妈妈食用。孕妈妈常吃此菜，还可以排出体内的毒素，补充有利于胎儿大脑及神经系统发育的营养物质，促进胎儿大脑发育。

黄豆芽蘑菇汤

材料：鲜蘑菇、黄豆芽各100克，葱花少许。

调料：高汤200毫升，盐5克，香油1小匙。

做法：

1. 蘑菇去蒂洗净，切片备用。黄豆芽洗净备用。

2. 锅置火上，放入高汤烧开，先将黄豆芽放进去煮10分钟左右，再放入蘑菇，用小火煮10分钟左右。

3. 放入盐，撒上葱花，淋入香油即可。

营养师分析

这道菜味道鲜美，可以为孕妈妈提供多种氨基酸，保持身体健康，为胎儿营造一个安全、健康的成长环境。

孕2月 早孕反应饮食调养

孕妈妈身体在变化

这个月的孕妈妈会比较辛苦，因为早孕反应会很明显，大部分孕妈妈从这个月开始到孕3月，都可能出现头晕、头痛、恶心、呕吐、无力、容易倦怠、嗜睡、口水增多等早孕反应。尤其是恶心、呕吐，会让孕妈妈胃口大减。

进入这个月之后，多数孕妈妈会有尿频、乳房增大、乳房胀痛、腰腹部酸胀等症状，有的孕妈妈还会感觉到身体发热。不要紧张哦，这些都是孕妈妈怀孕之后的正常身体变化。到这个月末，不少孕妈妈的体重还会因人而异地增加400～750克。也有的孕妈妈因为早孕反应，体重不增反减。孕妈妈的子宫虽然会在本月底增大到鹅蛋大小，但小腹部尚看不出有什么变化。

胎儿对妈妈说

妈妈，我已经开始长大啦，小尾巴也在变短呢，你要是能够看到的话会发现我的头和躯体的区别开始渐渐清晰了，已经有您和爸爸的轮廓了哦。还有我的小手、小脚、嘴巴、眼睛、耳朵也都出现了，不过我的眼睛还长在两侧，看起来会怪怪的。消化系统也已经成形了，小心脏也开始跳动了哦。

到这个月底我会长到2～3厘米，会有4～5克重呢。现在我还不知道自己是男孩还是女孩，妈妈你一定要注意安心休养，保持好心情，等着我慢慢长大哦。

孕2月营养指导

孕2月是胎儿器官形成的关键期，孕妈妈要继续补充叶酸及其他维生素、矿物质、蛋白质、脂肪等营养素，同时还要避免一切可能致畸的因素。

本月胎儿还很小，还不需要大量的营养素，孕妈妈只要保持饮食均衡即可满足胎儿的营养需求。在饮食安排上，如果孕妈妈以前的营养状况就很好，体质也不错，一般来说就不需要再特意去加强营养。但如果自身营养状况不佳，体质又较弱，就应该及早改善营养状况，把增加营养当成孕早期保健的一项重要内容。

孕2月重点补充锌

锌具有促进子宫肌收缩的作用，可以帮助孕妈妈顺利分娩。如果孕妈妈在孕晚期缺锌，就会导致子宫肌收缩无力，不但增加分娩的痛苦，还有导致产后出血过多及并发其他妇科疾病的可能。

锌还是一种对人的发育和健康具有重要作用的金属元素。虽然锌在人体内的含量极少，还不到人体重的万分之一，却参与了人体200多种酶的组成，尤其是具有调节DNA复制、转译和转录作用的DNA聚合酶的组成，在人体蛋白质和核酸的合成、细胞的分裂、细胞分化和生长的过程中都是不可或缺的。缺锌会导致胎儿发生宫内发育迟缓、免疫功能差、大脑发育受阻、中枢神经系统畸形等不良状况。所以，为了胎儿的健康，孕妈妈要注意补锌。

可以这么补锌

孕妈妈在整个怀孕期间，体内的锌含量应保持在1.7克左右，每天的推荐摄入量为20毫克左右。

牡蛎、鲜鱼、牛肉、羊肉、猪肝、猪肾、贝壳类海产品、蛋类、紫菜、面筋、烤麸、麦芽、黄豆、绿豆、蚕豆、花生、核桃、栗子等食物中都含有丰富的锌，孕妈妈可以根据实际选择食用。

硫酸锌、葡萄糖酸锌等补锌制剂，也是一个方便可靠的补锌来源。

/专家提示/

不要过度补锌，过度补充锌会对孕妈妈与胎儿造成危害，如抑制孕妈妈身体对铁的吸收，引起缺铁性贫血，引起高血脂，导致胎儿性早熟等。

维生素B_6可以帮助缓解孕吐

孕吐是早孕反应的一种常见症状，一般会在怀孕4~8周的时候开始，在8~10周时达到顶峰，然后在第12周时回落。不过也有部分孕妈妈孕吐的现象持续的时间会长一些。

服用维生素B_6可有效缓解孕吐。维生素B_6是人体内重要的辅酶的组成成分，在人体氨基酸的代谢中发挥着重要的作用，与氨基酸吸收、蛋白质合成有密切的关系。

对于孕妈妈来说，怀孕的前两个月，每天服用10毫克维生素B_6能够明显减轻呕吐等早孕反应。同时孕妈妈可以多吃一些鸡肉、鱼肉、动物肝脏、蛋、豆类、谷物、葵花子、花生仁、核桃等食物，这些食物中均含有较多的维生素B_6。

但在服用之前一定要先咨询医生，如果早孕反应较重，则可以在医生的指导下加大维生素B_6的剂量。过量服用维生素B_6或服用时间过长，会造成严重后果。主要表现为胎儿出生后容易兴奋、哭闹、受惊、眼球震颤、反复惊厥，有的胎儿甚至在出生后几小时或几天内就出现惊厥。这主要是由于孕妈妈过多使用维生素B_6使婴儿产生对维生素B_6的依赖，出生后维生素B_6的来源不像在母体里那样充分，婴儿无法适应这种维生素B_6从充足到匮乏的变化，体内中枢神经系统的抑制性物质含量降低的缘故。所以孕妈妈在服用维生素B_6的时候一定要在医生的指导下进行，切勿擅自服用。

缓解孕吐的其他方法

缓解孕吐还有以下几种方法：

1. 烤面包、烤馒头和饼干等食品能减轻恶心、呕吐，你可以在床边放一些，每天在睡前以及起床前都吃几片，可以减轻晨吐。睡前吃后需刷牙。

2.早晨起床时动作要慢，以免加剧晨吐。

3.早晨喝水时，可加些苹果汁和蜂蜜，或者吃些苹果酱，可以起到保护胃的作用。

4.清晨刷牙时经常会受刺激而产生呕吐，先吃点东西再刷牙会让你舒服一些。

/专家提示/

维生素B_6要在酸性环境中才能比较稳定，叶酸则需要碱性的环境。如果吃含叶酸的食物或叶酸补充剂时服用维生素B_6，由于稳定环境相抵触，两者的吸收率都会受影响。所以，维生素B_6不能和叶酸一起服用，时间最好间隔半小时以上。

孕吐严重的孕妈妈注意保证营养

孕吐严重的孕妈妈应该通过改变就餐方式、改变食物种类、改善烹调方式等调整饮食，保证摄入充分的营养。

吃好早餐

恶心、呕吐一般在早晨起床时最重，这是由于孕妈妈整晚没吃东西，体内血糖含量降低造成的。要改善这种情况，吃好早餐就显得非常重要。孕妈妈可以早晨起床前先吃一点富含蛋白质、碳水化合物的食物，如牛奶加苏打饼干、面包加鸡蛋等，然后再去洗漱，症状就会缓解很多。

干稀搭配，少食多餐

这一阶段的孕妈妈吃东西最好干稀搭配，少食多餐。恶心、呕吐时最好吃饼干、面包、馒头等比较干的食物，不要喝汤，以免加重症状；如果不感到恶心，也没有呕吐的迹象，则可以喝一些营养丰富的汤。

由于属于特殊时期，孕妈妈可以打破一日三餐的饮食规律，每隔2～3小时进食一次，每天可以吃5～6餐。如果早孕反应比较严重，入睡前可以吃一顿加餐。

水果入菜，增加食欲

柠檬、脐橙、菠萝等酸味水果具有增加食欲、止吐的作用，孕妈妈可以尝试用这些水果做菜，缓解剧烈呕吐带来的不适。酸梅汤、橙汁、甘蔗汁等饮料也可以缓解早孕反应带来的不适，孕妈妈可以适当饮用。

适量补充维生素C，提高抵抗力

怀孕第2月，有些孕妈妈会发现在刷牙时牙龈会出血，适量补充维生素C能缓解牙龈出血的现象。

维生素C又名抗坏血酸，为连接骨骼、结缔组织所必需。它维持牙龈、骨骼、血管、肌肉的正常功能，增加对疾病抵抗力，促进外伤愈合。缺乏时会引起坏血病，毛细血管脆弱，皮下出血，牙龈肿胀、流血、溃烂等症状。适量补充维生素C可以帮助孕妈妈提高机体抵抗力，预防牙齿疾病。

怀孕早期胎儿要从母体获取大量维生素C来维持骨骼、牙齿的发育以及造血系统的正常功能等，因此会造成母体维生素C的含量逐渐降低，一般分娩时母体内所含的维生素C仅为孕早期的一半左右。

孕早期孕妈妈每日摄入100毫克维生素C即可，孕中期、孕晚期每日可增加摄入量到130毫克。补充维生素C可以多食用新鲜蔬菜和水果。青柿椒、红柿椒、菜花、雪里红、白菜、番茄、黄瓜、四季豆、荠菜、油菜、菠菜、白萝卜、酸枣、橙、柠檬、草莓、鸭梨、苹果等都是富含维生素C的食物。

维生素C对热、碱、氧都不稳定，一般蔬菜烹调可以损失30%～50%，因此，除每日摄入足量的维生素C外，还要注意烹调方式，避免烧煮过度，使维生素C流失。

每日饮食兼顾“五色”

中医认为，食物的颜色与人体五脏相互对应，合理搭配，是营养均衡的基础。所谓“五色”，是指白、红、绿、黑、黄五种颜色的食物。每日饮食尽量将五种颜色的食物搭配齐全，做到营养均衡。

分类	营养作用
白色食物	白色食物含纤维素及抗氧化物质，具有提高免疫力、防癌、稳定情绪和保护肺的作用。如粳米、白面，以及白菜、白萝卜、冬瓜、菜花、竹笋、莴笋等蔬菜。
红色食物	红色食物可有抗氧化作用，提高人体免疫力。如红肉、红辣椒、胡萝卜、大枣、洋葱、番茄、草莓、苹果等。
绿色食物	绿色食物富含纤维素，堪称肠胃的“清道夫”。主要指各种绿叶蔬菜，还包括青笋、绿豆等。
黑色食物	黑豆、黑芝麻、黑糯米、黑木耳、香菇、乌鸡等黑色食物可以通便、补肾、抗衰老。
黄色食物	黄色食物含有丰富的胡萝卜素及维生素C，具有健脾护肝、保护视力及美白皮肤等作用。常见的黄色食物有玉米、大豆、南瓜、柿子、金针菜、橙子、柚子、杏等。

/专家提示/

中医学认为，青（指绿色）入肝、赤入心、黄入脾、白入肺、黑入肾，五色食物对日常养生也至关重要，孕妈妈应注意均衡摄取。

注意避免食物中隐藏的致畸物

孕期开始后的3~6周，正是胚胎中枢神经系统生长发育的关键时期，也是最易受到致畸因素影响的时期。因此，孕妈妈在这一段时间尤其要注意避免致畸物的影响。

受铅污染的水

老旧的水管中含有的铅也可能会进入自来水里，所以从自来水中接饮用水之前，最好先打开水龙头放几分钟水，或者使用自来水过滤器。另外，如果孕妈妈家中有管道热水，不要直接饮用或用来做饭，也不要用管道热水烧开水喝。

用含铅的餐具盛的食物

如含铅的玻璃制品和含铅釉的瓷器，这些餐具中的铅会慢慢溶解到食物中，孕妈妈长期误食的话，就会影响到自身和胎儿的健康。

含汞的鱼

日常生活中，孕妈妈接触汞的最主要途径是吃了受汞污染的鱼类。位于食物链终端的大型鱼体内的汞含量最高，比如剑鱼、金枪鱼，以及一些生活在被酸雨污染的湖泊里的淡水鱼（鲈鱼、鳟鱼、梭子鱼等）。食用以上鱼类，最好少食。

食物中的弓形虫

弓形虫可通过孕妈妈的血液、胎盘、子宫、羊水、阴道等多种途径，使胚胎或胎儿感染，引起流产、死胎或心脏畸形、智力低下、耳聋及小头等畸形。弓形虫除了可能隐藏在小动物身上外，蔬菜、水果表面以及生肉类食物特别是猪肉、牛肉和羊肉也可能带有弓形虫。所以，孕妈妈食用蔬菜、水果前一定要清洗干净；最好不要吃未熟的肉，加工生肉后、吃东西前都要洗手；切生肉和内脏的菜板、菜刀，要与切熟肉和蔬菜、水果的菜板、菜刀分开。

/专家提示/

使用洗涤剂等日用洗化用品时，要戴上手套。同时要避免直接接触那些有浓烈气味或有严重警示标签的产品，比如某些炉灶清洁剂、卫生间瓷砖清洗剂等。避免接触农药、杀虫剂、杀菌剂。

厌食油腻的孕妈妈这样补充脂肪

由于早孕反应，孕妈妈一般都不愿食用油腻的食物。虽然少吃油腻食物的确可减轻早孕反应，但也会造成妊娠早期摄入的脂肪过少。而脂肪是孕早期孕妈妈体内不可缺少的营养物质。

脂肪可促进脂溶性维生素A、维生素D、维生素E等的吸收。尤其是维生素E，有安胎的作用。脂肪还可固定内脏器官的位置，使子宫恒定在盆腔中央，为胚胎发育提供一个安宁的环境。因此，孕早期的孕妈妈不可缺少脂肪。

不吃油腻食物的孕妈妈，可吃核桃、芝麻来补充脂肪。

核桃仁含不饱和脂肪酸、磷脂、蛋白质等多种营养素，可补充孕妈妈所需脂肪，而且有补气养血、温肺润肠的作用。核桃中的营养成分对于胎儿的脑发育非常有利。孕妈妈可每天吃2～3个核桃。

芝麻富含脂肪、蛋白质、糖、芝麻素、卵磷脂、钙、铁、硒、亚油酸等，具有营养大脑、抗衰美容的作用，这对孕妈妈和胎儿都很有益。孕妈妈可将芝麻炒熟捣烂，加入适量的糖，每日上、下午用白开水各冲服一杯，不但不腻，还可补充脂肪，而且对胎儿健脑、润肤有益。还可增强孕妈妈的抵抗力及预防感冒。

孕妈妈要少吃火锅

一些猪、牛、羊肉身上藏匿着一些肉眼无法看到的弓形虫幼虫，人们在吃火锅时，习惯把鲜嫩的肉片放到煮开的汤料中稍稍一烫即进食，这种短暂的加热并不能杀死寄生在肉片细胞内的弓形虫幼虫，进食后幼虫可在肠道中穿过肠壁随血液扩散至全身。孕妈妈食用后会通过胎盘传染给胎儿，从而影响其正常发育。所以建议孕妈妈最好不要食用火锅。

如果非常想吃火锅，可以自己在家里准备，除汤底及材料自己安排外，食物卫生也要注意把好关。注意：吃火锅时，任何食物一定要灼至熟透才可进食。另外，也应尽量避免用同一双筷子取生食物及进食，这样容易将生食物上沾染的细菌带进胃肠道，而造成腹泻及其他疾病。

孕妈妈最好吃前先喝小半杯新鲜果汁，接着吃蔬菜，然后是吃肉。这样，才可以合理利用食物的营养，减少胃肠负担，达到健康饮食的目的。

孕2月安胎养胎食谱

土豆炖鸡

材料：土鸡1只，土豆300克，葱白2段，姜3片。

调料：红糖、酱油各1小匙，盐适量。

做法：

1. 将土鸡去毛、去内脏，用清水洗净，切成2厘米见方的大块；土豆洗净，去皮后切成2厘米见方的块备用。
2. 锅内加入油烧热，放入姜片，爆香后放入鸡块，翻炒均匀。
3. 加入土豆、盐、酱油、红糖，炒至鸡块颜色变成金黄色后放入葱白跟水适量（以没过鸡块为宜），先用大火煮开，再用小火炖1小时左右即可出锅。

营养师分析

这道菜口味清淡，适合没有食欲的早孕期孕妈妈食用。不但能保证孕早期孕妈妈的营养摄入，还有温中益气、帮助消化的作用。土豆中富含膳食纤维，可以帮助孕妈妈预防便秘。

奶汁白菜

材料：火腿15克，大白菜250克。

调料：高汤小半碗，鲜牛奶2大匙，盐、鸡精、水淀粉、香油各适量。

做法：

1. 大白菜洗净，切成4厘米长小段备用；火腿切成碎末备用。
2. 锅内加入油烧热，放入大白菜，用小火缓慢加热至白菜变干后捞出。
3. 另起锅放入高汤、牛奶、盐煮开，倒入白菜后再煮3分钟左右。
4. 用水淀粉勾芡，撒入火腿末，加入鸡精后淋少许香油装盘即可。

营养师分析

这道菜鲜嫩爽口，可以补虚损、润肠道、益脾胃，适合早孕反应比较重的孕妈妈食用，对于孕妈妈的便秘症状也有很好的缓解作用。

豌豆苗扒银耳

材料：豌豆苗150克，银耳100克，彩椒丝少许。

调料：盐1小匙，料酒半小匙，水淀粉、鸡精、香油各适量。

做法：

1. 将银耳用温水泡发。去掉老根洗净，用沸水焯烫后捞出沥干水，撕成小朵；豌豆苗洗净，取叶，用沸水焯烫。
2. 将锅置火上，加入适量清水，放入银耳，再加入盐、鸡精、料酒，中火煮5分钟左右。
3. 待汤汁浓稠后，用水淀粉勾芡，淋上香油，撒上豌豆苗、彩椒丝即可。

营养师分析

这道菜具有补肾、润肺、提神、健脑的功效，对孕妈妈提高免疫力很有帮助。银耳中还含有丰富的膳食纤维，能够促进肠胃蠕动，对于有便秘症状的孕妈妈有很好的预防作用。

凉拌素火腿

材料：芹菜100克，豆腐干100克，新鲜核桃仁30克，红甜椒10克，香菜少许。

调料：香油1小匙，盐半小匙，鸡精少许，米醋适量。

做法：

1. 将核桃仁用温水泡10分钟左右，剥去核桃衣，放入沸水中烫一下，捞出来沥干水分，切成小丁。
2. 芹菜摘去叶和老梗，洗干净，切成1厘米左右的段；豆腐干切成0.5厘米左右粗细的条备用；红甜椒洗净切丁；香菜洗净切成段备用。
3. 将切好的豆腐干和芹菜一起放入沸水中焯烫5分钟左右，捞出来沥干水分，加入核桃仁、红甜椒、香菜、香油、盐、鸡精、米醋，拌匀即可。

营养师分析

这道菜不仅可以帮助孕妈妈补充蛋白质、维生素、不饱和脂肪酸、钙、磷、铁等营养，同时还具有清热利水、健脑降压、促进血液循环的作用，可以帮孕妈妈预防贫血。

银鱼炒鸡蛋

材料：银鱼250克，鸡蛋4个，葱2根。

调料：料酒、盐各1小匙，鸡精少许。

做法：

1. 将银鱼洗净，放入料酒、鸡精、半小匙盐拌匀，腌渍5分钟左右；鸡蛋打入碗内，加少许盐拌匀；葱洗净，切成葱花。
2. 锅内加入油烧热，放入银鱼炒熟后，盛出备用。
3. 另起锅放油烧热，倒入蛋液，快速翻炒至结块后倒入银鱼，加入葱花炒匀后即可。

营养师分析

孕早期容易疲劳的孕妈妈可以适当食用银鱼。银鱼和鸡蛋搭配，可以去腥开胃，能够改善孕妈妈由于早孕反应引起的食欲不振等症状。

酸菜鲫鱼汤

材料：鲫鱼1条（500克左右），酸菜150克，葱白1段，姜3片。

调料：盐、鸡精各适量。

做法：

1. 将鲫鱼去鳞和内脏，洗净备用；酸菜用清水洗几遍后，切成3厘米见方的片备用；葱、姜洗净，葱切段、姜切丝备用。
2. 锅内加入油烧热，放入鲫鱼将两面煎黄后加入酸菜、葱段、姜丝和适量清水，先用大火烧开，再用小火煮20分钟左右。
3. 加入盐、鸡精，调匀即可。

营养师分析

这道菜中含有丰富的蛋白质、不饱和脂肪酸、钙、磷、铁、维生素等营养成分，对胎儿的神经和骨骼发育具有很好的促进作用。

清蒸大虾

材料：新鲜大虾500克，葱、姜各适量。

调料：海味汤50毫升，醋25克，料酒、酱油各1大匙，香油半大匙，鸡精少许。

做法：

1. 大虾洗净，剁去腿、须，摘去沙袋、沙线和虾脑，切成4段；姜一半切片，一半切末备用；葱切条备用。
2. 将虾段摆入碗内，加入料酒、葱条、姜片、海味汤，上笼蒸10分钟左右，取出后拣去葱、姜，取出装盘。
3. 用醋、酱油、姜末、香油、鸡精兑成调味汁，供蘸食。

营养师分析

这道菜能够温补肾阳，促进胎儿的生长。并且虾中含有丰富的钙，让孕妈妈们在孕早期就能储备足够的钙，满足胎儿的骨骼发育需求。

蚝油菜花

材料：菜花400克，葱10克，姜少许。

调料：淀粉3大匙，海鲜酱油1大匙，蚝油、料酒各2小匙，香油适量。

做法：

1. 菜花洗净，掰成小朵，下入凉水锅中，加入1小匙盐，大火烧开，中火煮熟后捞出，沥干水，均匀地滚上一层干淀粉（薄薄地裹上一层即可，不能过厚过多）。
2. 将海鲜酱油、盐、蚝油、白糖、料酒和剩下的干淀粉放入碗中，兑成芡汁。
3. 锅内加入油烧热，下入菜花炸成金黄色，捞出沥油。
4. 锅中留少许底油烧热，放入葱花爆香，加入菜花，倒入芡汁，翻炒均匀淋入香油即可。

营养师分析

这道菜可以为孕妈妈补充各种维生素，还具有化滞消积、开胃消食的功效，可以缓解早孕反应带来的各种不适，常食菜花有助于提高孕妈妈的免疫力。

清炒山药

材料：山药400克，葱、枸杞子各少许。

调料：盐、鸡精各适量。

做法：

1. 山药去皮，切成0.5厘米厚的菱形片，用开水焯烫后捞出来沥干水分。
2. 葱只取嫩叶，洗净，切成葱花；枸杞子用清水泡软备用。
3. 锅内加入油烧热，放入山药片，中火炒熟后，加入盐、鸡精、葱花、枸杞子，翻炒均匀即可。

营养师分析

这道菜具有安胎的作用，对预防先兆性流产很有帮助。同时山药具有健脾补肺、益胃补肾、聪耳明目、调和五脏、养心安神的作用，可以改善孕妈妈在孕早期的情绪和胃口。

番茄炒虾仁

材料：虾仁300克，番茄200克，豌豆50克，鸡蛋1个，葱末、姜末各少许。

调料：水淀粉1大匙，盐、鸡精、料酒、白糖各适量。

做法：

1. 虾仁洗净后放入碗内，加盐、料酒抓匀，将鸡蛋打碎取蛋清加入后再用淀粉上浆。
2. 番茄用热水烫后剥皮，去子，切直径1厘米左右的丁。
3. 锅内加入油烧热，放入虾仁过油后捞出备用。
4. 锅内留底油，加葱末、姜末爆香后加入番茄丁煸炒，随即加入盐、鸡精、白糖、虾仁，用水淀粉勾薄芡，加豌豆炒熟，淋上熟油即可出锅。

营养师分析

虾仁含有丰富的优质蛋白质和钙，番茄则富含多种维生素，搭配食用可以满足身体的营养需求，酸味的番茄还能爽口开胃，对孕早期的孕妈妈颇有益处。

孕3月 来好好美食一餐吧

孕妈妈身体在变化

这一时期，孕妈妈的身体会有明显变化，阴道内的乳白色分泌物明显增多；乳房进一步增大，并且可能发生过胀痛；乳晕、乳头会出现色素沉着。部分孕妈妈的早孕反应会很明显，怀孕第8周、第9周是孕妈妈生理上最难受的时期，所以家人应多关心和体贴孕妈妈，帮助孕妈妈度过这一时期。只要过了孕3月，孕妈妈的早孕反应就会减轻，不久就会消失。

在这个月内，孕妈妈的子宫会逐渐增大如一成年男性拳头般大小，腹部已经开始突出，不过下腹部外观隆起仍不明显。由于增大的子宫压迫周围组织，孕妈妈会感到下腹部有一种压迫感，去厕所的次数也会明显增多。

胎儿对妈妈说

妈妈，这段时间我长得很快哦，小尾巴已经完全没有了，我的眼睛已经形成啦，而且还长出眼皮了呢。我现在的皮肤还是透明的，从外面直接就可以看到我的皮下血管和内脏，脸部的器官也已经开始生成了，从脸部特征看的话，会跟妈妈的很相似哦。

到这个月底我就能长到7～9厘米，体重会有将近20克。悄悄地告诉你哦，我已经知道自己是男孩还是女孩了，不过这是个小秘密，我要等到出来的时候再告诉你。妈妈，你可要安心地等着哦。

孕3月营养指导

孕3月初期，由于胎儿的体积尚小，所以在营养的补充上，依旧是注重质的好坏，而不是量的多少。早孕反应比较严重的孕妈妈，可以参照孕2月中的关于早孕反应的指导，减轻早孕反应带来的呕吐、厌食等症状。

受孕11 周以后，胎儿迅速成长和发育，需要营养也日渐增多，从这个时期起，不仅食品的质要求高，而且量也逐渐要多。胎儿的脑部发育，在怀孕第7周开始出现雏形。神经管开始发育，3个月后神经管闭合，大脑和脊椎开始发育，因此这个阶段是胎儿脑组织增殖的激增期，也是胎儿成长的关键阶段，孕妈妈应注意多吃富含DHA、胆碱的海产品，花生以及充足的蛋白质，满足胎儿脑部发育所需营养。

镁不仅对胎儿肌肉的健康至关重要，而且也有助于骨骼的正常发育。有研究表明，孕早期的3个月，如果镁摄入不足，会影响到胎儿以后的身高、体重和头围。

孕期保证摄入充足的镁还可以预防妊娠抽搐、早产等，对产后的子宫肌肉恢复也很有好处。孕妈妈可以多吃绿叶蔬菜、坚果、大豆、甜瓜、南瓜、香蕉、草莓、葵花子和全麦食品等，来保证镁的摄入。

此外，维生素A参与了胎儿发育的整个过程，对胎儿皮肤、胃肠道和肺部发育尤其重要。由于孕早期的3个月内，胎儿自己还不能储存维生素A，因此孕妈妈一定要及时补充足够的维生素A。建议孕妈妈多吃南瓜、红薯、菠菜、杧果等补充维生素A。充足而合理的营养是保证胎儿健康成长的重要因素，也是积极开展胎教的基本条件。

孕3月注意补充碘

怀孕第3个月，食物里碘的含量应该增加，胎儿大脑和骨骼的发育必须依赖母体内充足的甲状腺素。

脑的发育90%都在胎儿期，孕3月时，胎儿大脑神经细胞开始增殖。脑发育旺盛期必须依赖甲状腺激素，甲状腺激素具有促进大脑智力、体格发育的功能，如果缺碘将引起甲状腺激素分泌不足，直接影响胎儿发育，胎儿出生后可能会智力低下，个子矮小，导致智力障碍、运动障碍及体格发育障碍，甚至形成呆小症。

孕妈妈每天需碘量应在200微克左右，最好食用加碘盐。通过补碘改善胎儿智力和体格，必须在怀孕前或者在怀孕头3个月进行，怀孕后期，胎儿大脑神经细胞增殖已完成，补碘的效果就不明显了。

/专家提示/

含碘高的食物有海带、紫菜、海蜇、蛤蜊、虾皮、鱿鱼等，其中每100克干海带的含碘量达到了24毫克。孕妇补碘应咨询医生，以免造成碘过量。

小腿容易抽筋的孕妈妈是否缺钙

一般在怀孕4个月左右，孕妈妈才开始补钙，但如果怀孕3个月的孕妈妈水肿、抽筋特别严重，也可以看看是否缺钙，并适当地补充一些钙质。

孕 3 月时，胎儿就要从孕妈妈体内摄取大量的钙，如果孕妈妈钙摄取不足，胎儿甚至会吸收孕妈妈骨骼处分解的钙质，使得孕妈妈自身缺钙。由于钙离子与骨骼肌的

兴奋性密切相关，孕妈妈血钙低到一定程度会引起小腿肌肉痉挛。抽筋大多发生在夜间，夜间血钙水平比日间低。

但需要指出的是，孕妈妈决不能以小腿是否抽筋作为需要补钙的指标，因为个体对缺钙的耐受值有所差异，所以有些孕妈妈在钙缺乏时，并没有小腿抽筋的症状。

相反，由于体内缺乏其他微量元素，如镁，或者由于身体疲劳过度等，也有可能出现抽筋症状，一句话：应对抽筋要对症下药。

抽筋发作时怎么办

抽筋多半在夜间发生。由于突然疼痛而从睡梦中惊醒，很多孕妈妈往往觉得很惊慌，结果使疼痛感愈加强烈。下面的做法可以很快缓解抽筋所带来的痛苦。

绷紧小腿肌肉：孕妈妈可以自己把脚面竖起来，和脚腕保持垂直；也可以请准爸爸帮忙把脚扳起来，这样保持几分钟。如果疼痛不太强烈，孕妈妈可以平躺着脚跟用力抵住墙壁，或马上下床使脚跟着地，都可以起到拉伸小腿肌肉、缓解疼痛的作用。

按摩：孕妈妈可以自己按摩，也可以请准爸爸帮自己轻轻按摩疼痛处的肌肉，也可以起到缓解疼痛、消除抽筋的作用。

热敷：如果拉伸小腿肌肉和按摩还不能奏效，孕妈妈还可以请准爸爸用热毛巾帮自己热敷抽筋的部位。热敷可以促进血液循环，缓解肌肉痉挛，很快就可以消除抽筋带来的不适。

饮食预防抽筋

预防抽筋最应该做的就是消除容易引起抽筋的诱发因素。

1. 缺钙抽筋：孕妈妈应该在医生的指导下补钙。虾皮、虾米、海带、紫菜、乳制品、豆制品、芝麻酱、芝麻、话梅、瓜子、茶叶、雪里红、薹菜、口蘑、泥鳅等食物中含有丰富的钙，孕妈妈可以通过多吃这些富含钙的食物来补充，也可以通过服用钙剂补充。

2. 缺镁抽筋：绿叶蔬菜、紫菜、小米、玉米、荞麦面、高粱面、烤土豆、黄豆、黑豆、蚕豆、豌豆、豇豆、豆腐、冬菜、辣椒、蘑菇、杨桃、核桃仁、虾米、花生、芝麻、海产品、肉类、牛奶等食物都含有丰富的镁，孕妈妈可以通过调整饮食，多吃这些富含镁的食物来补充。

3. 疲劳抽筋：孕妈妈可以在条件允许的情况下，每天抽出一点时间锻炼身体，增强肌肉的活力，防止肌肉过度疲劳。平时生活中，孕妈妈也最好经常变换姿势，每隔1小时左右活动一下，以防身体过度疲劳。

4. 受寒抽筋：孕妈妈应该注意保暖。每晚临睡前用温水泡一下脚，夜间发生抽筋的次数就会少得多了。

/专家提示/

如果孕妈妈出现臀部抽筋并向大腿根部放射，可能是坐骨神经受压所致。如果下肢不感到麻木，孕妈妈不必过分担心，只要注意休息，并在医生的指导下进行止痛治疗即可。如果疼痛剧烈，下肢发麻，且持续时间较长、频率稍多，则应及早就医，以免延误病情。

注意少喝含咖啡因的饮料

可乐、红茶、咖啡等饮料孕妈妈要少喝，因为可乐、红茶、咖啡这些饮料中都含有咖啡因，咖啡因能迅速通过胎盘作用于胎儿，对胎儿发育造成不良影响，而且还可能使胎儿细胞发生变异。

胎儿对咖啡因尤为敏感，而一些饮料中甚至含有2.4%～2.6%的咖啡因、可乐定等生物碱，所以有的孕妈妈喝了以后会出现恶心、呕吐、头痛、心跳加快等轻微中毒症状，由此可能会影响胎儿大脑、心脏和肝脏等重要器官的发育，甚至会导致胎儿出生后患上先天性疾病。

/专家提示/

一瓶340毫升的碳酸饮料中约含50毫克咖啡因，一次口服咖啡因达1克，就可导致成人中枢神经系统兴奋、呼吸加快、心动过速、失眠等，更何况是胎儿。

喝汤更要吃“渣”

有的孕妈妈在吃汤菜时，认为营养全部溶解在汤中，只选择汤而摒弃菜。其实，虽然汤的营养价值很高，但仍有大部分的营养，特别是肉类食物的主要营养成分如蛋白质、铁质、骨中的钙质等都很难溶解在水中，而“滞留”在了汤渣里。孕妈妈吃渣的过程中可以增加膳食纤维的摄入，有利于促进胃肠蠕动，加速新陈代谢，缓解孕期便秘。

孕妈妈宜吃这些杂粮

小米：有滋阴补虚、健脾养肾、除湿利尿之功用。孕吐时，用小米煮粥，对减轻恶心、呕吐非常有用。

糯米：味甘性温，能暖补脾胃、益肺养气。糯米比粳米性黏，消化得慢一些，因此脾胃虚弱者不宜多食，以免引起胃胀与消化不良。

荞麦：味甘性凉，有开胃宽肠、下气消积的功效，可缓解大便秘结，湿热腹泻等。建议用荞麦面代替一般面条，也可在早餐或加餐时将荞麦粉冲入牛奶中食用。

高粱：味甘、涩，性温，有健脾胃、消积止泻之用。当孕妈妈消化不良、脾胃气虚、大便溏薄时，可以适当食用。

红薯：味甘性平，有补脾养心、益气通乳、去脏毒之用，能促进肠道蠕动，刺激排便。但红薯中糖类较其他粮食多，妊娠糖尿病患者不宜多食。

吃素的孕妈妈要保证营养的全面均衡

在整个怀孕阶段，孕妈妈需要摄取质量均衡、营养丰富的食物，这样可以减少并发症的产生，孕育一个健康的胎儿。

吃素的孕妈妈每天的饮食摄取以少食多餐为主，一天分4～5餐，以均衡地摄取六大类食物：五谷根茎类、蔬菜类、水果类、油脂类及蛋白质类。

蛋白质类：以往只吃素的孕妈妈，最好改为以吃蛋类为主，并多摄取黄豆制品，这样可以帮助摄取到高品质的蛋白质与较多的各类维生素、矿物质。

主食：三餐的主食应该以富含维生素B_1、维生素B_6及维生素E的糙米或蛋白质、纤维含量较高的五谷米取代白米。

水果：一般都认为多摄取水果对身体有益，但是血糖较高的话，就要格外注意水果的摄取量，并避免喝果汁。

此外，也要注意素食食材的选购，应以新鲜、天然的食物为主。

最好不要吃冰镇食物

怀孕早期，多数孕妈妈都会胃火上升，即便不是在特别热的夏天，也会想吃冰淇淋、喝冰水来缓解燥热。

孕妈妈最好不要吃冰镇食物，尤其是孕早期的孕妈妈更要注意克制。最大限度也只是偶尔吃几口，如果超量，或者一天内喝冰水超过总量的一半，就可能伤及脾胃，影响消化和吸收功能。时间久了，就会出现大便不畅、阴道分泌物增多等现象，严重的还可能导致阴道炎，影响正常生产。不仅如此，脾胃功能下降，会增加肠道疾病的感染、发病率，增大用药风险。

建议孕妈妈吃常温下的新鲜蔬果，以补充身体水分；如特别嗜凉，可以用凉白开代替冰水。此外还应注意营养均衡，调养好身体，这样才能从根本上防止胃火上升带来的“口燥”。

吃鸡蛋时需要注意的问题

鸡蛋中含有丰富的蛋白质和卵磷脂，是孕妈妈补充营养的首选，但是要想让营养能够被充分地吸收，在饮食搭配上要注意以下几点：

1.鸡蛋不要与白糖同煮。很多孕妈妈有吃糖水荷包蛋的习惯。其实，鸡蛋和白糖同煮，会使鸡蛋蛋白质中的氨基酸形成果糖基赖氨酸结合物。这种物质不易被人体吸收，会对健康会产生不良作用。

2.鸡蛋不要与豆浆同食。有些孕妈妈早上喝豆浆时喜欢吃个鸡蛋，或是把鸡蛋打在豆浆里煮。这样的吃法是不科学的。豆浆味甘性平，有很多营养成分，单独饮用有很强的滋补作用。但是豆浆中含有一种特殊的胰蛋白酶，与蛋清中的卵松蛋白相结合，会造成营养成分损失，降低两者的营养价值。

孕妈妈可以适当吃些零食

孕早期的早孕反应使得一些孕妈妈食欲降低，这时，孕妈妈可以适当吃些零食作为补充营养的调剂。孕妈妈可以选择一些营养丰富、低糖、低热量、高膳食纤维的食物来充当零食。以下几种可供参考：

大枣

大枣被称为“天然维生素丸”，富含多种营养成分。具有补血安神、补中益气、养胃健脾等功效，还能防治妊娠期高血压，非常适合孕妈妈食用。

瓜子

瓜子的种类很多，如葵花子、西瓜子、南瓜子等。葵花子中富含维生素E，西瓜子中富含亚油酸，南瓜子中则含有蛋白质、脂肪、碳水化合物、钙、铁、磷、胡萝卜素、维生素B_1、维生素B_2等多种营养成分，且比例均衡，非常有利于人体的吸收和利用。

板栗

板栗富含蛋白质、脂肪、碳水化合物、钙、磷、铁、锌、B族维生素等多种营养成分，有补肾强筋、养胃健脾、活血止血等功效。孕妈妈常吃板栗既可以健身壮骨，利于胎儿的健康发育，又可以消除自身的疲劳。

花生

孕妈妈每天吃一点儿花生可以预防产后缺乳，花生的内衣（红色薄皮）中含有止血成分，可防治再生障碍性贫血。但花生脂肪含量较多，食用要适量，不可过多。花生受潮后易霉变，能致癌，所以应将其放在干燥处保存，霉变后一定不要再食用。

除上述几种零食外，水果、酸奶、熟鸡蛋、粗纤维饼干等也是不错的选择。

孕妈妈应慎用的中药

一般活血化瘀药、行气驱风药、苦寒清热药、凉血解毒药都在孕妈妈禁止服用的清单中，具体参见下表。

属类	药品名称
中药	巴豆、牵牛、芫花、甘遂、商陆、大戟、水蛭、虻虫、莪术、三棱、大黄、芒硝、冬葵子、木通、桃仁、蒲黄、五灵脂、没药、苏木、皂角刺、牛膝、枳实、附子、肉桂、干姜等。
中成药	十枣丸、舟车丸、麻仁丸、润肠丸、槟榔四消丸、九制大黄丸、清胃和中丸、香砂养胃丸、大山楂丸、虎骨大瓜丸、活络丸、天麻丸、虎骨追风酒、华佗再造丸、伤湿止痛膏、囊虫丸、驱虫片、化虫丸、利胆排石片、胆石通、结石通、七厘散、小金丹、虎杖片、脑血栓片、云南白药、三七片、六神丸、牛黄解毒丸、败毒膏、消炎解毒丸、祛腐生肌散、疮疡膏、百毒膏、消核膏、白降丹等。

孕3月安胎养胎食谱

拌双耳

材料：银耳(干)、黑木耳(干)各100克，葱丝、彩椒丝适量。

调料：盐、白糖各1小匙，香油、醋、鸡精、胡椒粉各适量。

做法：

1. 将银耳和黑木耳分别用温水泡发，去掉根蒂，洗净，撕成小朵，用开水焯烫，捞出投入凉开水中过凉，再捞出沥干水分。
2. 将银耳和黑木耳装入盘中，撒上葱丝、彩椒丝。
3. 将盐、醋、鸡精、白糖、胡椒粉、香油用冷开水调匀，浇在银耳和黑木耳上，拌匀即可。

营养师分析

这道菜清淡适口，营养丰富。银耳、黑木耳都具有增强人体免疫力、润肠通便的功效，可以帮助孕妈妈增强体质、缓解便秘的症状。

肉末炒豌豆

材料：瘦猪肉100克，豌豆200克，葱、姜各少许。

调料：酱油、料酒各1小匙，盐、鸡精各适量。

做法：

1. 将猪肉洗净，剁成肉末。豌豆洗净备用。葱、姜洗净，分别切成细末备用。
2. 锅内加入油烧热，加入葱、姜煸炒出香味后，加入肉末略炒，倒入料酒，加入酱油，翻炒均匀。
3. 加入豌豆、盐、鸡精，大火炒熟即可。

营养师分析

这道菜可以为孕妈妈补充叶酸、维生素和铁，帮助孕妈妈提高机体免疫力，预防缺铁性贫血。

肉丝芹菜炒千张

材料：瘦猪肉50克，千张丝100克，芹菜100克，葱、姜各适量。

调料：淀粉、酱油各1小匙，盐半小匙，鸡精少许。

做法：

1. 猪肉洗净切成丝，加入淀粉、酱油、料酒拌匀；芹菜去叶洗净，切成5厘米长的细丝，投入沸水中焯烫2分钟左右；葱、姜洗净，葱切段，姜切片备用。
2. 锅内加入油烧热，放入肉丝，大火炒熟后盛出待用。
3. 另起锅放油烧热，放入芹菜，加入盐、千张丝炒匀后加入炒好的肉丝和剩余的酱油、料酒，大火快炒几下即可。

营养师分析

这道菜清淡甘平，醒脾开胃，能够帮助早孕反应较严重的孕妈妈增进食欲，并可以补充钙质，促进胎儿的生长发育，适宜孕早期的孕妈妈食用。

猴头菇扒菜心

材料：白菜心300克，猴头菇50克（干），姜3片。

调料：素鲜汤500毫升，水淀粉2大匙，盐、鸡精各1大匙，料酒2小匙。

做法：

1. 将白菜心洗净，削去根部，切成4瓣，放入沸水中稍焯烫捞出，过一遍凉水，切成3厘米长的段备用；姜洗净，切成姜末备用。
2. 将猴头菇用开水泡发，捞出挤干水，削去底部的老根，切成0.3厘米厚的薄片，放入沸水中焯烫片刻，捞出摊开晾凉，然后加入1大匙水淀粉，给猴头菇挂糊。
3. 锅中加入清水，烧至微开，将猴头菇一片片下入锅中，待菇片浮起，捞出放入凉水中过凉，后放入碗内。
4. 另起锅，加入油烧热，放入姜末炒出香味，加入素鲜汤、盐、鸡精、料酒，大火烧开。将一半汤汁浇在猴头菇上，然后将猴头菇上笼蒸40分钟左右。
5. 40分钟后，将菜心放入锅内留下的汤内，略烧后捞出，盛入盘内，再把蒸猴头菇的汤倒入锅内，将猴头菇扣在盘子里白菜心的中间。
6. 将锅内剩余的汤汁烧开，用1大匙水淀粉勾芡，浇在猴头菇和菜心上即可。

营养师分析

这道菜柔嫩爽滑，味道鲜美，会让孕妈妈的胃口大开。猴头菇中含有的不饱和脂肪酸，有利于血液循环，能够降低血胆固醇含量，帮助孕妈妈提高机体免疫力，促进胎儿的生长发育。

栗子焖排骨

材料：猪排骨300克，板栗100克，大蒜(白皮)10克。

调料：酱油、料酒各1大匙，淀粉2小匙，盐1小匙，白糖半小匙，香油适量。

做法：

1. 排骨洗净，剁成小块，加入料酒、盐、白糖、酱油、淀粉、油（1大匙左右），腌制入味。
2. 将栗子剥去皮，洗净备用；大蒜去皮洗净，切成片备用。
3. 锅内加入油烧热，放入蒜片爆香，倒入排骨，大火爆炒至半熟后加入栗子，继续翻炒5分钟左右，加适量清水，小火焖15分钟，淋入香油，即可出锅。

营养师分析

这道菜富含蛋白质、脂肪、碳水化合物、维生素等多种营养成分，可为孕妈妈补充体力，促进胎儿的生长发育。有消化不良和便秘症状的孕妈妈，应少食板栗。

炝炒紫甘蓝

材料：紫甘蓝300克，海米30克，葱、姜各少许。

调料：盐、鸡精各适量。

做法：

1. 将紫甘蓝择洗干净，撕成小片，投入沸水中焯烫2分钟，捞出来沥干水。
2. 将海米用温水泡发，洗净备用；葱、姜洗净，切成末备用。
3. 锅内加入油烧热，放入葱姜末，炒出香味，再依次加入甘蓝、海米，大火快炒几下后加入盐、鸡精炒匀，即可。

营养师分析

紫甘蓝中含有维生素和矿物质，能促进孕妈妈肠胃黏膜的新陈代谢，对胎儿的发育也有好处。

鸡蛋虾仁炒韭菜

材料：韭菜250克，虾仁30克，鸡蛋1个。

调料：盐、酱油、香油、淀粉各适量。

做法：

1. 将虾仁洗净用水发胀，约20分钟后捞出淋干水分待用；韭菜择洗干净，切3厘米长的段备用。
2. 鸡蛋打破盛入碗内，加入淀粉、香油、虾仁调成蛋糊。
3. 炒锅烧热倒入植物油，待油热后倒入蛋糊，蛋糊煎熟后放入韭菜同炒。
4. 待韭菜炒熟，放盐、淋香油，搅拌均匀起锅即可。

营养师分析

这道菜味道鲜美，营养丰富，可以调理因为早孕反应引起的营养不良，对胎儿神经系统的发育有很好的促进作用。

口蘑烧茄子

材料：嫩长茄子（紫皮）300克，口蘑50克，毛豆50克，大蒜2瓣。

调料：盐1小匙，生抽半小匙，清汤、水淀粉各适量。

做法：

1. 将茄子洗净，削去皮，切成拇指肚大小的丁；毛豆用开水煮熟，去掉豆荚；口蘑、大蒜均洗净切片备用。
2. 锅内加入油烧热，放入蒜片、茄丁，中火炒至茄子变软。
3. 加入口蘑、毛豆，注入清汤，调入盐、生抽，用小火烧透后用水淀粉勾芡即可。

营养师分析

这道菜具有活血化瘀、消肿止痛的功效，并且对孕早期孕妈妈的便秘、水肿等症状有很好的缓解作用。口蘑中含有多种抗病毒成分，可以帮助孕妈妈提高自身的免疫力。

枸杞蒸鸡

材料：草鸡1只（500克左右），枸杞子15克，葱20克，姜10克。

调料：料酒2大匙，盐1小匙，高汤适量，胡椒粉少许。

做法：

1. 将草鸡洗净，放入沸水锅中焯烫透，捞出过一遍凉水，沥干水分备用；葱、姜洗净，葱切段，姜切片备用；枸杞子洗净备用。
2. 将枸杞子装入鸡腹中，腹部朝上放入碗中，加入葱段、姜片、料酒、高汤、胡椒粉，上笼大火蒸2小时左右。
3. 拣去姜片、葱段，加盐调味即可。

营养师分析

鸡肉和枸杞子都有补益气血、滋养精气的作用，对肾阴虚引起的神疲乏力有很好的治疗作用。鸡肉中含有丰富的优质蛋白质，对胎儿的生长发育有很好的促进作用。

香油萝卜丝

材料：白萝卜150克，青尖椒50克，红甜椒50克。

调料：干辣椒3个，白糖、白醋各1小匙，盐适量，鸡精少许。

做法：

1. 将白萝卜洗净，用刨子刨成细丝，加入白糖、盐拌匀备用。
2. 将青尖椒、红甜椒分别洗净，切成细丝；干辣椒洗净切成丝。
3. 锅内加入油烧热，放入干辣椒丝炸出香味后，趁热淋入萝卜丝内，加入青、红椒丝，淋上白醋，拌匀即可。

营养师分析

这是一道风味独特的健胃菜，非常适合食欲不振的孕妈妈食用。萝卜具有下气消食、除痰润肺、解毒生津和利便的功效，是孕妈妈的首选蔬菜。

孕4月 漂亮的孕妈妈

孕妈妈身体在变化

这个月孕妈妈的体重会增加2.5～4千克，子宫会进一步增大（如同婴儿的头一样大）。同时孕妈妈的腹部会有沉重感；尿频、白带多等现象也依然存在；基础体温逐渐呈低体温状态，并一直持续到分娩结束。早孕反应这个月已经结束，孕妈妈的身心都会进入比较稳定的时期。

从这个月开始，孕妈妈应该按医生要求，定期去医院检查，观察胎儿、胎盘、胎心、母体的变化状况，如果发现问题需要及时处理。

胎儿对妈妈说

妈妈，你知道吗，现在我的脑部器官记忆功能从现在已开始发展喽，你跟爸爸说悄悄话的时候可要注意啦。

我现在的身高是10～20厘米，体重为100～120克，以后会越来越重，妈妈你要有准备哦。我的皮肤也在增厚，而且还变得有光泽了呢，是那种红润润的哦，你看到了一定会喜欢的。 我的手脚已经能够稍微地活动了，不过现在你还感觉不到，我要快快长大，踢妈妈的腹部。

孕4月营养指导

进入孕4月，胎儿的器官组织开始迅速生长发育，每天需要摄入大量营养素，孕妈妈要尽量满足胎儿迅速生长及自身营养素存储的需要，避免营养不良或缺乏对胎儿生长发育和自身的健康造成影响。

首先应增加主食的摄入，应选用标准米、面，搭配食用一些杂粮，如小米、玉米、燕麦片等。一般来说，孕中期每日主粮摄入应在400～500克，这对保证热量供给、节省蛋白质有着重要意义。

其次要增加动物性食物的摄入，因为动物性食物所提供的优质蛋白质是胎儿生长和孕妈妈组织增长的物质基础。

此外，孕妈妈应多吃些海产品，多吃鸡蛋。膳食宜粗细搭配、荤素搭配，不要吃得过精，避免造成某些营养元素吸收不够。

本月孕妈妈还应注意补充碘和锌。怀孕14周左右，胎儿的甲状腺开始起作用，制造自己的激素。而甲状腺需要碘才能发挥正常的作用。母体摄入碘不足，新生儿出生后甲状腺功能低下，会影响孩子的中枢神经系统，尤其是大脑的发育。鱼类、贝类和海藻等海鲜是碘最丰富的食物来源。每周可以吃2～3次。

同时，孕妈妈需要增加锌的摄入量。缺锌会造成孕妈妈味觉、嗅觉异常，食欲减退，消化和吸收功能不良，免疫力降低。富含锌的食物有生蚝、牡蛎、动物肝脏、口蘑、芝麻、赤贝等，在生蚝中含量尤其丰富。每天膳食中锌的补充量不宜超过20毫克。

/专家提示/

进入本月之后，多数孕妈妈的早孕反应逐渐消失，食欲会变得旺盛，胃口大开。孕妈妈可以放心地吃各种平时喜欢但因为担心发胖而不敢吃的东西了。但不要一次吃得过多、过饱，或一连几天大量食用同一种食品。

孕4月重点补充蛋白质

补充蛋白质的作用

怀孕第4个月，孕妈妈和胎儿对蛋白质的需求都进入了快速增长的时期。

这个时候，孕妈妈要开始进入蛋白质的储备期了，这不仅是为了满足孕妈妈自身和胎儿组织增长的需要，也是为分娩消耗及产后乳汁分泌进行准备。

本月，孕妈妈的身体对蛋白质的摄入量需要会增加，每天应比孕早期多摄入15～25克，尤其是吸收利用率高的优质蛋白质，其中动物蛋白质占全部蛋白质的一半以上。

因此，这个阶段孕妈妈的饮食中应该增加奶、蛋类的完全蛋白质，尽量做到每餐荤素搭配，适量进食一些肉类食品，以满足身体对蛋白质的需要。

补充蛋白质不能毫无节制，只要比孕前稍微多一些基本就可以了，不然，摄入过多的蛋白质会增加孕妈妈的肝、肾负担，还有可能造成孕期肝脏功能损伤。

/专家提示/

怀孕第4个月，孕吐反应基本都会减轻，孕妈妈的胃口也开始变好，但是千万别趁着孕吐期过去，胃口变好一点了而大吃大喝，不然身材像吹气球一样胖起来也就指日可待了。

不爱吃肉的孕妈妈可以这样补充蛋白质

肉类为人体提供的营养主要是蛋白质，而动物性蛋白质是人体最容易吸收利用的蛋白质。此外，动物的内脏是无机质（磷、铁、镁、锌等）以及B族维生素（猪肉的维生素B_1是牛肉的10倍）的重要食物来源。

不爱吃肉的孕妈妈容易缺蛋白质、B族维生素。以下是给不爱吃肉以及素食孕妈妈的营养补充建议：

1.多摄取奶制品。这类孕妈妈可以每天喝3杯牛奶，或每天250毫升牛奶、1杯酸奶，也可以每天吃2~3块奶酪。

2.多选用豆制品。豆类富含植物蛋白质，并且其必需的氨基酸组成与动物性蛋白质近似，比较容易被人体吸收利用。可以常吃豆腐、豆芽、豌豆、扁豆，平常可多榨点豆浆喝。

3.选择全谷物粮食、鸡蛋和坚果。全麦面包和麦片都是全谷物粮食，可在早餐时适当增加。每天可吃几粒坚果和两个鸡蛋。

蛋类是孕妈妈补充蛋白质的良好来源

蛋类也是优质蛋白质（氨基酸组合良好）的来源，利用率很高。蛋中的脂肪绝大部分含于蛋黄中，而且分散成小颗粒，容易被吸收。蛋黄中还含有丰富的钙、铁、维生素A、维生素B_1、维生素B_2、维生素D以及磷质等。

常见的蛋有鸡蛋、鸭蛋、鹅蛋、鸽蛋及鹌鹑蛋等。不爱吃蛋的孕妈妈可能会缺蛋白质、铁、钙及维生素A、维生素B_1、维生素B_2。

谨慎服用蛋白粉

服用蛋白粉不当容易使身体因一下子摄入过多蛋白质，加重肾脏负担，使孕妈妈出现四肢水肿、血压升高、头疼、眼花等不良症状。如果服用过量，还可能会致使一些孕妈妈出现蛋白尿的情况，损害肾脏功能，威胁到身体的健康。

孕妈妈只要注意合理调整饮食，每天保证喝一杯豆浆或牛奶，吃一个鸡蛋，再进食适量的肉类与豆制品，就完全可以满足身体对蛋白质的需求，并不需要额外服用蛋白粉。

如果确实需要通过服用蛋白粉来补充蛋白质，一定要向医生进行咨询，在医生专业的指导下科学服用，以避免产生不必要的危害。

适合孕妈妈食用的坚果

腰果：腰果的营养丰富，含蛋白质达21%，含油率达40%，各种维生素含量也都很高。因此，孕妈妈可以每天摄入5～8粒（10～16克）的腰果。腰果对孕妈妈具有补充体力和消除疲劳的良好功效，还能使干燥的皮肤得到改善。同时还可以为孕妈妈补充铁、锌等。

核桃：核桃有补气养血，温肺润肠的作用。核桃营养成分的结构对于胎儿的脑发育非常有利。孕妈妈每天可以吃2～3个核桃。

葵花子：富含亚油酸，促进脑发育，同时也含有大量维生素E，促进胎儿血管生长和发育，还有增强孕酮的作用，有助于安胎。葵花子还含有丰富的镁，对稳定血压和神经系统有重要作用，孕妈妈每晚吃一把葵花子可起到安眠的作用。

专家提示

在选择干果时，不妨挑那些透明真空包装的，这样质量稍好，且容易辨别，腰果、花生等坚果含蛋白质丰富，但同时脂肪含量也多，因此要注意控制量。

胎儿热量需求大，孕妈妈注意适当多吃主食

胎儿的迅速增长需要大量的热量，如果孕妈妈热量摄取不足，就容易造成胎儿营养不良和各系统、器官发育迟缓，体重、身长增长慢，最终使得胎儿出生时的体重低于正常值。

热量在每日营养中的分配大致为：

营养元素	碳水化合物	脂肪	蛋白质
热量	60%～70%	20%～25%	15%～20%

碳水化合物主要从主食中摄取，因此，进入第4月，孕妈妈可以适当增加主食的摄入量，每日增加主食75克左右，要注意多吃米和面，同时搭配一些小米、玉米面、燕麦等杂粮。

适量补充脂肪酸，帮助胎儿大脑发育

怀孕第4个月，孕早期的早孕反应渐渐好转，孕妈妈基本适应了身体的变化。此时，根据胎儿的身体发育需要，一些要补充的营养现在可以放心有效地补充了。

孕4月后，胎儿的生长发育继续加快，特别是大脑的发育，不仅重量增加，而且脑细胞的数量也迅速增加，因此十分有必要增加有利于大脑发育的营养物质，如磷脂和胆固醇等脂类。

孕妈妈可以经常交替食用一些核桃、松子、葵花子、榛子、花生等脂类食物，同时，还应适量增加植物油的摄取，如豆油、花生油、玉米油等。这些食物富含大脑发育必需的脂肪酸，不仅可满足孕妈妈身体对脂类的需求，还有利于胎儿大脑发育。

预防并应对缺铁性贫血

缺铁性贫血的危害

怀孕后半期，随着胎儿的生长，以及从母体中摄取并储存出生后所需要的铁，孕妈妈对铁的需要量大大增加。如果孕妈妈的饮食中所含的铁元素不多，又没有在医生指导下服用铁剂进行补充，就容易出现缺铁性贫血。

贫血会造成孕妈妈子宫、胎盘的血液供应不良，使孕妈妈对失血的耐受性变差，容易出现宫缩无力、产程延长、产后出血等危急状况。贫血还会引起孕妈妈免疫力下降，使孕妈妈发生感染的概率比正常孕妈妈高5～6倍。严重贫血的孕妈妈由于血红蛋白携带氧气不足，很容易使胎儿缺氧，引起胎儿宫内发育迟缓、早产，甚至死胎。

贫血虽然不是凶疾，对孕妈妈和胎儿健康的危害却不能小觑，一定要提早预防，及时纠正。

积极防治贫血

想预防和应对缺铁性贫血，最有效的方法就是补铁。

为满足胎盘发育、子宫增大、母体血红蛋白增多需铁、分娩失血需铁等需要，孕妈妈在整个孕中期（怀孕4～7个月）每天应该摄入25毫克铁。

大枣、红豆、动物内脏、瘦肉、动物血、蛋黄、鸡、鱼、虾、豆制品、绿叶蔬菜、番茄、金针菜、桃子、李子、樱桃、葡萄干等食物中含有丰富的铁，孕妈妈可以有选择地食用。

如果条件允许，孕妈妈还可以在医生的指导下服用铁剂进行补充。

服用补铁剂的注意事项

1.铁剂服用过量会引起铁中毒，使人出现恶心、呕吐、腹痛、腹泻、呕血、便血等症状，还可以引发严重低血压、昏迷和休克。所以，服用铁剂补铁最好在医生的指导下进行，服用量不宜过大，以免中毒。

2.铁剂对胃肠道有刺激性，会导致恶心、呕吐、上腹痛等症状。如果在饭后服用，可以减轻这些症状。

3.动物性食物中的铁比植物性食物中的铁更容易被人体吸收和利用。动物血中的铁吸收率最高，在10%～76%；其次是动物肝脏和瘦肉。

4.维生素C、果糖、氨基酸、脂肪等物质可增加铁的吸收，茶、咖啡、牛乳、植物酸、麦麸等食物中所含的某些物质可抑制铁的吸收。

用铁炊具烹调饭菜也可以补铁

铁锅、铁铲等铁质炊具在烹制食物时会产生一些小碎铁屑，溶解在食物中后，会形成可溶性的铁盐，通过肠道被人体吸收。所以，尽量使用铁质炊具做菜做饭，也可以起到一定的补铁作用。

加餐的注意事项

进入孕中期之后孕妈妈的食欲会大增，这个时候需要增加更多的营养，很多孕妈妈在正餐的时候吃得不多，剩下的一部分量就只能放在加餐的时候吃。孕妈妈在加餐的时候要注意食物的多样化和营养的均衡。

通常，正餐过后2.5～3个小时就可以加餐了，加餐食物中要有一点主食，也就是粮食类的东西，如全麦面包或者燕麦片等，这是加餐的饮食基础。剩下的就是一天要求补充的500毫升牛奶。这500毫升牛奶建议分2~3次喝，可以放到加餐里面，如可以早上喝一点牛奶，加餐的时候喝一点，晚上临睡之前的加餐也可以包括牛奶。此外，加餐食物中要有水果，其次是坚果，两者互相搭配，一天可以食用3次，每次分一部分的量在加餐时食用。

孕妈妈在加餐时最好不要喝饮料，尤其是含糖饮料要少喝，可以饮用鲜榨果汁。也不要吃膨化食品与腌制食品，比如薯片、火腿香肠等。

适合孕妈妈吃的食用油

每一种食用油的味道、营养和作用都是不同的，孕妈妈可以根据自身需要和烹调的方式来选择食用油。目前市场上最常见的有以下几种：

大豆调和油

这个是市面上比较常见的油，它是由几种烹调油经过搭配调和制成的，主要用油是大豆油。它的营养价值会依原料不同而有所差别，但可以确定的是，它们都富含不饱和脂肪酸、维生素E。

用法：具有良好的风味和稳定性且价格合理，适合日常炒菜及煎炸之用。

花生油

花生油的脂肪酸组成比较合理，含有40%的单不饱和脂肪酸和36%的多不饱和脂肪酸，富含维生素E。花生容易感染黄曲霉菌，所以一定要选择质量最好的一级花生油。

用法：它的热稳定性比大豆油要好，适合日常炒菜用，但不适合用来煎炸食物。

芝麻香油

也就是香油。它富含维生素E，单不饱和脂肪酸和多不饱和脂肪酸的比例是1：1.2，对血脂具有良好影响。它是唯一不经过精炼的油，因为其中含有浓郁的香味成分，精炼后便会失去。

用法：芝麻香油在高温加热后失去香气，因而适合凉拌菜，或在菜肴烹调完成后用来提香。

茶子油

也称茶油，其中不饱和脂肪酸高达90%以上，单不饱和脂肪酸占75%以上，含有一定量的维生素E。由于茶油的脂肪酸比例合理，对预防心血管疾病有益，因而为营养学界所重视，尊为一种营养价值较高的油脂。

用法：精炼茶油风味良好，耐高温，耐储存，适合作为炒菜、煎炸使用。

/专家提示/

食用油不适宜放在炉灶边。炉灶旁温度较高，油脂长时间受热，就会发生分解变质，而且，食用油受高温影响，油脂中所含的维生素A、维生素D、维生素E等均被氧化，降低了营养成分。因此，最好将食用油放在室温较低的地方。

孕4月安胎养胎食谱

家常罗宋汤

材料：熟牛肉100克，香肠1根，卷心菜50克，胡萝卜半根，土豆、番茄、洋葱各1个，芹菜2根。

调料：高汤300毫升，奶油100克，淀粉3大匙，番茄酱3大匙，番茄沙司2大匙，盐1小匙，白糖适量，胡椒粉少许。

做法：

1. 将牛肉洗净，切成小块；所有蔬菜分别洗净，土豆、胡萝卜、番茄去皮切小块，卷心菜切一寸见方的菱形片，洋葱切丝，芹菜切丁备用；香肠切片备用。
2. 锅内加入油烧热，加入奶油，放入土豆块煸炒至外皮焦黄，放入香肠炒香，再放入其他蔬菜翻炒均匀。
3. 加入番茄酱、番茄沙司和盐，用大火煸炒2分钟左右，放入高汤，用小火熬30分钟左右。
4. 加入淀粉和白糖，用大汤勺搅拌均匀，再熬15分钟左右，加胡椒粉调味，即可。

营养师分析

这道菜是一道俄罗斯风味的蔬菜汤，不但可以为孕妈妈补充维生素，还是一道超级开胃的美食，可以充分勾起孕妈妈的食欲。

海带烧黄豆

材料：黄豆50克，海带20克，香菇20克，彩椒丝少许。

调料：酱油1大匙，红糖、盐各1小匙，干辣椒2个。

做法：

1. 黄豆浸泡2～4小时后洗净；将香菇洗净，海带泡开，都切成小块备用。
2. 起锅加水(以没过黄豆为宜)，将黄豆、香菇、海带一起先用大火煮开后再用小火炖煮20分钟。
3. 加入酱油、红糖、盐、辣椒，用小火慢慢煮至汤收干后装盘，撒上彩椒丝点缀即可。

营养师分析

这道菜中含有丰富的碘和蛋白质，对胎儿的中枢神经系统和大脑的发育有很好的促进作用。香菇可以帮助孕妈妈预防感冒，增强身体的抵抗力。

鸡肝豆苗汤

材料：鸡肝2个，豌豆苗50克。

调料：鸡汤250毫升，盐、料酒各适量，胡椒粉少许。

做法：

1. 鸡肝用清水洗一遍，捞出来沥干水，切成薄片，加入料酒和适量清水浸泡2分钟左右；豌豆苗洗净，投入沸水中略焯烫一下捞出。
2. 锅内加入鸡汤烧开，下入鸡肝，小火汆烫至嫩熟捞出，放入汤碗内。
3. 撇去锅内汤面上的浮沫，加入盐、胡椒粉调好味，大火煮开。
4. 将豌豆苗放入盛鸡肝的碗中，倒入鸡汤即可。

营养师分析

这道菜富含维生素、卵磷脂等营养，还具有清除体内积热的功效，对体质燥热而口腔发炎、牙龈红肿、口气难闻、大便燥结的孕妈妈特别有帮助。

花生米炒芹菜

材料：瘦猪肉50克，芹菜150克，生花米50克，红甜椒1只，大蒜3瓣。

调料：水淀粉1大匙，酱油、白糖、盐各1小匙。

做法：

1. 将猪肉洗净，剁成肉末，加入酱油拌匀，腌制5分钟左右；芹菜洗净，切成小段；花生米洗净，沥干水；红甜椒洗净，切成小块；大蒜去皮洗净切片。
2. 锅内加入油烧热，放入花生米，小火炸熟后捞出控油。
3. 锅内留少许底油烧热，下入肉末炒散，加入蒜、芹菜、红椒，中火炒至七八成熟，加入盐、白糖，翻炒均匀。
4. 倒入炸好的花生米，用水淀粉勾芡，翻炒均匀即可。

营养师分析

这道菜中富含丰富的维生素B_1、铁、锌等营养素，可以促进胎儿骨骼的生长，并能帮孕妈妈预防缺铁性贫血。芹菜含有挥发性的芳香油，香味诱人，可以帮助孕妈妈增进食欲。

黄花蛋

材料：鸡蛋 2个，干金针菜50克，葱少许。

调料：料酒、盐各半小匙，高汤适量，白糖少许。

做法：

1. 将鸡蛋打入碗中，加盐、料酒调匀；干金针菜用温水泡发，洗净，捞出来沥干水分，切成小段；葱洗净，切成葱花。
2. 锅内加入油烧热，倒入蛋液炒出蛋花。
3. 另起锅放油烧热，放入金针菜翻炒几下，加入高汤，小火焖熟后加入鸡蛋、盐、白糖，翻炒均匀即可。

营养师分析

这道菜对心悸、头晕、小便不利、下肢水肿等孕期不适有很好的调理作用，同时还能够为孕妈妈补充所需的蛋白质。

鸡汤煮干丝

材料：鸡肉50克，虾仁50克，白豆腐干300克，豌豆苗10克，葱、姜各适量。

调料：料酒、盐、酱油各1小匙，虾酱少许。

做法：

1. 将鸡肉洗净，切成薄片，放入锅中，加葱、姜、料酒和少许盐煮熟，捞出来沥干水分备用；豌豆苗洗净，放入沸水中焯烫熟；虾仁洗净备用。
2. 将白豆腐干切成细丝，投入开水锅中焯烫至透，用筷子轻轻拨散，捞出再反复烫2次，捞出来沥干水分备用。
3. 锅内加入油烧热，放入虾仁，炒至乳白色，盛出备用。
4. 另起锅加入鸡汤烧开，下入豆腐干丝、鸡肉，小火煮至入味，加入豌豆苗、虾仁、虾酱，拌匀即可。

营养师分析

这道菜味道鲜美，含有丰富的蛋白质和钙，可以帮助孕妈妈补充所需的营养。豆干中含有的卵磷脂能够促进胎儿大脑、神经系统的生长发育。

蜜烧红薯

材料：红薯500克，大枣5颗。

调料：蜂蜜100克，冰糖50克。

做法：

1. 将红薯洗净，削去皮，削成鸽蛋大小的丸子；大枣用温水泡发，洗净去核，切成碎末。
2. 锅内加入油烧热，放入红薯丸子炸熟，捞出来控干油。
3. 另起锅加清水，大火烧开，加入冰糖熬化，下入过油的红薯丸子，小火煮至汤汁浓稠。
4. 加入蜂蜜，撒入大枣末，搅拌均匀，再煮5分钟即可。

营养师分析

这道菜可以为孕妈妈们补充足够的热量，还具有补中益气、清热润燥、解毒强身的功效，可以帮助预防便秘，还有利于保胎。

三鲜豆腐

材料：海米10克，豆腐、蘑菇各200克，胡萝卜、油菜各100克，姜、葱各少许。

调料：酱油1小匙，鸡精、盐、水淀粉、高汤各适量。

做法：

1. 将海米用温水泡发，投洗干净泥沙备用；豆腐洗净切片，投入沸水中焯烫一下捞出，沥干水分备用；蘑菇洗净，放到开水锅里焯烫一下，捞出来切片。
2. 胡萝卜洗净切片；油菜洗净，沥干水分备用；葱切丝、姜切末备用。
3. 锅内加入油烧热，放入海米、葱、姜、胡萝卜煸炒出香味，加入酱油、盐、蘑菇，翻炒几下，加入高汤。
4. 放入豆腐，烧开，加油菜、鸡精，烧开后用淀粉勾芡即可。

营养师分析

豆腐中的植物蛋白质和海米中的动物蛋白质搭配，能够提高两者的吸收利用率。这道菜可以为孕妈妈补充蛋白质及钙、锌等营养素，有利于胎儿的生长发育。

黄焖鸭肝

材料：鸭肝200克，木耳10克，葱1小段，姜1片，彩椒丝少许。

调料：盐1小匙，料酒、香油各半小匙，水淀粉、高汤各适量，胡椒粉少许。

做法：

1. 鸭肝洗净，投入沸水中煮5分钟，捞出切成厚片；木耳洗净，撕成小朵；葱洗净切段。

2. 锅内加入油烧热，放入姜片、葱段爆香，倒入鸭肝、木耳，加入料酒，注入高汤，用中火焖至九分热。

3. 调入盐、胡椒粉，焖至入味。

4. 用水淀粉勾芡，淋上香油，撒上彩椒丝即可。

营养师分析

鸭肝中铁的含量相当丰富，可以有效地帮助孕妈妈预防贫血。鸭肝中含有微量元素硒，能够帮助孕妈妈提高自身的免疫力，同时还具有抗氧化、防衰老的功效。

红白海米丁

材料：海米30克，胡萝卜100克，鲜香菇50克，白豆腐干3块，姜适量。

调料：甜面酱100克，盐1小匙，酱油、料酒、水淀粉、白糖、香油各适量。

做法：

1. 将海米泡发，加入料酒腌制10分钟左右；豆腐干、胡萝卜、香菇分别洗净，切成小丁；姜去皮洗净，剁成姜末。

2. 锅内加入油烧热，放入胡萝卜丁、豆腐干丁炸透，捞出来控干油。

3. 锅中留少许底油烧热，放入甜面酱、姜末，加入少许清水炒匀。

4. 放入海米翻炒至上色后下入胡萝卜丁、豆腐干丁、香菇丁，加入盐、酱油、白糖，翻炒至入味，用水淀粉勾芡，淋入香油即可。

营养师分析

这道菜可以补脾养胃、补肝利肠、清热解毒、促进消化，能够为孕妈妈提供丰富的维生素，孕中期的孕妈妈可多吃。

孕5月 多运动，胎儿更健康

孕妈妈身体在变化

孕妈妈在这个月一般都不会有早孕反应了，食欲较好，体重会比孕前增加3.5～6千克。

子宫也在渐渐地变大，如成年人头部般大小，子宫底高度16～20厘米，羊水量约400毫升。

由于子宫膨大，孕妈妈会感觉到下腹部有些微疼痛，而且阴道分泌物会增多，可能还伴随着尿频、腰酸背痛、便秘、痔疮、下肢水肿、静脉曲张等不适反应。

这一时期孕妈妈自己可以感觉到胎动活跃，这是胎儿情况良好的表现。在月底的时候孕妈妈会偶感宫体间歇性收缩，这并非异常，所以不要紧张，定期去做产检就可以了。

胎儿对妈妈说

妈妈，我现在已经长结实了，有的时候我的小手小脚会乱动，还会踢妈妈的小肚子，妈妈会不会觉得宝宝不乖呀？悄悄地告诉你哦，我已经开始会便便啦。

到这个月底的时候呢，我会长到20～30厘米，体重有200～350克。妈妈，我现在的心跳是每分钟120～160次，在这个月的第一周过了之后，你用医生伯伯的听诊器就能听到我的心跳啦。还有，妈妈你现在可不能偷懒喽，我已经可以学习东西了，你要开始进行胎教哦，那样我才会长成一个惹人喜爱的聪明宝宝，要记得哦。

孕5月营养指导

进入孕5月，胎儿的大脑、骨骼、牙齿、五官和四肢都将进入快速发育的时期，为了满足胎儿生长发育的需求，孕妈妈的体内基础代谢会逐渐增加，对各类营养的需求都会持续增加。为了满足热量需要，孕妈妈应注意调剂主食的品种花样，如粳米、高粱米、小米、玉米、薯类等。

进入孕5月之后，胎儿的骨骼生长得特别快，并开始出现雏形的牙龈。本阶段将是胎儿骨骼迅速钙化时期，对钙质的需求剧增，因此孕妈妈尤其要注意补钙，可以选择含钙丰富的牛奶、孕妇奶粉或酸奶来补钙。考虑到胎儿骨骼发育和即将开始的视网膜发育，孕妈妈应注意补充维生素A、钙和磷。食物中肝、奶、蛋黄及鱼等含维生素A较多，还应吃些胡萝卜、南瓜等。

/专家提示/

由于食欲增加，进食量逐渐增多，孕妈妈有时会出现胃中胀满的情况。此时可服用1～2片酵母片，以增强消化功能。也可每天分4～5次吃饭，这样既可补充相关营养，也可改善因吃得太多而胃胀的感觉。

孕5月要全面补钙

补钙的重要性

孕期缺钙，不仅会引起母体相关疾病，并发妊娠高血压综合征，新生儿也易发生骨骼病变、生长迟缓、佝偻病以及新生儿脊髓炎等。

孕妈妈缺钙严重，可致骨质软化、骨盆畸形而诱发难产。但补钙要适量，补钙过量会造成胎儿娩出困难。

一般饮食进补不会导致钙摄入过量，钙摄入过量主要是针对补充钙剂而言的。

孕中期是胎儿骨骼成形的关键时期，孕妈妈对钙的需求量大增，日常饮食可能无法满足钙需求。因此，从本月开始，孕妈妈可以在产科医生或者营养师的指导下适当补充一些含钙营养素制剂，或者钙片。

如何判断是否缺钙

缺钙的一些常见症状如下：

小腿抽筋

一般在怀孕5个月时可出现，往往在夜间发生。值得注意的是有些孕妈妈虽然体内缺钙，但并不表现出小腿抽筋的现象，可能会因此忽视补钙。孕妈妈孕期体检时应注意向医生询问。

牙齿松动

钙是构成人体骨骼和牙齿硬组织的主要元素，缺钙能造成牙齿釉质发育异常，抗龋能力降低，硬组织结构疏松，如果孕妈妈感觉牙齿松动，可能是缺钙了。

关节、骨盆疼痛

如果钙摄取不足，为了保证血液中的钙浓度维持在正常范围内，在激素的作用下，孕妈妈骨骼中的钙会大量释放出来，从而引起关节、骨盆疼痛等。

妊娠期高血压综合征

缺钙与妊娠期高血压疾病的发生有一定的关系，如果孕妈妈正被妊娠期高血压困扰，那么就该警惕自己是否缺钙了。

如果发生了以上症状的一种或者几种，应及时求助专业医生，确认是否缺钙，并及时治疗。

饮用牛奶可补钙

奶类是天然钙质的极好来源，只要不是早孕反应过大的孕妈妈，都可以通过饮用牛奶来补充一些钙。

一袋250毫升的牛奶可补充250毫克的钙。孕妈妈每天喝2袋牛奶即可。其中一袋应该在晚上睡前喝，这样可以维持半夜血钙正常，防止小腿抽筋。

有的孕妈妈可能有乳糖不耐反应，即喝了牛奶之后会发生腹泻，遇到这种情况可以用酸奶来代替牛奶。酸奶是鲜奶经过乳酸菌发酵制成的，在营养价值上和鲜牛奶一样，而且相对而言，酸奶中的钙、磷等矿物质更容易被人体吸收。酸奶还含有益生菌群，对肠道非常有好处，孕妈妈适当饮用可以加强肠胃的消化吸收功能，缓解孕期便秘症状。

注意：牛奶与酸奶都不宜空腹饮用。严重缺钙的孕妈妈应该在医生指导下服用钙片补充钙质。

/专家提示/

孕中期，孕妈妈每天需补充1000毫克钙，孕晚期需增加至1200毫克。

选择高性价比的钙片

选择高性价比的钙片要从钙片的品牌、体积、种类、吸收率等多方面入手，具体可参考以下建议：

1.应该选择由国家卫生部门批准的、品牌好、信得过的优质钙产品。注意查看产品的外包装，主要查看生产日期、有效期限以及生产批号等。

2.钙片的体积则不宜大，也不宜太小。孕妈妈因早孕反应或者腹部逐渐增大导致的食欲下降，钙片太大则难以服下，太小又会增加服用次数，对肠胃都会造成刺激。

3.常见的几种钙制剂元素钙的含量差别很大，它们依次为碳酸钙含40%、碳酸氢钙含23.3%、枸橼酸钙含21%、乳酸钙含13%、葡萄糖酸钙含9%。其中，碳酸钙中元素钙含量最高。

4.研究表明，各种钙剂在人体的吸收率为28%～39%，最高不超过30%，其余的从粪、尿及汗中排出。要谨慎选择厂商宣传吸收率过高的产品，以防受骗。

5.在两餐之间服用钙制剂可避免食物中不利因素的影响，有利于钙的吸收利用，而且分次服用钙剂比集中服用的效果更好。

/专家提示/

有些孕妈妈服用钙剂后会发生胃肠道胀气、大便不通、加重便秘等不适，专家建议这类孕妈妈可选择枸橼酸钙。因为它可在空腹时摄入，剂量大，吸收率和生物利用度高，不会中和胃酸，不会引起胃肠胀气和便秘。可向当地专业的医院或医疗机构询问购买。

补钙需要注意的问题

孕妈妈补钙时，需要注意钙的摄入量和人体对钙的吸收能力，一般需要注意以下问题：

1.孕妈妈在饮食中应有意安排富含钙质的食物摄入，特别是早期孕吐反应剧烈的孕妈妈更要加强。可多吃一些虾皮、腐竹、黄豆以及绿叶蔬菜等含钙量丰富的食物，并保证每天2袋牛奶的摄入量。

2.补钙的同时要注意补充磷。如果磷摄入不足，钙磷比例不适当，尽管补充了足够的钙，钙的吸收和沉积并无明显增加。海产品中磷的含量十分丰富，如海带、虾、蛤蜊、鱼类等。另外，蛋黄、肉松、动物肝脏等也含有丰富的磷。

3.铁对钙的吸收有一定的抑制作用，同样钙对铁的吸收也不利，如果孕妈妈有缺铁性贫血，那么补钙与补铁的时间最好隔开。

4.孕妈妈平时要多晒太阳。孕妈妈如果多晒太阳，就能得到足量的维生素D，从而使胎儿的骨骼和牙齿变得更结实，肌肉变得更强壮。最好选择在上午或午后晒太阳，要避开正午的阳光以免晒伤皮肤。

5.钙容易与草酸、植酸等结合，

影响钙的吸收，因此补钙最佳时间应是在两餐之间、睡觉前。最好是晚饭后休息半小时补钙，因为血钙浓度在后半夜和早晨最低，最适合补钙。

6.可乐等碳酸饮料以及菠菜等食物中含植酸、草酸和鞣酸，可与钙离子结合成不溶性的钙盐，影响钙的吸收。孕妈妈要尽量少食用。

/专家提示/

不要过多地摄入盐。过多摄入盐会增加钙在尿中的流失量。

适量补充维生素A

维生素A又名视黄醇，是人体内一种十分重要却又无法自行合成的必需营养素。维生素A可以促进人体的生长发育，帮助人体提高免疫力，维持人体的正常视力和上皮组织健康。胎儿发育的整个过程都需要维生素A。孕妈妈在怀孕期间如果缺乏维生素A，不但可能导致胎儿发育不良或死胎，使宝宝出生后出现中枢神经、眼、耳、心血管、泌尿生殖系统异常，还可能使孕妈妈失明（维生素A严重缺乏时才会出现）。

如何补充

由于需要为胎儿提供和储存维生素A，孕期的孕妈妈每天需要的维生素A比一般人要多一些，为2400国际单位。为了保证安全，孕妈妈每天所摄入的维生素A不能超过3000国际单位。

动物肝脏、蛋黄、胡萝卜、红薯、南瓜、番茄、柿子中的维生素A含量比较多，孕妈妈可以根据自己的情况适当地选择食用。

注意不要过量

由于维生素A可以在人体内蓄积，如果补充太多，很容易引起维生素A过量，使孕妈妈出现维生素A中毒，并使胎儿受到连累。一些研究表明，孕妈妈在孕期摄入过量的维生素A，胎儿发生出生缺陷的概率要大大高于不过量补充维生素A的孕妈妈所生的宝宝。

补充维生素A的注意事项

1.与存在于动物性食品中、以视黄醇的形式存在的维生素A相比，存在于胡萝卜、南瓜等植物性食物中的以β-胡萝卜素（维生素A原）形式存在的维生素A可以通过人体代谢将多余的部分排泄出去，是更加安全的补充方法，孕妈妈最好采用这种方式进行补充。

2.维生素A属于脂溶性维生素，孕妈妈在补充维生素A时适量摄入一些脂肪，可以促进维生素A的吸收。

3.维生素E、卵磷脂等抗氧化剂有利于维生素A的吸收，可以和维生素A一起补充。

/专家提示/

猪肝中所含的维生素A特别丰富，每100克猪肝中大约含有8700国际单位维生素A，如果吃得过多，就很容易过量。所以，孕妈妈吃猪肝应该坚持少次少量的原则，每周吃1～2次，每次吃50～100克，不要过多。

适当补充维生素E

维生素E又名生育酚，是一种具有多种生理功能的重要营养素。维生素E具有很好的抗氧化性，可以帮助人防止体内的脂肪化合物。在孕育方面，维生素E可以帮孕妈妈维持正常的生育能力，预防流产和早产。如果孕妈妈在孕期体内缺乏维生素E，不但很容易早产，孕育智力低下和出生后患溶血性贫血症的宝宝的概率就会大大增加。

该怎么补充

孕妈妈对维生素E的需要量是每天14毫克，比一般人每天多摄入2毫克左右。由于维生素E补充过量容易使人中毒，使孕妈妈出现血压升高、头痛、头晕、视力模糊、疲劳、呕吐和腹泻等症状，孕妈妈一定要按照医生的指导在安全的剂量范围内补充，千万不要过量。

小麦胚芽油、棉籽油、玉米油、菜籽油、花生油、芝麻香油等食用油脂（橄榄油的含量比较少），莴笋、金针菜、卷心菜、菠菜等绿叶蔬菜，杏仁、榛子、胡桃等坚果，猕猴桃等水果，土豆、红薯、山药等根茎类食物，猪肝、瘦肉、乳类、蛋类等食物中都含有维生素E，孕妈妈可以根据自己的情况有选择地食用。

/专家提示/

维生素E属于油性物质，可以帮助孕妈妈锁住皮肤及嘴唇中的水分，并且比较安全，冬天气候干燥的时候，孕妈妈可以把维生素E涂在自己的嘴唇、脸、手及其他裸露在外面的皮肤上，预防干裂。

适量补充卵磷脂

卵磷脂被誉为和蛋白质、维生素并列的“第三营养素”，是一种对人的生命具有重要维护作用的生命物质。对胎儿来说（对出生后的宝宝也有同样的作用），卵磷脂可以促进大脑细胞的健康发育，它还是神经细胞间信息传递介质的重要来源，是胎儿生长发育过程中非常重要的益智营养素。

孕妈妈在怀孕期间适当地补充些卵磷脂，对促进胎儿脑细胞和神经系统的健康发育、脑容积的增长是非常有益的。

如何补充

孕妈妈每天只需要补充500毫克卵磷脂就可以满足自己和胎儿的需要。

蛋黄、大豆、核桃、酵母、鱼头、芝麻、蘑菇、山药、谷类、小鱼、动物肝脏和骨髓、红花子油、玉米油、葵花子等食物中都含有一定量的卵磷脂，孕妈妈可以根据自己的实际情况选择食用。

/专家提示/

蛋黄磷脂就是从蛋黄中提取出来的卵磷脂。由于萃取工艺及成本方面的原因，目前可以成功提取的蛋黄磷脂量非常少。即使有，价格也相当昂贵。在选购蛋黄磷脂时，准爸妈一定要擦亮眼睛，努力识别打着蛋黄磷脂的旗号骗钱的假货，谨防上当。

巧妙应对孕期失眠

睡眠不佳的孕妈妈可以这么做：

睡前喝杯牛奶

牛奶中含有催眠物质，是能够促进睡眠的以血清素合成的色氨酸，睡前喝一杯热牛奶可以让孕妈妈睡得更熟。

晚餐可食用小米粥

小米可以起到安神的作用，这是因为小米具有较高的色氨酸含量（每100克小米色氨酸含量高达202毫克），具有催眠作用。同时，小米富含淀粉，进食后能使人产生温饱感，可以促进胰岛素的分泌，从而提高进入人脑内色氨酸的数量。将小米熬成稍稠的粥，睡前半小时适量进食，有助于睡眠。

可嗑些葵花子

葵花子含多种氨基酸和维生素，可调节脑细胞的新陈代谢，改善脑细胞的抑制功能。睡前嗑些葵花子，可促进消化液分泌，有利于消食化滞、镇静安神、促进睡眠。同类食品还有蜂蜜、莲子、核桃、大枣、豆类、百合、食醋等，经常在睡前食用可改善睡眠。

/专家提示/

保持稳定情绪、愉悦心情，多和家人聊天、分享心事，饮食注意调配——做到以上几点，孕期失眠自然会离你而去。如果必须用药，要谨遵医嘱，勿盲目服用，避免药物对胎儿造成不利影响。

孕期甜食需适量

甜食过量问题多

孕妈妈爱吃甜食可能出现消渴症状，消渴需要饮用大量的水，而饮水过量会增加心脏和肾脏的负担，并影响其他营养物质的摄入。

甜食摄入过多还会使孕妈妈体内的血糖陡然升高又很快下降，不利于胎儿的生长发育。此外，还易引起妊娠糖尿病，继而引发各种感染，如果血糖浓度持续增高可导致胎儿巨大，不利于孕妈妈和胎儿的健康。

因此，孕妈妈应注意控制甜食的摄入量，要少食用糖类及含糖量高的蛋糕、水果派、饼干、果酱、加糖的起泡饮料、加糖的水果汁、巧克力、冰淇淋等食物，以控制体重的过快增长。

/专家提示/

甜食不单纯限于吃起来甜的物质，精制碳水化合物也属于甜食中的一部分，孕妈妈应当避免过多食用如白糖、红糖、糖浆、葡萄糖等精制碳水化合物，这些食物若食用过量会使血糖平衡失调，而像粳米、面粉、豆类、土豆等属于非精制碳水化合物，这些食物中含有一定量的植物纤维可避免糖分摄取过量。日常饮食一定要注意做到优质适量，均衡营养。

用红糖代替白糖

孕妈妈需食糖时，在需要使用白糖的部分，可用红糖代替。

红糖性温，味甘，有益气补血、行血活血、健脾暖胃、化食散热的功效，可有效防治孕妈妈孕期贫血。

红糖是未经提纯的蔗糖，其中保存了许多对孕妈妈有益的成分。如所含的钙、铁元素都比较丰富，红糖还含有胡萝卜素、核黄素、烟酸和其他微量元素，这些成分都是孕妈妈十分需要的营养成分。

孕5月安胎养胎食谱

田园小炒

材料：西芹100克，鲜蘑菇、鲜草菇各50克，胡萝卜50克，小番茄5个。

调料：料酒1小匙，盐少许。

做法：

1. 将西芹择去叶洗净，切成1寸来长的段，投入水中焯烫一下，捞出来沥干水；鲜蘑菇、鲜草菇、小番茄分别洗净，切块；胡萝卜洗净，切成细丝。
2. 锅内加入油烧热，依次放入芹菜、胡萝卜、蘑菇、草菇，翻炒均匀。
3. 倒入料酒，加入盐，大火爆炒2分钟左右，加入小番茄，翻炒均匀即可。

营养师分析

这道菜色泽鲜艳，口味鲜香，营养丰富，可以帮助孕妈妈补充各种维生素，维持胎儿的正常发育。

红烧猴头菇

材料：鸡脯肉100克，猴头菇、大白菜各50克，葱白1段，姜1片。

调料：高汤3碗，酱油、料酒、水淀粉各1小匙，盐半小匙，鸡精少许。

做法：

1. 将猴头菇去掉针刺和老根，放入清水中漂去杂质，用温水泡软，多漂洗几次，装入盆中，加入适量清水，入笼蒸至八成熟，取出晾凉，切成条。
2. 将鸡肉洗净，切成小块；白菜去掉老帮，洗净，投入沸水中焯烫一下，捞出来沥干水分；姜洗净切成片，葱洗净切段备用。
3. 锅内加入油烧热，放入鸡肉、猴头菇炒至鸡肉变色，加入料酒、姜片、葱段和酱油，翻炒均匀。
4. 加入高汤，用小火焖至猴头菇酥烂后拣去姜、葱，加入盐、鸡精，用水淀粉勾芡收汁即可。

营养师分析

这道菜具有补脾胃、益气血、助消化的作用，同时还可以帮孕妈妈增强免疫力、防治神经衰弱。

家常焖鳜鱼

材料：鳜鱼1条，大蒜2～3瓣，葱1段，姜适量。

调料：花椒5～10粒，水淀粉1大匙，醋、料酒各1小匙，高汤、甜面酱各适量，盐、胡椒粉、香油各少许。

做法：

1. 将鳜鱼收拾洗净，用刀在鱼身两侧划出月牙形花纹，撒上盐、胡椒粉，腌制20分钟左右。
2. 将花椒放入一个小碗中，加入适量清水，泡出花椒水；大蒜、葱、姜洗净，葱切段，大蒜、姜切片备用。
3. 锅内加入油烧至四五成热，放入腌好的鳜鱼，两面略煎后取出。
4. 锅中留少许底油烧热，放入葱、姜、蒜爆香，加入甜面酱、高汤、花椒水、料酒、醋，放入鳜鱼，用小火煨熟。最后用水淀粉勾芡，淋入香油即可。

营养师分析

这道菜酸辣咸香，鲜嫩味美，并且富含蛋白质、脂肪、胡萝卜素、维生素、铁、钙、磷等营养成分，可为孕妈妈补充足够的营养，对胎儿的脑部发育也有着很好的促进作用。

干炸小黄鱼

材料：小黄鱼500克，面粉150克。

调料：鸡精、盐、料酒各适量。

做法：

1. 将小黄鱼去掉内脏，清洗干净，加入盐、鸡精和料酒，腌制1小时左右。
2. 逐个放入面粉中滚几次，使鱼身上均匀地裹上一层面粉。
3. 锅内加入油烧至六七成热，将小黄鱼逐个放入炸至呈金黄色，取出控油。
4. 继续加热油锅，待油温升至八成热时，逐个放入黄鱼再炸一遍，使小黄鱼焦脆即可。

营养师分析

这道菜富含蛋白质、脂肪、糖类、维生素、钙、铁等多种营养成分，还有益气填精、健脾开胃、安神止痢的功效。在帮助孕妈妈预防消化系统疾病的同时，还能够增进食欲。

姜汁鱼头

材料：鲢鱼头350克，鲜蘑菇100克，葱白1段，姜5克。

调料：高汤少许，酱油、料酒各1小匙，盐、胡椒粉、鸡精各适量。

做法：

1. 将鱼头洗净，剖成两半，投入沸水焯烫一下，捞出沥干水分。
2. 鲜蘑菇洗净，切成两半；姜洗净拍破，切成片，加入少许清水浸泡出姜汁；葱白洗净切段备用。
3. 将鱼头放入蒸盘中，加入鲜蘑菇、料酒、酱油、葱、姜、鸡精、胡椒粉、盐和高汤，大火蒸20分钟左右。
4. 拣出葱、姜，淋入姜汁即可。

营养师分析

这道菜肉质细嫩、营养丰富，可以为孕妈妈补充丰富的蛋白质、脂肪、钙、磷、铁、维生素等多种营养物质，对促进胎儿的大脑发育很有好处。

柠檬鸭肝

材料：鸭肝100克，柠檬1只，青椒100克，胡萝卜20克。

调料：白糖、盐各少许，高汤适量。

做法：

1. 将鸭肝洗净，放到沸水中焯烫2～3分钟，捞出来沥干水分备用；柠檬、胡萝卜洗净切片备用；青椒洗净，切成丝备用。
2. 将锅置于火上，加入高汤烧开，放入柠檬、胡萝卜，加白糖、盐，稍煮一会儿，下入鸭肝，用小火焖熟。
3. 放入青椒丝稍煮，待汤汁快干时，关火即可。

营养师分析

这道菜含有多种营养素，可以促进胎儿的发育，预防畸形。还可以养肝补血，帮助孕妈妈预防贫血。同时鸭肝和柠檬中都含有丰富的维生素C，能够帮助孕妈妈提高自身的免疫力，还具有抗氧化、防衰老的功效。

凉瓜清煮花蛤

材料：凉瓜300克，花蛤500克，咸蛋1只，盐3克，姜片5克。

调料：冰糖30克，胡椒粉、香油各适量。

做法：

1. 将凉瓜洗净后切成长6厘米的段，用刀切除瓜皮，加入盐拌匀、抓透，待用。
2. 把花蛤放入开水中煮至开口，捞起取肉。
3. 锅内加入油烧热，放入姜片爆香，然后加入一碗清水，待水开后放入咸蛋、凉瓜、花蛤及调料煮2分钟即可。

营养师分析

这道菜可以帮助孕妈妈补充丰富的蛋白质，促进胎儿的生长发育。并且凉瓜具有清热解毒、明目、提高免疫力的功效。

银芽鸡丝

材料：鸡脯肉、绿豆芽各200克，芹菜、胡萝卜各50克。

调料：盐半小匙，白糖、香油各1/4小匙，黑胡椒粉1/5小匙。

做法：

1. 鸡脯肉洗净，放入锅中加半锅冷水煮开，焖10分钟，捞出冲冷水，待凉，撕成细丝备用。
2. 芹菜洗净，切成3厘米小段；绿豆芽洗净，去除根部，一起放入沸水中焯烫，捞起，以凉开水冲凉。
3. 胡萝卜去皮、切细丝，放入碗中加一半盐腌至微软，以清水冲净，放入盘中。
4. 加入烫好的鸡丝和芹菜、绿豆芽，混合搅拌，加入剩余调料拌匀即可。

营养师分析

绿豆芽富含维生素C、维生素B_1、维生素B_2及叶酸，有清热、利尿的作用。芹菜含钾、钙、磷、铁与少量的维生素B_2、维生素C及β-胡萝卜素，为低热量、高纤维食品，有助于孕妈妈降血压，促排便。

扁豆烧荸荠

材料：鲜牛肉100克，荸荠300克，扁豆100克。

调料：高汤3大匙，料酒、葱姜汁、水淀粉各1大匙，盐、鸡精各适量。

做法：

1. 荸荠削去外皮，切成片；扁豆斜切成段；牛肉抹刀切成片，用料酒、葱姜汁各半小匙和盐少许拌匀腌制入味，再用水淀粉半小匙拌匀上浆。
2. 锅内加入油烧热，放入肉片用小火炒至变色，加入扁豆段炒匀，加入余下的料酒、葱姜汁，加汤烧至微熟。
3. 放入荸荠片、余下的盐炒匀至熟，加鸡精，用余下的水淀粉勾芡即可。

营养师分析

牛肉营养丰富，能够为孕妈妈提供全部种类的氨基酸，同时脂肪含量少，胆固醇含量也不高。扁豆可抑制胆固醇的吸收，具有解热、利尿、消肿的功效。

金钩嫩豇豆

材料：海米20克，嫩豇豆500克，葱少许。

调料：香油1小匙，料酒、盐、鸡汤各适量。

做法：

1. 将豇豆择洗干净，切成5厘米左右的段；海米洗净，用温水泡软，捞出来沥干水分，剁成碎末；葱洗净，切成葱花。
2. 锅内加入油烧热，放入豇豆炸至表面起皱，捞出控油。
3. 锅中留少许底油烧热，下入葱花、海米，翻炒几下，倒入豇豆炒匀，加入料酒、盐、鸡汤，大火收汁。
4. 待汤汁快干时，淋入香油，翻炒几下即可。

营养师分析

这道菜味道鲜美，营养丰富，同时还有补中益气、补肾健脾、消渴、除湿等功效，可以帮助孕妈妈预防妊娠水肿。

孕6月 进一步补充热量

孕妈妈身体在变化

这个月孕妈妈的体重会比孕前增加4.5～9.0千克。孕妈妈的腹部会明显凸出，越来越有孕妈妈的“风度”了。子宫底高度会增加至20～24厘米，由于子宫高度已超出肚脐之上，所以有时会因压迫到膀胱，导致孕妈妈发生尿频现象。同时由于子宫增大压迫盆腔静脉会使孕妈妈下肢静脉血液回流不畅，引起双腿水肿——足背及内、外踝部水肿是比较常见的，下午和晚上水肿会加重，早上起床的时候有所减轻。

这一时期孕妈妈心率会增快，每分钟增加10～15次；孕妈妈的乳房会进一步增大，有些孕妈妈甚至可以挤出淡淡的初乳了。阴道分泌物也增多了，呈白色糊状。这段时间，较孕初期和晚期相对舒服些，如果孕妈妈有不得不去的外出旅行，现在可正是绝佳时期。

胎儿对妈妈说

妈妈，你知道吗，我现在已经能够模糊地闻到你的味道了，而且还能感到你的心跳了呢。好想快快长大，看看妈妈的模样。我已经有25～35厘米高了，重量在600～800克，身体各个部位的比例也变得匀称了。我的五官已经发育成熟了，面目很清晰哦，可以清楚地看到我的眉毛和睫毛呢。

妈妈，你做梦的时候会梦到我的样子吗？是不是很可爱？你一个人闷的时候可以跟我说说话，我可不会像爸爸那样嫌你啰唆哦。

孕6月营养指导

进入孕6月，孕妈妈的体型会显得更加臃肿，本月末的孕妈妈将会是一个大腹便便的标准孕妈妈模样了。此期，孕妈妈和胎儿的营养需要猛增，很多孕妈妈从这个月开始发现自己贫血，这是由于胎儿生长和孕妈妈自身血容量增加导致的缺铁，孕妈妈要注意摄入充足的矿物质铁，来防止妊娠期贫血的发生。

从孕5月开始，胎儿的骨骼生长进入快速期，对钙的需求量保持旺盛，本月孕妈妈仍需注意持续补钙。

本月尤其要注意铁元素的摄入，铁是组成血红蛋白的重要元素之一，一旦铁质摄入不足，孕妈妈就容易出现缺铁性贫血症状。应多吃含铁丰富的菜、蛋和动物肝脏等，以防止发生缺铁性贫血。此外，要保证营养均衡全面，使体重正常增长。

专家提示

这段时间容易便秘，孕妈妈应常吃富含纤维素的新鲜蔬果，此外，酸奶是极有利排便的一种饮品，可多饮用。不要吃得过咸，以免加重肾脏的负担或促发妊娠高血压综合征。

孕6月重点补充铁

孕妈妈及胎儿在孕期和分娩时总共需要铁约1000毫克。其中350毫克用于满足胎儿和胎盘的需要，450毫克用于满足孕期红细胞增加的需要，剩余部分用以补偿铁的丢失。整个孕期，孕妈妈膳食中铁的供给量应由一般成年妇女的每日20毫克提高到每日25克。

进入本月之后，随着胎儿的不断生长发育的需要，以及孕妈妈自身血容量的不断增加，对矿物质铁的需求量日渐增加。为了避免出现缺铁性贫血，孕妈妈应注意及时补充铁质。以下是给孕妈妈的补铁建议：

多吃富铁食物

适当多吃瘦肉、家禽、动物肝及血（鸭血、猪血）、蛋类等富铁食物。豆制品含铁量也较多，肠道的吸收率也较高，要注意摄取。主食多吃面食，面食较粳米含铁多，肠道吸收也比大米好。

注意搭配食用有助于铁吸收的食物

水果和蔬菜不仅能够补铁，所含的维生素C还可以促进铁在肠道的吸收。因此，在吃富铁食物的同时，最好一同多吃一些水果和蔬菜，也有很好的补铁作用。鸡蛋和肉同时食用，提高鸡蛋中铁的利用率，或者鸡蛋和番茄同时食用，番茄中的维生素C可以提高铁的吸收率。

用铁炊具烹调饭菜

做菜时尽量使用铁锅、铁铲，这些传统的炊具在烹制食物时会产生一些小碎铁屑溶解于食物中，形成可溶性铁盐，容易被肠道吸收。

控制饮食，预防营养过剩

进入孕中期，孕妈妈已经摆脱了孕早期的恶心、呕吐、没食欲的早孕反应，胃口会迅速好转。此时，胎儿也开始进入迅速发育的时期，所以，相对于孕早期而言，孕妈妈在孕中期的饮食量会相应增多，也会变得比较容易饥饿。

除此之外，很多孕妈妈还有一个误区，认为怀孕后大力补充营养是越多越好，认为这样有助于孕育出健壮又聪明的宝宝，因此饮食常常变得不加节制。

但孕期补充营养是有限度的，过度地补充只会使孕妈妈出现营养过剩，增加孕妈妈患妊娠糖尿病、妊娠中毒症的风险。

此外，过度补充营养还有可能使孕妈妈孕育出过于巨大的胎儿，为分娩增加难度和加大难产的风险。

巨大儿的危害

巨大儿指出生时体型过大的婴儿。在我国产科学的概念里，新生儿出生体重等于或大于4千克就可以称为巨大儿。

产生巨大儿的原因主要有两个：一是孕妈妈孕期营养过剩，二是孕妈妈患有妊娠期糖尿病。

胎儿体型过大存在着不可忽视的危害，主要有以下两种。

第一，巨大儿是导致难产的重要原因之一。一般情况下，胎儿在分娩时是通过孕妈妈的骨盆娩出的。由于巨大儿的胎头过大，并且很硬，胎头往往会在骨盆入口处“搁浅”，再加上胎儿身体过胖或肩部脂肪过多，还容易并发肩难产，使孕妈妈娩出胎儿的困难更大。孕育巨大儿的孕妈妈通常需要施行剖宫产，一旦处理不当，就会危及母子的生命。

第二，巨大儿会使胎儿出生后罹患肥胖、高血压、糖尿病等成年人疾病的概率大大增加。由于巨大儿比普通胎儿成熟得晚，这些胎儿出生后的适应能力一般较差，并且特别容易出现呼吸不良的状况。

如何判断是否营养过剩

判断孕妈妈摄入的营养是否过剩，最直接的方法就是看孕妈妈体重的增长速度是否过快。

孕早期的3个月中，孕妈妈大约每月会增加1.2千克体重；孕中期的4个月中，孕妈妈每一周都会增加0.35～0.5千克体重，整个孕中期增重1.4～2千克；到了孕晚期，孕妈妈的体重增加会呈现先上升、后减缓的趋势，孕9月体重增加会减缓，孕10月体重会停止增加（甚至会轻一些），整个阶段大约增重4千克。

怀孕期间，孕妈妈最好每月称1次体重，并及时和以前得到的结果进行比较。如果孕妈妈的体重增加超出平均值太多，就很可能是营养过剩，最好去医院就诊，在医生指导下进行调整。

预防营养过剩

预防营养过剩，最简单的方法就是控制饮食。

合理补充蛋白质

孕妈妈每天需要补充100克左右蛋白质，只要每天吃2～3个鸡蛋或喝2杯牛奶，再加上适量的肉类和豆制品，就可以获得足够的蛋白质。摄入过多的蛋白质有害无利。

优化饮食结构

孕妈妈每天需要适当地吃一些主食、肉类和蛋、奶制品，此外还需要多吃芥蓝、西蓝花、豌豆苗、小白菜等绿色蔬菜，为自己补充足够的膳食纤维、胡萝卜素、维生素C、钙、铁等营养素。

科学地吃水果

孕妈妈在孕期可以吃一些水果，但以每天不超过300克为宜。因为水果的含糖量很高，吃得太多容易摄入过多的热量，使孕妈妈发胖。

为了避免一次性吃得过多，孕妈妈可以一天吃5～6顿饭，每次要少吃一点，切忌饥一顿饱一顿。

此外，孕妈妈还要参加一些强度不太大的运动，或做一些不使自己太劳累的家务活，以促进体内的新陈代谢，消耗多余脂肪，维持体内的营养平衡。

合理膳食，避免低出生体重儿

巨大儿对孕妈妈与胎儿自身都有不利影响，但低出生体重儿也对优生不利。

出生体重低于2500克的新生儿称为低出生体重儿。怀孕第8～38周的时间里，孕妈妈营养不良或因疾病因素都可能导致胎儿发育迟缓，在出生时体重过低。

低出生体重儿与正常婴儿相比，皮下脂肪偏少，保温能力较差，其自身呼吸功能和代谢功能都比较弱，容易感染疾病，死亡率比体重正常的新生儿要高得多。低出生体重儿还可能会出现脑细胞数目偏少，影响到日后的智力发展。

因此，孕妈妈要合理膳食，并保证规律的作息与良好的心态，在避免巨大儿的同时，也应尽量避免足月低出生体重儿的发生。

造成低出生体重儿的原因很多，但主要原因还是孕妈妈摄入的营养不足，特别是维生素、蛋白质的供应不充足。孕妈妈可以根据前文提供的蛋白质、各类维生素的补充建议调配饮食。此外，孕妈妈一定要避免挑食、偏食的毛病，保证每日摄入足够的营养为胎儿的生长发育提供有力支持。

最近有研究表明，孕期补充足量叶酸也能够有效避免低体重儿的产生。因为叶酸有助于胎儿新细胞的生长和保养，对胎儿发育和基因的形成至关重要。日常饮食中可经常食用一些富含叶酸的食物，如菠菜、生菜、芦笋、龙须菜、豆类、酵母、动物肝脏及苹果、柑橘、橙汁等。

为避免低出生体重儿的发生，坚持定期孕期检查也是必要的。通过孕期检查，及时掌握胎儿的生长发育情况，如果发现异常，可根据医生建议进行及时调整。

孕6月的零食建议

进入怀孕第6个月，每天为孕妈妈准备一些合适的零食是很有必要的。

较通用的零食建议

下表中提供的零食可以在方便的时候食用，适合所有孕妈妈。

名称	做法及营养
半个香蕉卷进全麦面包	钾加蛋白质，营养的超级零食。
全熟的白煮蛋	随时可以取得的蛋白质。
猕猴桃	完美的维生素C来源。
杧果块	丰富的维生素A。
烤土豆洒上纯酸奶	含有丰富的锌和钙。
苹果片配奶酪片	不仅是吃水果，而且是取得纤维素和钙的很好途径。
香脆果粒酸奶加麦片	含丰富的钙质、蛋白质以及纤维素。

除上述几种零食外，孕妈妈还可以吃一定量的水果、酸奶、粗纤维饼干等。

给职场孕妈妈的零食建议

还在上班的职场孕妈妈饮食时间与饮食量可能不如在家里随意，因此这里特别为职场孕妈妈提供了一份可以在不同的时间段食用的零食建议，以供参考。

8:30~9:30

可食用麦片、奶茶。选择麦片时最好选择低糖的，冲泡时适量加入一些牛奶，保证营养的同时还改善了味道。

9:30~10:30

吃点苏打饼干。苏打饼干含有的油脂相对少一些，食用起来更健康。

12:30~13:00

如果是夏天，可喝一些酸梅汤等解暑饮品。最好在饭后半小时喝，以免引起胃酸。

14:00~14:30

补充一些新鲜水果。新鲜水果是不可缺少的健康零食，既能补充营养还可提高身体的免疫力。

15:00~16:00

果干或坚果。果干和坚果中含有不少微量元素及矿物质，对母体与胎儿都有益。最好选择经过脱水处理制成的果干，如地瓜干等，这类零食热量低一些。

/专家提示/

不要在电脑旁吃零食，也不要边看文件边吃零食。因为这样不卫生，也不利于消化。每次吃零食的量不要太多，最好在两餐之间吃，离正餐远一点儿，这样就不会影响正餐的进食量。

每周吃1~2次海带

建议孕妈妈在孕期应保证每周吃1～2次海带。

海带富含碘、钙、磷、硒等多种人体必需的微量元素，其中钙含量是牛奶的10倍，含磷量比所有的蔬菜都高。海带还含有丰富的胡萝卜素、维生素B_1等营养素，有美发，防治肥胖症、高血压、水肿、动脉硬化等功效，故有“长寿菜”之称。

海带不仅是孕妈妈最理想的补碘食物，还是促进胎儿大脑发育的好食物。这是因为孕妈妈缺碘会使体内甲状腺素合成受影响，胎儿如不能获得必需的甲状腺素，会导致脑发育不良、智商低下。即使出生后补充足够的碘，也难以纠正其先天造成的智力低下。

最适合孕妈妈的海带吃法是将海带与肉骨或贝类等清煮做汤，此外，清炒海带肉丝、海带虾仁，或用海带与绿豆、大米熬粥，凉拌也是不错的选择。

/专家提示/

用海带煮汤时需注意：海带要后放，不加锅盖，大火煮5分钟即可。

炒海带前，最好先将洗净的鲜海带用开水焯一遍，这样炒出来的菜才更加脆嫩鲜美。海带性寒，对于孕妈妈来说，烹饪时宜加些性热的姜汁、蒜蓉等，而且不宜放太多油。

这样吃帮助减少妊娠纹

孕妈妈要减少妊娠纹，可以这么吃：

1. 适当多吃富含维生素C的食物，如柑橘、草莓、蔬菜等；多吃富含维生素B_6的牛奶及其制品，适当多吃富含维生素E的食物，如卷心菜、葵花子油、菜子油等，增强皮肤抗衰老的能力。

2. 适当吃新鲜水果，少喝果汁。

3. 多吃低糖水果，少吃饼干和沙拉。

4. 喝脱脂奶，少喝全脂奶。

5. 喝清汤，少喝浓汤。

6. 少吃色素含量高的食物。

7. 适当多吃纤维丰富的蔬菜和富含维生素及矿物质的食物，以增加细胞膜的通透性和皮肤的新陈代谢功能。

8. 避免过多摄入碳水化合物和过剩的热量，导致体重增长过多。

/专家提示/

孕妈妈一定要保证充足的睡眠，这是恢复肌肤活力，增强肌肤弹性的不二法门。

孕6月安胎养胎食谱

香肠炒油菜

材料：香肠50克，嫩油菜200克，葱、姜各少许。

调料：酱油、盐各1小匙，料酒半小匙，鸡精少许。

做法：

1. 将香肠洗净，切成薄片备用；嫩油菜洗净，将梗、叶分开，切成小段备用；葱、姜洗净，葱切成葱花，姜切成姜末备用。
2. 锅中加油烧热，下入葱花、姜末煸炒出香味，先下入油菜梗炒2分钟左右，再下入油菜叶炒至半熟。
3. 放入香肠，加入酱油、料酒，大火快炒几下，加入盐、鸡精，炒匀即可。

营养师分析

这道菜中富含蛋白质、脂肪、维生素、钙、铁、磷等营养，孕妈妈常吃可以强身防病。

胡萝卜烧牛腩

材料：牛腩500克，胡萝卜250克，香菜、姜各少许，葱2棵。

调料：酱油2大匙，豆瓣酱、番茄酱、白糖、料酒各1大匙，甜面酱半大匙，八角1粒，盐、水淀粉各适量。

做法：

1. 将牛腩洗净，放入开水中煮5分钟，取出冲净。另起锅加清水烧开，将牛腩放进去煮20分钟，取出切厚块。留汤备用。
2. 将胡萝卜去皮洗净，切滚刀块；葱、姜洗净，葱切段，姜切片备用。
3. 锅内加入油烧热，放入姜片、葱段、豆瓣酱、番茄酱、甜面酱爆香，倒入牛腩爆炒片刻，加入牛腩汤、八角、白糖、酱油、盐，先用大火烧开，再用小火煮30分钟左右。
4. 加入胡萝卜，煮熟，用水淀粉勾芡，撒上香菜即可。

营养师分析

胡萝卜中含有大量的铁，对治疗贫血有很大作用。牛腩可以补中益气，滋养脾胃。胡萝卜和牛腩搭配，可以为孕妈妈补充全面而均衡的营养，对预防孕期贫血有很好的作用。

花生炖牛肉

材料：牛肉（瘦）300克，生花生米100克，葱白1段，姜3片。

调料：料酒1大匙，盐适量，鸡精少许。

做法：

1. 将花生米用开水泡3分钟左右，剥去皮洗净；牛肉洗净，切成3厘米见方的块，投入沸水中焯烫一下，捞出来沥干水分。
2. 将牛肉放入沙锅内，加入葱段、姜片和适量清水（以没过牛肉为度），大火烧开，撇去浮沫，加入料酒、花生米，改用小火炖至牛肉酥烂。
3. 拣出葱段、姜片，加入盐、鸡精调味即可。

营养师分析

这道菜中含有丰富的蛋白质、不饱和脂肪酸和铁，不但能补充营养，还可以帮助孕妈妈预防贫血。

鲜贝蒸豆腐

材料：鲜贝100克，老豆腐1块（300克左右），油菜心50克，姜3片。

调料：豆瓣酱1大匙，盐1小匙，香油适量，白糖少许。

做法：

1. 将鲜贝剖开，取出贝肉洗净，切成小块待用；豆腐切成2厘米见方的块，投入沸水中焯烫一下，捞出来沥干水分。
2. 将油菜心投入沸水中，加少许盐、油，焯烫至熟备用。姜去皮洗净，切丝备用。
3. 将豆腐放入盘中，撒上贝肉、姜丝，加入豆瓣酱、白糖，上笼用大火蒸5分钟左右。
4. 将菜心摆在豆腐旁，淋入香油即可。

营养师分析

这道菜可以为孕妈妈补充蛋白质、钙、碘等营养，还具有清热解毒、生津止渴、补中益气的作用。

瓠子炖猪蹄

材料：猪蹄2只，瓠子（葫芦瓜）250克，葱段5克，姜片10克。

调料：酱油1大匙，料酒2小匙，盐、鸡精各适量。

做法：

1. 猪蹄去毛，刮洗干净，放入沸水中焯烫约5分钟，捞出，劈开；原汤滤清备用。
2. 将瓠子洗净，去皮，对半剖开，切成块。
3. 把猪蹄放入砂锅内，加入葱段、姜片、酱油、盐、料酒，倒入原汤，用中火烧开，放入瓠子块，再用小火炖至猪蹄入味烂熟，加入鸡精即可。

营养师分析

瓠子性寒，味甘，有清热、解暑、止渴、除烦、利水的功效。猪蹄不但能够为孕妈妈提供丰富的蛋白质，而且对于经常性的四肢疲乏、腿部抽筋和麻木也有很好的疗效。

糯米红豆炖莲藕

材料：莲藕90克，红豆40克，莲子、圆糯米各20克。

调料：白糖适量。

做法：

1. 莲藕洗净后切片备用；红豆、莲子、圆糯米洗净备用。
2. 将锅置于火上，倒入7杯水，放入红豆、莲子、圆糯米、藕片，先用大火煮滚后改为小火慢熬2小时。
3. 起锅前加入适量白糖调味即可。

营养师分析

藕富含铁、钙等微量元素，植物蛋白质、维生素以及淀粉含量也很丰富，有明显的补益气血的功效，可帮助孕妈妈增强免疫力；红豆有清热解毒、健脾益胃、利尿消肿的功效；莲子对预防早产、流产、腰酸有很好的疗效。

果味猪排

材料：猪小排500克，姜末、葱花各2小匙。

调料：果酱2大匙，醋1大匙，白糖、盐各1小匙，料酒、香油各适量。

做法：

1. 猪排洗净剁成小块，加入盐、料酒、姜、葱腌制20分钟。
2. 锅内加入油烧至六七成热，放入猪排炸至外表起壳，捞出控油。
3. 锅内留少许底油烧热，倒入猪小排、果酱、白糖、醋炒匀，小火烧至肉熟，大火收汁，淋入香油即可。

营养师分析

这道菜香味浓郁、酸甜可口，可以令孕妈妈胃口大开。并且富含丰富的蛋白质、维生素和矿物质，在帮助妈妈补充热量的同时，还能促进胎儿的健康成长。

椰味肥鸡

材料：母鸡300克，椰肉300克，莲子20克，姜10克。

调料：小茴香子少许，盐适量。

做法：

1. 将莲子去掉心，用冷水浸泡2小时左右。
2. 将母鸡清洗干净，切成比较大的块，放入开水中煮至半熟，捞出来沥干水分；椰肉擦成丝备用；姜洗净，切成片备用。
3. 锅内加入油烧热，放入姜片爆香后放入鸡块爆炒片刻。
4. 加入椰肉、莲子、茴香、盐和适量清水，先用大火烧开，再用小火煮至鸡块烂熟即可。

营养师分析

这道菜可以帮助孕妈妈预防贫血，同时具有强心安神、清热解毒、健脾开胃、养阴生津的作用。

肉末胡萝卜炒毛豆仁

材料：猪肉末、毛豆仁各100克，胡萝卜200克。

调料：酱油1小匙，淀粉半小匙，黑胡椒粉、盐各1/4小匙，香油少许。

做法：

1. 毛豆仁洗净，放入沸水中焯烫，捞出、泡冷水，沥干待用。
2. 胡萝卜去皮、切1厘米小丁，放入沸水中焯烫，捞出。
3. 猪肉末放入碗中加酱油、淀粉、黑胡椒粉抓拌均匀备用。
4. 锅内加入油烧热，放入猪肉末用大火炒匀，加入1小匙水将肉炒散，再加入胡萝卜丁、毛豆仁一起翻炒数下，加入盐、香油调匀即可。

营养师分析

这道菜颜色鲜艳，又含有丰富的蛋白质，可帮助孕妈妈增加体力，解除疲劳。毛豆仁可提供胎儿成长所需的优质蛋白质，并且含有的纤维素可有效防治便秘。

黄瓜银耳汤

材料：嫩黄瓜100克，泡发的银耳100克，大枣3颗。

调料：盐1小匙，白糖适量。

做法：

1. 将黄瓜洗净，去子，切成薄片；银耳撕成小朵，洗净；大枣用温水泡透备用。
2. 锅内加入油烧热，加适量清水，用中火烧开，放入银耳、大枣，煮5分钟左右。
3. 放入黄瓜片，加入盐、白糖，煮开即可。

营养师分析

这道菜含有丰富的营养，并有润肺、养胃、滋补、安胎的作用，同时还具有美容的效果，爱美的孕妈妈不妨尝试一下。

孕7月 不要饿着孕妈妈

孕妈妈身体在变化

这个月由于胎盘的增大、胎儿的成长和羊水的增多，孕妈妈的体重会迅速增加；同时，增大的子宫对盆腔压迫加重，使孕妈妈下半身静脉回流受阻程度加重，可能会出现痔疮。这一时期孕妈妈的子宫底高度为24～26厘米，肚脐上部也膨隆起来，有的时候只要身体稍失去平衡，就会感到腰酸背痛。

到了这一阶段孕妈妈的活动量一般都很少，胃肠蠕动缓慢，因此便秘、腿肚子抽筋、头晕、眼花症状在此期时有发生。由于激素影响，孕妈妈的骨骼关节松弛，步履较以前显得笨重。

胎儿对妈妈说

妈妈，你知道吗，我现在已经可以睁开眼睛了，不过我的视觉神经还没有发育成熟，目前还看不到什么东西。这一阶段我正在学习着如何思考问题，而且已经开始有记忆了，没有事的时候你要多陪我说说话，也可以放点好听的音乐给我听哦。

到这个月底，我就能长到35～40厘米高了，体重估计会有1000～1200克，我现在的皮下脂肪还比较少，皮肤皱皱的，看上去会有点像老爷爷、老奶奶哦，等我再长大一些的时候可能就会好一些了。妈妈，我要睡觉啦，要是想跟我聊天的话，叫我一声就可以了，我能听得见哦。

孕7月营养指导

本月是孕中期的最后时期，孕妈妈的各方面情况与前一个月相差不大。这个阶段，孕妈妈的食欲大增，要注意少吃动物性脂肪；可多选些富含B族维生素、维生素C、维生素E的食物食用；忌用辛辣调料，多吃新鲜蔬菜和水果，适当补充钙元素；日常饮食以清淡为佳，水肿明显者要控制盐的摄取量，限制在每日2～4克。

从现在开始到分娩，孕妈妈应该增加谷物和豆类的摄入量，因为胎儿需要更多的营养。富含食物纤维的食品中B族维生素的含量很高，对胎儿大脑的生长发育有重要作用，而且可以预防便秘。孕妈妈可以适当食用全麦面包及其他全麦食品、豆类食品、粗粮等。

另外，本月要注意增加油的摄入。此时，胎儿机体和大脑发育速度加快，对脂质及必需脂肪酸的需要增加，必须及时补充。因此，增加烹调所用油即大豆油、花生油、茶子油的量，既可保证孕中期所需的脂质供给，又提供了丰富的必需脂肪酸。孕妈妈在合理摄取营养的同时，还要控制每周体重的增加应保持在350克左右，以不超过500克为宜。

/专家提示/

此期，胎儿大脑的发育已经进入了一个高峰期，他的大脑细胞迅速增殖分化，体积增大，孕妈妈本月可以多吃些健脑的食品，如核桃、芝麻、花生等。

孕7月重点补充脑黄金

保证婴儿大脑和视网膜的正常发育的DHA、EPA和卵磷脂等物质合在一起，被称为“脑黄金”。“脑黄金”对于怀孕7个月的孕妈妈来说具有双重的重要意义。

首先，“脑黄金”能预防早产，防止胎儿发育迟缓，增加婴儿出生时的体重。

其次，此时胎儿的神经系统逐渐完善，全身组织尤其是大脑细胞发育速度比孕早期明显加快。摄入足够的“脑黄金”能保证胎儿大脑和视网膜的正常发育。

为补充足量的“脑黄金”，孕妈妈可以交替地吃些富含DHA类的食物，如富含天然亚油酸、亚麻酸的核桃、松子、葵花子、榛子、花生等坚果类食品，此外还可以适量食用一些海鱼、鱼油等。

补脑食物这么吃

核桃：可以生吃，也可以和芝麻、白糖一同炒着吃，还可以捣碎了，在熬粥或炒菜时加入少许。但也不宜多吃，每天3～5个即可。

花生：最好的吃法是用水煮，这样可以最大限度地保留它的营养成分及药用成分。

菠萝：可以生吃，也可以入菜，还可以将芯掏空，填入糯米，制成菠萝饭。菠萝含有丰富的维生素C和锰，可以提高记忆力。

此外，牛奶、蜂蜜、红糖、豆类、蛋类、金针菜、动物内脏、骨髓、海产品等也是很好的补脑食品，孕妈妈可以根据自己的爱好选择性地食用。

孕妈妈吃鱼的讲究

鱼类含有丰富的蛋白质、维生素A、维生素D及DHA等营养物质，是孕妈妈餐桌上必不可少的美味。但是，吃鱼要吃得既健康又营养，还是有讲究的。

鱼类选择

孕妈妈尽量不要吃鲨鱼、剑鱼等体积较大的深海鱼，因为深海鱼体内汞含量较高，会影响胎儿大脑发育。可以选择鲳鱼、黄花鱼等体积小的深海鱼以及鲫鱼、鲤鱼、鲢鱼等淡水鱼。

烹调搭配

鱼和豆腐搭配可以使两者的氨基酸互补，还可以使钙的吸收率提高20多倍；做鱼时加入大蒜和醋，可以杀死鱼皮上的细菌，并可软化骨刺，促进钙、磷的吸收。

另外，烹调淡水鱼时尽量采取水煮方式，同时要经常变换鱼的品种，不要在一段时间内只吃一种鱼，还要注意不要吃生鱼，以免鱼身上的细菌和寄生虫进入体内。

/专家提示/

买鱼时，要看鱼体颜色是否鲜亮、鱼鳃是否鲜红而清晰、肉质是否结实有弹性以及有无异味等，以免买到劣质鱼。

不爱吃鱼怎么办

如果孕妈妈能够正常进食鱼类等海产品，是不需要补充其他保健品的。但有些孕妈妈可能无论如何都无法接受鱼类食品，身体可能会因此缺乏蛋白质、脂肪、矿物质和维生素D、维生素A。对于这类孕妈妈，我们的建议是在日常饮食中适当增加以下食物的摄入量，以补充易缺乏的营养：

1.食用适量鱼油。鱼油是鱼体内的全部油类物质的统称，主要成分是DHA和EPA。

孕妈妈应当服用二十二碳六烯酸（DHA）与二十碳五烯酸（EPA）的比例为

2.5：1以上的鱼油制品，最好选择以深海鱼为原料提炼而成的鱼油。服用鱼油不可过多过频，每周服用1～2粒胶囊即可，避免过多服用引起恶心、厌食，甚至血小板减少等不良反应。服用鱼油后，最好隔1小时以上再用餐，以利鱼油的充分吸收。

需要特别注意的是，通常情况下，只建议饮食结构很不合理的孕妈妈食用适量鱼油以补充营养。一般饮食结构合理、身体健康的孕妈妈不建议随意服用鱼油。有些孕妈妈认为鱼油含有多种营养素，服用越多越好，这是一种错误的认识。事实上，鱼油吃得太多，很容易产生不良反应，况且目前市场上的鱼油多以“保健品”的面目出现，并未经过临床验证证明其长期食用的安全性、有效性，单凭广告宣传而偏信保健效果，实在是不明智之举。

2.用坚果当加餐。坚果脂类含量丰富，可以作为不吃鱼的孕妈妈的一种营养补充剂。

3.做菜时选用植物油。如大豆油、菜籽油、橄榄油等是脂肪酸很好的来源，但要控制用量。

孕妈妈不宜多吃鱼肝油

鱼肝油和鱼油有区别

鱼肝油和鱼油是两回事。不少人常将两者混淆，认为鱼油就是鱼肝油，鱼肝油就是鱼油。这是一种认识上的误区。

鱼肝油和鱼油的区别是很大的，两者因成分所提取的部位不同，对人体的保健作用也不同。

鱼肝油主要是从无毒海鱼的肝脏中提取出的一种脂肪油，主要成分是维生素A和维生素D。鱼肝油可强壮骨骼，所以常被适宜人群，尤其是儿童用来补钙。

鱼油则是鱼体内的全部油类物质的总称，它包括体油、肝油和脑油。主要成分是DHA和EPA，也称为人体必需脂肪酸。鱼油的主要功能是维系心血管系统的健康，可预防动脉硬化、脑卒中（中风）与心脏病。

孕妈妈在购买时务必要分清楚两者的区别。

鱼肝油为何不宜多吃

鱼肝油中所含的维生素D，虽然可促进钙和磷的吸收，但积蓄过多则会引起胎儿主动脉硬化，影响其智力发育。而且长期大量食用鱼肝油，会引起食欲减退、皮肤发痒、毛发脱落、感觉过敏、眼球突出、血中凝血酶原不足及维生素C代谢障碍等。

同时，血中钙浓度过高，会出现肌肉软弱无力、呕吐和心律失常等，这些对胎儿生长都是没有好处的。有的胎儿生下时已萌出牙齿，这种早熟情况也与鱼肝油补充过度有关。

鱼肝油该怎么吃

孕妈妈应根据个人体质与体征，在医生指导下定量服用鱼肝油。

此外，孕妈妈也不应靠服用鱼肝油为胎儿补充充足钙质，为胎儿补充钙质可以选择多吃肉类、蛋品、骨头汤等富含矿物质的食物。此外，孕妈妈还应常到户外活动，接触阳光，这样在紫外线的照射下，可以自身制造出维生素D。

一定要记住：鱼肝油虽好，但不必长期服用，如因治病需要，应按医嘱服用。

要减轻水肿务必少吃盐

怀孕6个月之后，孕妈妈一般都会出现腿部肿胀的现象，有的肿胀部位不只局限于小腿部，大腿也会肿胀，甚至还引起身体其他部位的肿胀。这是怀孕后期的正常现象，但肿胀可能会为孕妈妈带来一定的不适。

为减轻肿胀，孕妈妈务必要少吃盐，多吃清淡的食物。因为盐量过多，会加重水钠潴留，更容易加重水肿，据调查，口味重的孕妈妈发生水肿的程度相比其他孕妈妈要高得多。

还有一个好方法可以方便地控制盐量，即在菜上桌时再放盐，这样盐的味道会比较突出，不会因难以把握而放得过多。此外，还可以用醋来代替盐，同样可以刺激食欲，同时也减少了盐的摄入。

切忌为了增加食欲而过多地摄入盐。

专家提示

孕妈妈要尽量减少咸蛋、咸鱼、咸肉、香肠等食品的摄入。以咸蛋为例，每只咸蛋含盐量在10克以上，而孕妈妈每日的摄盐量以6克以内为宜，因此，一只咸蛋的含盐量已超过孕妈妈一天的需要量。此外，孕妈妈每天还要食用其他含盐食物，盐的摄入量很容易超过需要量了。这样会导致孕妈妈高度水肿，易触发妊娠高血压综合征。

胃胀气难消化的饮食“配方”

孕妈妈可能会出现胃胀、头晕、乏力、食欲不振等问题，这主要是因为肠胃消化不好，不利于主食的消化。解决胃胀气难消化，孕妈妈在保持每天正餐外，还可以参考下面的食谱。

早晨：喝一碗五谷米浆。红豆、绿豆、黑豆、黄豆、小米、黄米、香米、糙米、大麦米、荞麦米、细玉米楂、黑芝麻、白芝麻。任意四种以上食料混合榨浆，注意豆子要少放，以免不好消化。

上午：喝一杯蜂蜜牛奶。牛奶不烫嘴即可，不要烧开，以免破坏蜂蜜和牛奶中的营养，也可以加一点水稀释，顺便吃一个苹果。

下午：多喝白开水。

晚餐后：吃一个苹果、一把干果，最好选择松子、核桃、榛子，睡前最好再喝一杯蜂蜜牛奶。

除以上几条外，孕妈妈切忌一次吃太多食物，或者突然改变饮食习惯和进食量，不规律的饮食很容易引起胃肠道不适。

孕7月安胎养胎食谱

葱香孜然排骨

材料：猪排骨（大排）500克，小葱1把（20克左右），大蒜3瓣，姜1片。

调料：豆瓣酱1大匙，酱油、冰糖各1小匙，孜然适量。

做法：

1. 将排骨洗净后，剁成1寸长的段，投入沸水中焯烫至断生，捞出来沥干水。
2. 小葱择洗干净，切成2寸来长的段；大蒜去皮洗净，切片。姜洗净，切丝；豆瓣酱剁细备用。
3. 锅内加入油烧至六成热，加入冰糖炒化，放入豆瓣酱、蒜片、姜末，炒出香味。
4. 倒入猪排，加入孜然、酱油，翻炒至收汁。放入葱段，翻炒几下即可。

营养师分析

这道菜能够为孕妈妈补充所需的蛋白质和热量，同时也是一道很好的开胃菜，对于吃了很长时间清淡口味菜的孕妈妈来说，选择这道菜会有不一样的感觉哟！

香芹鳝丝

材料：鳝鱼肉250克，香芹50克，冬笋、洋葱各20克，大蒜2瓣。

调料：酱油、料酒、水淀粉各1大匙，盐、鸡精、白糖、醋、胡椒粉各适量。

做法：

1. 鳝鱼洗净切成5厘米长段，加盐、料酒、鸡精、少许水淀粉拌匀腌制片刻。
2. 香芹洗净，切成长段备用。冬笋、洋葱洗净切丝备用，蒜洗净切成蒜末备用。
3. 锅内加入油烧至七八成热，倒入鳝鱼过油后，捞出备用。
4. 锅中留少许底油烧热，放入蒜末爆香，倒入洋葱丝、香芹段、冬笋丝煸炒，加酱油、料酒、鸡精、白糖、醋，用水淀粉勾芡，倒入鳝丝翻炒均匀，撒入胡椒粉即可。

营养师分析

这道菜鲜嫩爽脆，富含优质蛋白质、钙、磷、铁，有利于胎儿骨骼生长发育，也有利于防治孕妈妈贫血，适宜孕中期的孕妈妈常食。

萝卜干炖带鱼

材料：带鱼300克，萝卜干100克，蒜3瓣，姜2片，葱半根。

调料：料酒、醋、酱油各1大匙，白糖2小匙，花椒5粒，干辣椒3个，八角1粒，盐、鸡精各适量。

做法：

1. 将带鱼洗净，切成1寸来长的段；萝卜干洗净切丁；葱、姜、蒜洗净，葱切段，蒜切片备用；干辣椒洗净切丝备用。
2. 锅内加入油烧热，将带鱼放入锅中稍煎，盛出备用。
3. 锅中留少许底油，先放入花椒、八角、干辣椒爆香，再放入葱段、姜片、蒜片、萝卜干，翻炒均匀。
4. 加入酱油、醋、料酒、白糖、盐及少量清水烧开，放入带鱼，用小火焖煮。待汤汁快干时，加入鸡精调味即可。

营养师分析

此汤含有丰富的不饱和脂肪酸，对胎儿大脑和神经系统的发育有促进作用。其中含有的蛋白质、脂肪、碳水化合物等，具有补虚损、益胃气的功效。孕妈妈常食能摄入更多的营养成分，有利于增强体质和安胎。

豆腐山药猪血汤

材料：猪血、豆腐各200克，山药100克，姜、葱各少许。

调料：香油少许，盐、鸡精各适量。

做法：

1. 将猪血和豆腐切块，鲜山药去皮，洗净切片备用；姜洗净切末备用，葱洗净后切成葱花备用。
2. 将锅置火上加入水、鲜山药、姜末和盐，待水开后5分钟再加入豆腐和猪血。
3. 20分钟后加入葱花、鸡精、香油，煮3分钟即可。

营养师分析

豆腐营养丰富，可清热润燥、生津止渴、清洁肠胃；山药能够供给人体大量的黏液蛋白质；猪血含铁丰富，有养血、补血的功效。在孕中期的孕妈妈常喝此汤，既可健脾补肾，又可益气养血。

青椒肚片

材料：猪肚150克，青椒400克，蒜2瓣。

调料：高汤2大匙，料酒1大匙，水淀粉2小匙，盐、醋各1小匙。

做法：

1. 猪肚洗净切片，放入加有醋的沸水锅中焯烫透捞出。青椒、蒜均洗净切片备用。
2. 锅内加入油烧热，放入蒜片爆香，加入青椒煸炒。
3. 随后放入肚片、料酒、盐、高汤炒匀至熟，用水淀粉勾芡即可。

营养师分析

猪肚含有的蛋白质多、脂肪少，还含有维生素、叶酸等，能益胃健脾，补虚；青椒含有大量维生素，尤以维生素C的含量丰富。两者搭配能够帮助孕妈妈补充全面的营养。

绿叶豆腐羹

材料：豆腐100克，鸡蛋清1个，嫩芹菜叶少许，猪骨汤适量。

调料：葱姜汁、盐少许，水淀粉、花生油适量。

做法：

1. 将芹菜叶洗净，沸水焯后过凉，切成丝状；豆腐切丁。
2. 坐锅点火后倒入猪骨汤、豆腐丁、葱姜汁、盐。
3. 开锅后放入芹菜叶，用水淀粉勾芡，打入鸡蛋清，淋入花生油出锅即可。

营养师分析

豆腐含优质蛋白质，鸡蛋清益经补气，润肺利咽，清热解毒，芹菜叶营养丰富，对孕妈妈很有好处。

花生鱼头汤

材料：鲢鱼头1只（300克左右），生花生米100克，干腐竹10克，姜2片。

调料：盐适量。

做法：

1. 将鱼头洗净，剁成两半；花生米洗净，用清水浸泡半小时左右。
2. 将腐竹用热水泡发，洗净，切成3厘米长的小段。
3. 锅内加入油烧热，将鱼头放入锅中略煎，加入清水，放入腐竹、花生米、姜片，先用大火烧开，再用小火炖1小时左右，加入盐调味即可。

营养师分析

鱼头是高蛋白质、低脂肪和高维生素的食品，可以健脑益智，对胎儿的大脑发育有很好的促进作用。花生含有丰富的不饱和脂肪酸，能够为孕妈妈提供全面的营养。

银鱼苋菜羹

材料：苋菜300克，银鱼100克，大蒜1瓣，姜1片。

调料：水淀粉1小匙，盐、胡椒粉各适量。

做法：

1. 将银鱼洗净，沥干水备用；苋菜洗净，切成3厘米长的小段；大蒜去皮洗净，剁成蒜末；姜洗净，去皮切末备用。
2. 锅内加入油烧热，放入蒜末爆香，加入银鱼、姜末，翻炒几下。
3. 加入苋菜炒至微软，加入1碗清水，大火煮5分钟。
4. 调入盐、水淀粉、胡椒粉拌匀即可。

营养师分析

此菜含有丰富的蛋白质、钙、磷、铁等营养成分，能为孕妈妈补充丰富的营养，促进胎儿的发育。银鱼是一种高蛋白质、低脂肪的食品，对妊娠高血压综合征有很好的预防作用。

荸荠菜花虾羹

材料：虾仁、菜花各100克，荸荠100克，草菇50克，胡萝卜50克，鸡蛋1个，姜1片。

调料：高汤2碗，水淀粉2大匙，盐半小匙，香油、胡椒粉各适量。

做法：

1. 将虾仁洗净，加入适量盐和香油腌制10分钟，放入沸水中焯烫至熟，捞出来沥干水分。
2. 将草菇洗净，投入沸水锅中焯烫透，捞出来沥干水分。将菜花洗净，掰成小朵，放入沸水中焯烫1分钟左右，过一遍凉水，捞出来沥干水分。
3. 荸荠、胡萝卜分别切成薄片。鸡蛋打入碗中，取出蛋黄，将蛋清打散备用。
4. 锅内加入油烧热，放入姜片爆香，加入高汤、草菇、荸荠、胡萝卜，大火煮2分钟左右。
5. 放入虾仁，加入盐，大火烧开，用水淀粉勾芡，加入菜花，下入蛋清，搅拌均匀。待锅内沸腾，撒上胡椒粉，淋上香油即可。

营养师分析

这道虾羹味道鲜美，而且含有丰富的蛋白质、脂肪、维生素和多种微量元素，非常有利于胎儿的生长发育。

干贝海带冬瓜汤

材料：干贝25克，冬瓜150克，水发海带50克，小葱1小把，姜1片。

调料：料酒2小匙，盐适量。

做法：

1. 将干贝用冷水泡软，放入锅内；小葱择洗干净，打成结，放入盛干贝的锅中，加入姜片、料酒和少许清水，用中火煮至酥烂。
2. 将海带洗净，切成菱形块；冬瓜去皮、子洗净，切成块。
3. 另起锅加入油，烧至五成热，放入冬瓜、海带，煸炒2分钟左右，注入3碗半清水，大火煮半小时。
4. 将干贝连汤倒入锅中，大火煮15分钟左右，待冬瓜熟烂时，加盐调味即可。

营养师分析

这道菜含有丰富的蛋白质、钙、铁、锌、碘等营养成分。冬瓜具有利水消肿、清热解毒的独特功效，对孕妈妈的生理性水肿有很好的缓解作用。

蟹肉烧豆腐

材料：蟹肉100克，老豆腐150克，葱、姜各少许。

调料：酱油2小匙，料酒半小匙，水淀粉适量，盐少许。

做法：

1. 将蟹肉洗净，上笼蒸熟，晾凉备用。
2. 将豆腐切成小块，投入沸水中焯烫一下，捞出来沥干水分；葱、姜洗净，葱切葱花，姜切丝备用。
3. 锅内加入油烧热，放入葱花、姜丝爆香，倒入豆腐，大火炒熟。
4. 加入蟹肉、料酒、酱油、盐，大火快炒几下，然后用水淀粉勾芡，烧开即可。

营养师分析

这道菜富含丰富的蛋白质、钙、磷、铁、B族维生素、维生素C等营养成分，是钙质的良好来源，可预防孕妈妈缺钙引起的腿抽筋。

孕8月 吃出聪明宝宝

孕妈妈身体在变化

这个月，孕妈妈的体重会比孕前增加7～11千克。子宫向前挺得更为明显，子宫的宫底上升到胸与脐之间，子宫底高度为26～29厘米，所以孕妈妈无论是站立或是走路，都要挺胸昂头了。

由于孕妈妈的子宫不断增大使得腹壁绷紧，腹部强力纤维会出现浅红色或暗紫色的妊娠纹，有的孕妈妈乳房及大腿部也会出现这种现象。还有一部分孕妈妈体内黑素分泌增多，会出现妊娠斑，同时乳头周围、下腹部、外阴部皮肤颜色也逐渐发黑，这都属于正常现象，孕妈妈不必紧张。这段时间下肢水肿的孕妈妈会增多，有的孕妈妈这时会出现妊娠高血压综合征、贫血、眼花、静脉曲张、痔疮、便秘、抽筋等，如果出现这些症状孕妈妈要及时去看医生。

胎儿对妈妈说

妈妈，我有40～44厘米长了，体重在1700克左右，我长得是不是很棒呀，这可都是妈妈的功劳呢！到这个月月末的时候，我可能就没有自由活动的余地了，我会头朝下蜷曲在妈妈的肚子里面。医生说这是正常的胎位。

我的骨骼已经基本上发育完成了，不过都非常柔软，没有爸爸妈妈的坚硬。还有肌肉系统、神经系统也都逐渐地发育完整哦。我的听觉神经也变得更发达了，如果外面有什么强烈的声音和震动的话，我会很害怕的，所以爸爸妈妈千万不要乱发脾气哦，那样会吓着我的。

好期待与妈妈见面的那天呀……

孕8月营养指导

进入孕8月之后，孕妈妈基础代谢增至高峰，胎儿的生长速度也达到高峰。此外，孕妈妈会因身体笨重而行动不便。子宫此时已经占据了大半个腹部，胃部因被挤压而使饭量受到影响，因而常有吃不饱的感觉。

本月孕妈妈应该尽量补足因胃容量减小而减少的营养，实行一日多餐，均衡摄取各种营养素，防止胎儿发育迟缓。

本月胎儿开始在肝脏和皮下储存糖原及脂肪。此时如碳水化合物摄入不足，将造成蛋白质缺乏或酮症酸中毒，所以孕8月孕妈妈应保证热量的供给，增加主粮的摄入，如粳米、面粉等。一般来说，孕妈妈每天平均需要进食400克左右的谷类食品，这对保证热量供给、节省蛋白质有着重要意义。另外，在米、面等主食之外，还要增加一些粗粮，比如小米、玉米、燕麦片等。

孕晚期孕妈妈每天应摄入的食物量如下表所列：

种类	每日摄入量
主粮（米、面）	400～500克
粗粮	50克
蔬菜（绿叶蔬菜为主）	500～750克
油	25克
畜、禽、鱼、肉类	200克
豆类及豆制品	50～100克
水果	200克
蛋类	50～100克
奶类	250毫升

孕8月重点补充碳水化合物

碳水化合物是一种可以为人体提供热量的营养素，因其主要由碳、氢、氧三种元素组成，其中氢和氧的比例为2∶1，和水的化学结构一样，所以被称为碳水化合物。

碳水化合物包含糖类和膳食纤维

食物中的碳水化合物主要有两类：一类是人可以吸收利用的单糖、双糖、多糖等糖类，一类是人体不能吸收、不能提供热量的膳食纤维。

糖类是人体的主要供能物质，不但为人提供维持生命活动所需的大部分热量，还具有调节细胞活动、组成具有抗凝血作用的肝素、提高人体免疫力、解毒、增强肠道功能、参与胎儿的呼吸代谢、帮助孕妈妈预防酮症的生理功能。

膳食纤维虽然不能直接为人体提供营养，却具有增加肠蠕动，促进肠道内有益菌繁殖，增大粪便体积，促使粪便变软，对预防便秘、结肠癌等消化系统疾病有积极作用。

如果孕妈妈的饮食中碳水化合物比例过小，就会使孕妈妈出现全身无力、低血糖、头晕、心悸、脑功能障碍等不良症状，严重时还会使孕妈妈出现低血糖昏迷。

合理补充糖类

糖类广泛存在于各种食物中，如粳米、小麦、玉米、高粱等谷物，甘蔗、甜瓜、西瓜、香蕉、葡萄、大枣等水果，胡萝卜、红薯、土豆、莲藕、扁豆等蔬菜，蔗糖及各种成品糖果都含有丰富的糖类。

由于谷物是所有食物中含糖类营养最多的，所以孕妈妈对糖类的补充，也应主要通过吃粳米、小麦、玉米等谷物（也就是通常所说的主食）来进行。

但是，为了避免体重增长过度，孕妈妈每天的主食摄入量最好根据个人体重的增加情况进行调整：整个孕期中，孕妈妈的体重增加应控制在12.5千克左右。为避免孕育巨大儿，孕妈妈孕晚期的体重增长速度应该控制在每周增重0.3～0.5千克。

注意多食谷类等膳食纤维食物

一般来说，孕妈妈每天平均需要进食400克左右的谷类主食，这对保证热量供给、节省蛋白质有着重要意义。主食除以米、面为主之外，还要增加一些粗粮，比如小米、玉米、燕麦片等。

这个时期，很多孕妈妈有夜间被饿醒的经历，出现这种情况时，孕妈妈可以喝点粥、吃2片饼干、喝1杯奶，或者吃2块豆腐干、2片牛肉，吃后漱漱口，然后再接着睡。

西瓜是孕期佳品

孕妈妈在怀孕期间常吃些西瓜，不但可以补充体内的营养消耗，同时还能使胎儿更好地摄取足够的营养。

孕期吃西瓜的益处

西瓜富含糖分，有补充热量的作用。

孕早期吃些西瓜，可以生津止渴，除腻消烦，对止吐也有较好的效果。孕晚期，孕妈妈常会发生程度不同的水肿和血压升高，常吃些西瓜，不但可以利尿去肿，还有降低血压的功能。

如在盛夏分娩的孕妈妈，常吃些西瓜可以防暑降温，消夏去暑。

分娩过程中，许多产妇有精神紧张、产程延长、失血出汗、周身疲劳、胃肠道蠕动减弱、食欲不振、大便秘结等现象，这时吃些西瓜不但可以补充水分，增加糖类、无机盐、维生素等营养的摄入量，刺激肠蠕动，促进大便通畅，还可以增加乳汁分泌，并有助于术后产妇的伤口愈合。

吃西瓜的注意事项

吃西瓜要适量

西瓜优点虽多，但也不是任何人都可以吃，更不能无限制地吃。吃西瓜太多容易摄入过量糖分，诱发妊娠糖尿病，引发流产和早产。

因此，孕妈妈不能过量吃西瓜。一天吃1～2块即可，最多不要超过半个。

饭前或饭后别吃西瓜

西瓜中大量的水分会冲淡胃液，如在饭前及饭后吃会影响食物的消化吸收，而且饭前吃大量西瓜又会占据胃的容积，致使就餐中摄入的多种营养素大打折扣。

不要吃"冰西瓜"

为避免引起胃肠道疾病，孕妈妈吃西瓜时还要选择新鲜的、熟透的西瓜，尤其不要吃在冰箱内冷藏的西瓜。如果是温度过低的"冰西瓜"，孕妈妈吃后可能会引发宫缩，严重的可能引起早产，甚至危及胎儿的生命。

/专家提示/

西瓜对孕妈妈来说是不可缺少的佳品，孕8月时可以适量食用，如所在季节为盛夏，所在区域气候较炎热，可以稍微多食，但不要食用过度，因其性寒凉，过食对身体不好。

预防早产的饮食方案

现在是早产的高发时期，为避免早产儿的诞生，孕妈妈可以通过食用以下食物预防早产的发生。

1.多吃鱼肉。鱼肉中丰富的ω-3脂肪酸，可以起到延长孕期、防止早产的作用。科学家发现，从不吃鱼的孕妈妈早产率为7.1%，而每周至少吃一次鱼的孕妈妈，早产率只是1.9%。鳜鱼、鲭鱼等鱼类含有丰富的ω-3脂肪酸，不过，要避免食用含汞过量的鱼类。

2.均匀摄入营养丰富的食物，多吃含蛋白质丰富的鱼、肉、蛋及豆类食品，多吃些新鲜蔬菜及水果。

3.饮食中可注意多选用一些含叶酸丰富的食物如瘦肉、动物心及肝脏、花生、菠菜、卷心菜、橙、香蕉、黄豆及其制品。

4.番茄、葡萄等一些寒凉食品不宜多吃，西瓜可以吃，但是要注意适量，不要吃得太多，避免寒凉刺激身体而引起早产。

5.不要吃过咸的食物，以免导致妊娠高血压综合征，增加早产的发生概率。

胎儿生长加快，孕妈妈要合理安排饮食

从第8个月开始，胎儿的身体会长得比较快。若此时孕妈妈营养摄入不合理，可能会产生巨大儿或低体重儿，影响后期分娩与胎儿的生长。因此，本月孕妈妈合理安排饮食的原则为：

1.以量少、丰富、多样为主。一般采取少吃多餐的方式进餐，要适当控制高蛋白质、高脂肪食物，如果此时不加限制，会给分娩带来一定的困难。

2. 限制脂肪性食物。这些食物里含胆固醇量较高，会使血压升高。

3.调味宜清淡。少吃过咸的食物，每天饮食中的盐量应控制在7克以下，不宜大量饮水。

4.选体积小、营养价值高的食物。如动物性食品，避免吃体积大、营养价值低的食物，如土豆、红薯等，以减轻胃部的胀满感。

特别应摄入足量的钙，孕妈妈在吃含钙丰富的食物的同时，注意维生素的摄入。

/专家提示/

烹调蔬菜时要用大火快炒，时间不宜长，以减少水溶性维生素的损失。

孕晚期补充蛋白质，产后奶水多

正常女性平均每天蛋白质的需要量为60克。孕妈妈对蛋白质的需求是随着孕期的延长而增加的，在怀孕的早、中、晚期，孕妈妈每天应分别额外增加蛋白质5克、15克和20克。

孕晚期蛋白质摄入不足，会导致孕妈妈体力下降，产后身体恢复不良、乳汁稀少等问题，胎儿的生长也会受影响而变慢。因此，孕晚期孕妈妈应根据需要，合理摄入蛋白质，以供产后的乳汁分泌。

孕妈妈必须增加优质蛋白质的摄入量，即多食鱼、蛋、奶及豆类制品。相比较而言，动物性蛋白质在人体内吸收利用率较高，而豆和豆制品等植物性蛋白质吸收利用率较差。

有的孕妈妈害怕孕期蛋白质不够，所以选择补充蛋白质粉。其实，如果孕妈妈身体健康、营养良好的话是不需要额外补充蛋白质粉的。过量食用蛋白质粉，可能会导致体重超重，不利于自然分娩，产后体形恢复也比较慢。只要日常注意多摄取一些富含蛋白质的食物即可满足身体需要。

补锌、控制体重，助孕妈妈自然分娩

一般情况下，医生都会建议孕妈妈坚持自然分娩，孕晚期坚持合理补锌也可以帮助孕妈妈顺产。

锌对分娩的影响主要是可增强子宫有关酶的活性，促进子宫肌收缩，帮助胎儿顺利离开子宫腔。

含锌丰富的食物有：猪肝、瘦肉、鱼、牡蛎、紫菜、黄豆、绿豆、蚕豆、花生、核桃、栗子等。

孕晚期补锌同时还要注意控制体重，营养补充不要过多，脂肪摄入超量，较容易造成胎儿过大，会给顺产带来一定的难度。孕妈妈平时应多吃新鲜蔬菜，少吃甜品、油炸食品、甜饮料等。同时，不要擅自补充锌制剂，如必须补充，一定要遵医嘱。

补充足量的钙，预防妊娠高血压综合征

孕晚期，孕妈妈容易患妊娠高血压综合征（以下简称“妊高征”），是以水肿、高血压、蛋白尿为主要临床症状的晚期妊娠中毒症。

妊高征不是所有孕妈妈的并发症，但是钙代谢紊乱是妊高征的诱因之一。由于胎儿生长发育需要大量的钙，如果孕妈妈钙摄入量不足，必将导致低血钙综合征，引起甲状腺功能亢进，进而形成高血压。

孕晚期孕妈妈及时补钙、调节钙的代谢，对预防妊高征发生有重要作用。补充钙还可以降低血压，减少妊高征的发病率，孕晚期是胎儿骨骼和牙齿钙化的高峰期，此时补钙还能供胎儿骨骼生长所需。

孕晚期以后每天补充1200毫克的钙即可，一般正常饮食会包含600毫克左右的钙，额外补充600毫克钙就可以了。要补充足量的钙，每天应供给孕妈妈500毫升牛奶，还可多吃海带、鱼、贝类和芝麻等含钙食物。

此时补钙不要贪多，最好根据产检情况进行针对性补钙。以免补钙过量，造成后期胎儿骨骼过硬，给生产带来麻烦。

孕8月安胎养胎食谱

甜脆银耳盅

材料：银耳20克，红樱桃3颗。

调料：白糖4小匙，香油适量。

做法：

1. 将银耳用温水泡发，除去根及杂质，洗净，撕成小朵。红樱桃用清水洗干净，切成小片。
2. 将锅置于火上，加适量清水，放入银耳、白糖，大火烧开，再改用小火炖至银耳软烂。
3. 取几个小碗洗净，擦干水，抹上香油，放入樱桃片，倒入熬好的银耳汤，冷却后放入冰箱，食用时取出即可。

营养师分析

银耳具有补脾开胃、益气清肠、清热润燥等功效。同时银耳能够提高肝脏解毒能力，具有保护肝脏功能，帮助孕妈妈提高免疫力的功能；银耳中所富含的膳食纤维，有助于胃肠道的蠕动，能有效防治便秘。

三鲜烩鱼唇

材料：水发鱼唇500克，叉烧肉、西蓝花各100克，冬菇（干）6朵，胡萝卜5片，姜3片，葱2棵。

调料：高汤1碗，生抽、水淀粉各1大匙，料酒2小匙，盐1小匙，糖半小匙，香油、胡椒粉各少许。

做法：

1. 葱洗净切段，姜洗净备用；鱼唇洗净，加入少量姜、葱，放入开水中煮5分钟取出，冲洗干净，切成小段。
2. 西蓝花洗净择成小朵，放入沸水锅中，加少量油、盐焯烫熟盛起；冬菇泡软去蒂；叉烧肉切片备用。
3. 锅内加入油烧热，放入姜片、葱段爆香，倒入高汤，加入剩余的调味料煮开。
4. 放入鱼唇烩软，加胡萝卜、叉烧肉、西蓝花炒匀，淀粉勾芡，收至汤汁浓稠即可。

营养师分析

孕后期胎儿的生长迅速，这一阶段如果孕妈妈蛋白质的摄取量不够，会很容易影响胎儿的发育，同时还会有早产的现象发生。鱼唇中蛋白质的含量相当丰富，非常适合孕晚期的孕妈妈食用。

木耳银芽炒肉丝

材料：瘦肉、豆芽、水发木耳各100克，水发腐竹50克。

调料：生抽、水淀粉各1大匙，香油、肉各1小匙，盐、鸡精各适量，姜1片。

做法：

1. 将水发木耳择洗干净，切成细丝；豆芽择洗干净，放进沸水锅中焯烫一下捞出；姜洗净切末。
2. 将水发腐竹切成斜丝，肉洗净切丝用生抽和淀粉抓匀。
3. 锅内加入油烧热，放入姜末爆香，倒入肉丝炒散再放入豆芽和木耳丝煸炒，加少量水，放入盐、鸡精和腐竹。
4. 用小火慢烧3分钟，转大火收汁，然后用水淀粉勾芡，淋入香油即可。

营养师分析

木耳中的胶质起到清洗肠胃的作用，同时也是补血降压的佳品；豆芽具有清热利湿、消肿除痹的功效。此道菜可以帮助孕妈妈补气养血，利水消肿，同时还具有美容养颜的功效。

清蒸冬瓜熟鸡

材料：熟白鸡肉250克，冬瓜250克，枸杞子少许。

调料：鸡汤2碗，酱油、料酒各1大匙，葱3段，姜1片，盐适量。

做法：

1. 熟白鸡肉去皮切块，把鸡肉皮朝下，整齐地码入盘内。
2. 加入鸡汤、酱油、盐、料酒、葱段、姜片、枸杞子，上笼蒸透，取出，拣去葱、姜，把汤汁滗入碗内待用。
3. 冬瓜洗净切块，放入沸水中焯烫一下，捞出码入盘内的鸡块上，将盘内的冬瓜块、鸡肉块一起扣入汤盆内。
4. 将锅置于火上，倒入碗内的汤汁，烧开撇去浮沫，盛入汤盆内即可。

营养师分析

冬瓜中钠盐和钾盐的含量都比较低，具有利水消肿、清热解毒的独特功效；鸡肉具有补益气血、滋养精气的作用。两者搭配食用，可以帮助孕妈妈预防贫血和生理性水肿。

蒜蓉茼蒿

材料：茼蒿500克，蒜（白皮）4瓣，小葱2根，姜1片。

调料：水淀粉1大匙，盐1小匙，香油、鸡精、白糖各少许。

做法：

1. 将茼蒿择洗干净，切成长段，投入沸水中焯烫1分钟左右捞出；大蒜去蒜皮，剁成蒜蓉；葱、姜切末备用。
2. 锅内加入油烧热，放入葱花、姜末爆香，再放入茼蒿，翻炒均匀。
3. 加入盐、鸡精、白糖，用水淀粉勾芡。
4. 放入蒜蓉，淋入香油，翻炒均匀即可。

营养师分析

茼蒿中含有丰富的维生素、胡萝卜素等营养成分，不但可以促进胎儿发育，还有助于提高孕妈妈的抵抗力，帮助孕妈妈预防流产。此外，茼蒿中还含有一种有特殊香味的挥发油，有助于孕妈妈消食开胃，增加食欲。

萝卜炖牛腩

材料：白萝卜400克，牛腩300克，姜2片。

调料：盐2小匙，八角2粒，鸡精、胡椒粉各少许。

做法：

1. 牛腩切成块，用水冲净血污；白萝卜洗净切块；姜洗净切片。将白萝卜、牛腩分别放入沸水中焯烫一下，捞出备用。
2. 将牛腩、姜片、八角放入炖盅内，加入水，放在火上烧沸。
3. 撇去浮沫，盖好盖，小火煲2小时左右。
4. 至牛腩七八成熟时，揭去盖，加入白萝卜块，再盖好盖继续用小火炖1小时左右。
5. 至牛腩和白萝卜熟烂时，放入盐、鸡精、胡椒粉调味即可。

营养师分析

牛腩含有丰富的铁元素，铁是人体造血必需的物质，而铁摄入不足是造成缺铁性贫血的主要因素。这道菜是一款适合孕妈妈补血的营养食谱。

糖醋银鱼豆芽

材料：黄豆芽300克，鲜豌豆、胡萝卜各50克，银鱼20克。

调料：醋1大匙，葱花2小匙，白糖、盐各1小匙，鸡精少许。

做法：

1. 将银鱼洗净，投入沸水中焯烫一下，捞出来沥干水分。
2. 将豌豆煮熟，过凉水，沥干水分备用。黄豆芽洗净，胡萝卜洗净切丝备用。将白糖、醋、盐、鸡精放入一个碗里，兑成调味汁。
3. 锅内加入油烧热，放入葱花爆香，倒入黄豆芽、银鱼及胡萝卜丝略炒。
4. 加入煮熟的豌豆，翻炒几下，倒入调味汁略炒即可。

营养师分析

黄豆芽具有清热利湿、消肿除痹、滋润肌肤的功效；银鱼是一种高蛋白质、低脂肪食品，具有味甘、性平、宜肺、利水等功效。两者搭配既能够帮助孕妈妈开胃，又可以帮助孕妈妈补充丰富的钙和维生素A，对于预防妊娠高血压综合征有很好的效果。

栗子扒白菜

材料：白菜心、栗子各200克，葱花、姜末各1小匙。

调料：水淀粉1大匙，料酒2小匙，盐、白糖、酱油各1小匙，香油、鸡精各少许，高汤适量。

做法：

1. 用刀在栗子皮上切一个口，放锅里煮熟捞出去皮，再切两半；白菜心切长条备用。
2. 将白菜条放到沸水锅中焯烫，码放到盘中。
3. 锅内加入油烧热，放入葱花、姜末爆香，烹入料酒，倒入栗子，加高汤、酱油、盐、白糖、鸡精，先用大火烧开，再用小火煮3分钟左右。
4. 用水淀粉勾芡，淋入香油，浇在白菜上即可。

营养师分析

栗子被称为“肾之果”。吃栗子不仅可以补肾健脾，提高自己的抗病能力，还可以缓和情绪、缓解疲劳、帮助孕妈妈消除孕期水肿和胃部不适。栗子中的不饱和脂肪酸对胎儿的大脑和神经系统的发育有促进作用。

柿椒炒玉米

材料：嫩玉米粒300克，红、青柿子椒各50克。

调料：盐、白糖各1小匙，鸡精少许。

做法：

1. 将柿椒去蒂、子，洗净，切成小丁；玉米粒洗净备用。
2. 锅内加入油烧至七成热，下入玉米粒，加入盐，炒2～3分钟，加少量清水，再炒2～3分钟。
3. 下入柿椒丁翻炒片刻，加入白糖、鸡精，翻炒几下即可。

营养师分析

黄色玉米中所含的胡萝卜素，有帮助孕妈妈提高机体抵抗力、预防流产的功效。玉米中的粗纤维，对帮助孕妈妈预防便秘，缓解孕期不适有很大的帮助。

紫菜炒鸡蛋

材料：紫菜(干)40克 ，鸡蛋2个。

调料：盐1小匙。

做法：

1. 将紫菜泡透，撕成丝，沥干水分备用。将鸡蛋磕入碗中打散，与紫菜、盐，搅匀。
2. 锅内加入油烧至六七成热，加入鸡蛋紫菜液，改用小火先将一面煎黄，再煎另一面，两面熟后即可。

营养师分析

紫菜富含钙、钾、碘、铁和锌等矿物质，可以帮助孕妈妈预防缺铁性贫血。同时紫菜还是理想的优质蛋白质来源，可以与高蛋白质的食品媲美，孕妈妈在最后的3个孕月里，应适量食用紫菜、海带等海产品，既补充了营养，又不会增加体重。

孕9月 也要出去走走

孕妈妈身体在变化

从这个月起，孕妈妈的身体会变得比较笨重，行动也不太灵活，容易疲倦，所以一定要注意休息。而且要严禁性生活，以免引起早产和感染。孕妈妈现在一定要坚持每两周做一次孕期检查，不能偷懒哦。

孕妈妈这个月的体重会比孕前增加8～12千克。子宫底高度29～32厘米，已经升到心口窝。由于心脏和双肺受到挤压，加之血容量增加到高峰，所以心脏负荷加大，孕妈妈的心跳和呼吸都会增快，大部分孕妈妈都会出现气喘、胃胀、食欲不振、便秘的症状。这一时期胎儿的头部开始逐渐下降入盆腔，挤压到膀胱，会引起孕妈妈的尿频。

胎儿对妈妈说

妈妈，我现在的身高45～50厘米，体重2500～3000克。我已经长成一个壮壮的宝宝啦，已经预备好要出生喽。一想到快要见到妈妈，我都高兴得睡不着觉呢，妈妈是不是也跟宝宝一样呢?

因为我的皮下脂肪开始增多，皮肤皱褶变得越来越少，身体也比以前更丰润了。皮肤变得光滑而红润了，妈妈见到了一定会喜欢宝宝的。我现在已经具备了较强的呼吸和吸吮能力，如果现在出来的话，基本上有了生存的能力，不过我会耐心地等待着，等待着妈妈做好充分准备迎接我的那一天。

孕9月营养指导

进入到孕9月，胎儿逐渐下降进入盆腔，孕妈妈的胃部会感觉舒服一些，所以食量会有所增加。本月应继续保持以前的良好饮食方式和饮食习惯。少吃多餐，注意饮食卫生，减少因吃太多，或是饮食不洁造成的胃肠道感染等给分娩带来的不利影响。

此外，本月仍需注意保证优质蛋白质的供给，应适度摄入碳水化合物类食物，避免食用热量较高的食物。

每天5～6餐，注意营养均衡。孕9月胎儿的肝脏以每天5毫克的速度储存铁，直到储存量达到240毫克。如果此时铁的摄入量不足，会影响胎儿体内铁的存储，出生后易患缺铁性贫血，动物肝脏、绿叶蔬菜是最佳的铁质来源，孕妈妈应适当补充。

此月还可以吃一些淡水鱼，有促进乳汁分泌的作用，可以为胎儿准备好营养充足的初乳。

孕9月重点补充膳食纤维

膳食纤维可以防止便秘，促进肠道蠕动。

孕晚期，逐渐增大的胎儿给孕妈妈带来负担，孕妈妈很容易发生便秘。由于便秘，又可发生内外痔。为了缓解便秘带来的痛苦，孕妈妈应该注意摄取足够量的膳食纤维，以促进肠道蠕动。

全麦面包、芹菜、胡萝卜、红薯、土豆、豆芽、菜花等各种新鲜蔬菜水果中都含有丰富的膳食纤维，孕妈妈可在这个月适当地多摄入一些。

另外，孕妈妈还应该适当进行户外运动，并养成每日定时排便的习惯。

缓解孕9月胃灼热的好方法

到了孕9月， 有些孕妈妈胃灼热的情况可能会稍重，通常，这种胃灼热在分娩后会自行消失。禁止在没有经医生许可的情况下擅自服用治疗消化不良的药物。

为缓解胃灼热带来的不适，孕妈妈可注意以下几个方面：

1.营造轻松的就餐环境。放松心情，愉悦饮食。

2.适量进食，每餐避免吃得过饱。

3.吃完后，可以慢慢起立，以直立的姿势稍稍站一会儿。

4.饭后半小时宜适当进行散步。

几款补充维生素的水果餐

以下几款水果餐不仅可以帮助孕妈妈补充维生素，还具有美容养颜的功效。

小黄瓜汁

小黄瓜洗净，切碎，按照1：1的比例加水，用榨汁机榨成汁，以蜂蜜调服。

菠菜柳橙汁

菠菜用开水焯过，柳橙（带皮）、胡萝卜与苹果切碎，按照1：1的比例加水，用榨汁机榨成汁。

炖木瓜

银耳用温水泡开。川贝3克与银耳一起小火炖30分钟，加入木瓜、冰糖，再烧开即可。

鲜奶炖木瓜雪梨

先将鲜奶煮热，再放入去子去皮切成大粒的木瓜和雪梨，煮10分钟加糖即成，鲜奶和木瓜同食具有双重美白的效果，配以润心的雪梨，真是由外靓到内。

维生素制剂不宜常服

孕妈妈切勿盲目补充维生素制剂。过量的维生素会影响胎儿和孕妈妈的健康，比如，维生素A可维持皮肤、黏膜等上皮细胞的完整性，促进机体的生长发育，但孕妈妈过量摄入会对发育期胎儿四肢和骨骼的生长造成长期损害，出现畸形，如兔唇、脑积水和严重心脏缺陷等。

虽然孕妈妈应比一般人多服用些维生素来保证母体和胎儿的需要，但不能没有限制地大量摄入，更不能以药代食，一般身体健康的孕妈妈并不需要额外补充维生素。只要在日常生活中经常摄入含有维生素丰富的食物即可。

如果孕妈妈觉得自己有挑食、胃口不好等问题，担心维生素摄入不足影响到胎儿，可以去医院做针对性检查，由专业医生决定是否需要补充维生素。

孕晚期不可常吃奶油蛋糕

蛋糕用的基本上都是植物黄油，而这些植物黄油是一种人造奶油，即反式脂肪酸。反式脂肪酸比饱和脂肪酸还要有害，偶尔吃一次问题不大，常吃的话危害会大大增加。

1.会增加血液中低密度脂蛋白胆固醇（坏蛋白）的含量，同时会减少可预防心脏病的高密度脂蛋白胆固醇（好胆固醇）的含量，增加患冠心病的危险。

2.增加血黏度促使血栓形成，加快动脉粥样硬化，增加糖尿病及乳腺癌的发病率。

3.影响胎儿的生长发育，并对中枢神经系统的发育造成不良影响。

4.诱发肿瘤、哮喘、过敏等疾病。

5.为了增加蛋糕外观的吸引力，让色泽更漂亮、口感更细腻，蛋糕中常会存在色素超标、乳化剂超标的现象，这些添加剂的过量使用对健康都是有害的。

孕9月安胎养胎食谱

小米蒸排骨

材料：猪排骨300克，小米100克，姜5克，葱1根。

调料：干豆豉1大匙，料酒2小匙，甜面酱、盐、冰糖各1小匙，鸡精少许。

做法：

1. 小米淘洗干净后用水浸泡20分钟左右；排骨洗净，剁成4厘米长段备用；豆豉剁细；冰糖研碎；姜切末，葱切成葱花备用。
2. 将排骨加豆豉、甜面酱、冰糖、料酒、盐、鸡精、姜末、少许油拌匀，装入蒸碗内，在上面撒上小米，上笼用大火蒸熟。
3. 取出扣入圆盘内，撒上葱花即可。

营养师分析

小米中还含有丰富的蛋白质、维生素B_1等营养物质，具有防止反胃、呕吐，补益脾胃的功效。排骨则可以为孕妈妈提供必需的优质蛋白质、脂肪，尤其是丰富的钙质。

木耳烧猪腰

材料：猪腰2只，水发黑木耳50克，水发金针菜20克，葱花、姜末、香菜末各1小匙。

调料：酱油、水淀粉各1大匙，盐、料酒各1小匙，大枣3颗，白糖、鸡精、胡椒粉各少许。

做法：

1. 将猪腰洗净，剥去外膜，切片，再横竖交叉划成花状；大枣洗净，泡软去核备用。
2. 金针菜、黑木耳洗净放入沸水锅中焯烫至熟，放入一个大碗中。
3. 锅内加入油烧热，放入姜末、葱花爆香，加入白糖、料酒、盐和适量清水烧沸。
4. 下入腰花、大枣，烧沸，略煮几分钟。加入酱油，鸡精炒匀，用水淀粉勾芡，撒上胡椒粉、香菜，倒入盛木耳和金针菜的大碗中即可。

营养师分析

这道菜具有补肾壮腰、填精生髓、宁心安神的作用。特别适合血压偏高、睡眠质量差的孕妈妈食用。猪腰中锌的含量较高，锌可以增强孕妈妈的子宫肌肉的收缩能力，帮助孕妈妈减轻分娩的痛苦。

芋头烧牛肉

材料：牛肉300克，芋头200克，葱3段，姜2片。

调料：盐2小匙，白糖1小匙，料酒、鸡精各适量，八角、桂皮、花椒各少许。

做法：

1. 牛肉洗净切成小方块；芋头洗净，去皮斜切块；葱段、姜片、八角、桂皮、花椒包入纱布袋中备用。
2. 将牛肉放入沸水锅中焯烫捞出，用凉水洗净血沫。
3. 另起锅加入适量清水，下入牛肉块和纱布袋，大火烧开，加白糖煮10分钟左右，改小火继续煮。
4. 至牛肉九成熟时，放入盐、料酒调味，再把芋头放入锅内，炖至牛肉块酥烂时，取出料包，加鸡精拌匀即可。

营养师分析

芋头具有健脾强胃、消疬散结、清热解毒、滋补身体的功效；牛肉含蛋白质、脂肪以及多种维生素，具有健脾益肾、补气养血、强筋健骨的功能。两者搭配食用，对孕妈妈脾胃虚弱、食欲不振及便秘有防治作用。

木耳炒茭白

材料：茭白250克，水发木耳100克，葱1根，蒜2瓣，姜2片。

调料：高汤2大匙，淀粉2小匙，盐1小匙，鸡精、胡椒粉各少许。

做法：

1. 茭白切成4厘米长的细丝；木耳撕成小朵；葱切丝备用。
2. 将盐、胡椒粉、鸡精、高汤、淀粉放到一个碗里，兑成芡汁备用。
3. 锅内加入油烧热，放入姜片、蒜片爆香，再下入茭白、木耳炒至断生。
4. 加入葱花及芡汁，待汤汁浓稠后即可。

营养师分析

茭白中含有的碳水化合物、蛋白质、脂肪等，能够帮助孕妈妈补充所需的营养物质；木耳是补血、降压的佳品，尤其适合血压偏高的孕妈妈食用。

牛奶玉米笋

材料：玉米笋400克，鲜牛奶80克。

调料：面粉、水淀粉各1大匙，白糖2小匙，盐半小匙，鸡精各适量。

做法：

1. 将玉米笋洗净，在每个玉米笋上横竖交叉划成花状，投入沸水中略微焯烫，捞出来沥干水分备用。
2. 锅内加入少量油烧热，放入面粉，用小火炒散（炒开即可，不能等到面粉变色）。
3. 加入鲜牛奶、白糖、盐、鸡精及玉米笋，用小火焖至入味。用水淀粉勾芡即可。

营养师分析

这道菜含有丰富的膳食纤维和大量的镁，帮助孕妈妈增强肠蠕动，促进机体废物的排泄，同时还具有利尿、降脂、降压、降糖作用，很适合孕后期的孕妈妈食用。

芹菜炒香菇

材料：芹菜400克，干香菇50克。

调料：淀粉2小匙，盐、酱油、醋各1小匙，鸡精少许。

做法：

1. 将芹菜剖开，切成2厘米左右的段，用少许盐拌匀，放置10分钟左右，用清水漂洗干净，沥干水分备用；香菇用水泡发，切片。
2. 将醋、鸡精、淀粉放入一个小碗里，加50毫升左右清水，兑成芡汁。
3. 锅内加入油烧热，放入芹菜煸炒2～3分钟，加入香菇，迅速翻炒几下。
4. 加入酱油，淋上芡汁，大火翻炒，待调料均匀地沾在香菇和芹菜上即可。

营养师分析

芹菜中含有特殊香味的挥发性芳香油，可以帮助孕妈妈增进食欲，促进消化。常吃芹菜，对孕妈妈及时吸收、补充自身所需营养，维持正常的生理功能，增强抵抗力都大有益处。

菠菜炒猪肝

材料：猪肝200克，菠菜200克，葱2根，姜1片。

调料：酱油2大匙，醪糟、淀粉各1大匙，盐、糖各1小匙。

做法：

1. 姜去皮，葱洗净，均切末；猪肝泡水30分钟后捞出切片，再加酱油、醪糟、淀粉腌5分钟；菠菜洗净切段。
2. 锅内加入油烧热，放入猪肝以大火炒至变色，盛起备用。
3. 另起锅加入油烧热，放入菠菜略炒一下，然后加入猪肝同炒，放入盐、糖炒匀即可。

营养师分析

这道菜中含有丰富的维生素K和铁。菠菜的根中还含有钙、钾、磷、镁等矿物质，食用菠菜时最好连根一起食用。但一定要洗净。

五花肉烧土豆

材料：带皮五花肉300克，土豆100克，葱2根，姜2片。

调料：酱油1大匙，盐、白糖、料酒各1小匙。

做法：

1. 将五花肉洗净，切成3厘米见方的块；土豆去皮洗净斜切块；葱切段备用。
2. 锅内加入油烧至六成热，放入土豆，炸至表面呈金黄色，捞出控油。
3. 锅中留少许底油，烧至八成热，放入肉块翻炒，至肉色变白，加入酱油、白糖，翻炒至肉块裹满酱汁。
4. 加入料酒、葱、姜，加水（以刚没过肉为宜），先用大火烧开，再用小火炖至八成熟。
5. 拣出葱段和姜片，加入土豆块和盐，用小火烧至熟烂即可。

营养师分析

猪肉含有丰富的优质蛋白质、铁和必需的脂肪酸，能够帮助孕妈妈预防缺铁性贫血。土豆所含的纤维素，对胃肠黏膜无刺激作用，有解痛和减少胃酸分泌的作用，对孕妈妈的便秘也会有很好的疗效。

脆皮冬瓜

材料：冬瓜200克。

调料：面粉、淀粉各2大匙，番茄酱1大匙，盐2小匙，白糖1小匙，鸡精少许。

做法：

1. 将冬瓜去皮洗净切成长条，放入沸水中焯烫至熟，捞出来控干水。
2. 将面粉、淀粉、盐、鸡精、白糖一起放到碗里，加适量水调成浆，静置10分钟后下入冬瓜条，为冬瓜上浆。
3. 锅内加入油烧热，放入冬瓜，炸至金黄酥脆，装盘后淋上番茄酱即可。

营养师分析

冬瓜中含有丰富的营养成分，钠盐的含量比较低，具有利水消肿、清热解毒的独特功效。由于子宫增大压迫静脉、血液循环回流不畅的关系，很多孕妈妈在怀孕中后期会出现生理性的水肿，适当吃一些冬瓜，既可以消肿，又能够清热解毒。

干贝炒蛋

材料：鸡蛋2个，干贝150克。

调料：料酒2小匙，盐1小匙。

做法：

1. 将鸡蛋磕入碗内，加少许盐搅匀。
2. 将锅置于火上，加入干贝、料酒、水煮熟晾凉，撕成丝，同汤一起放入蛋液内搅匀。
3. 锅内加入油烧至七成热，倒入蛋液翻炒至熟即可。

营养师分析

干贝味道鲜美，营养丰富，其中每100克含蛋白质63.7克，具有平肝明目、解毒生肌的功效，可以增强孕妈妈的抵抗力。干贝与蛋类一起烹调食用，能够更好地发挥补益作用。

孕10月 预产期怎么吃

孕妈妈身体在变化

到这个月，孕妈妈的体重会比孕前增加10～13千克，子宫底高度30～35厘米，羊水量在600～800毫升。随着胎儿的入盆，宫顶位置下移，对心脏、肺、胃的挤压减轻，孕妈妈的胃胀缓解，食欲也开始增加。但对直肠和膀胱的压迫加重，尿频、便秘、腰腿痛等症状更为明显，同时阴道的分泌物也开始增多。有时会出现不规则子宫收缩的产兆，导致孕妈妈腹部出现强烈紧绷感。

孕妈妈尤其要注意全身清洁，经常按摩乳头，为即将到来的分娩和哺乳做好充分准备。

胎儿对妈妈说

妈妈，我的头盖骨变硬啦，头发都有2～3厘米长了呢，而且指甲都超过指尖了，妈妈见到我的时候就能够帮我剪指甲了哦。

现在我已经有48～52厘米高了，重量在2700～3300克，怎么样，我长得很棒吧？现在的我，可是一个发育成熟的胎儿了，而且我已经做好了充分的准备等待着降生呢。妈妈，你现在紧张吗？我会一直陪在你身边的，妈妈，加油哦！

孕10月重点补充维生素B_1

充足的维生素B_1可以避免产程延长，降低分娩困难。如果维生素B_1不足，易引起孕妈妈呕吐、倦怠、体乏，影响分娩时子宫收缩，使产程延长，分娩困难。因此，最后一个月里，孕妈妈要重点补充维生素B_1，同时也必须补充各类维生素和足够的铁、钙、充足的水溶性维生素。

营养专家推荐孕妈妈每日维生素B_1摄取量为1.8毫克，日常饮食中注意选择含维生素B_1丰富的食物即可满足需求。含维生素B_1丰富的食物有豆类、酵母、坚果、动物肝、肾、心脏及瘦猪肉和蛋类等，食用标准米面也可以满足需要。

孕晚期吃这些食物有助产作用

海带、畜禽血、海鱼、豆芽、鲜果、鲜菜汁等食物对孕妈妈生产有帮助，进入孕晚期孕妈妈可以适当进食。下表中列出了各种食物能起到的助产作用，供参考：

名称	作　用
海带	对放射性物质有特别的“亲和力”，其胶质能促使体内的放射性物质随大便排出，从而减少积累和减少诱发人体功能异常的物质。
畜禽血	如猪、鸭、鸡、鹅等动物血液中的蛋白质被胃液和消化酶分解后，会产生一种具有解毒和滑肠作用的物质，可与侵入人体的粉尘、有害金属元素发生化学反应，变为不易被人体吸收的废物而排出体外。
海鱼	含多种不饱和脂肪酸，能阻断人体对香烟的反应，并能增强身体的免疫力。海鱼更是补脑佳品。
豆芽	贵在“发芽”，无论黄豆、绿豆，豆芽中所含多种维生素能够抑制身体内的致畸物质，并且能促进性激素的生成。
鲜果、鲜菜汁	能解除体内堆积的毒素和废物，使血液呈碱性，把积累在细胞中的毒素溶解并由排泄系统排出体外。

临产前注意吃些高蛋白质、半流质的食物

预产期越来越近，为了帮助分娩，缓解紧张的心情，孕妈妈可以按照下面的原则吃些高蛋白质、半流质的新鲜食物。

1.宜吃鸡蛋、牛奶、瘦肉、鱼虾和大豆制品等，这些食物的营养价值和热量都比较高，适宜帮助孕妈妈补充热量。临产前也可吃一些巧克力，因为巧克力含脂肪和糖丰富，产热量高，尤其对于那些吃不下食物的临产孕妈妈非常适宜，但是少吃一些即可，千万不要过度食用。

2.饮食要少而精，避免胃肠道充盈过度或胀气，以便顺利分娩。

3.宜进食半流质的食物，如面条、稀饭等。因为分娩过程中消耗水分较多，因此，临产前应吃些含水分较多的软食。有些民间的习惯是在临产前让孕妈妈吃白糖

（或红糖）卧鸡蛋或吃碗肉丝面、鸡蛋羹等。这些食物都是临产前较为适宜的饮食，可以食用。但是一定要注意，不宜吃油腻过大的食品。

专家提示

有的医院可能在入院之后到生产之前有一段时间不能吃东西，因此，在阵痛开始时，孕妈妈可以事先吃点营养丰富又不增加胃负担的汤或粥再入院。

剖宫产孕妈妈的饮食问题

决定剖宫产的孕妈妈要面临产后伤口愈合的问题，因此，这类孕妈妈在接受剖宫产手术前，一定注意不要滥服滋补品，如高丽参、洋参，以及鱿鱼等。参类具有强心、兴奋作用，鱿鱼体内含有丰富的有机酸物质——EPA，它能抑制血小板凝集，不利于术后止血与创口愈合。欲剖宫产孕妈妈绝对不要吃。

另外，剖宫产术后6小时内禁食，孕妈妈及家人要做好相应的准备。

孕晚期孕妈妈饮食原则

不宜吃黄芪炖母鸡

黄芪炖母鸡营养价值高，对补养身体有很大的好处。但是，妇产医生观察到，一些孕妈妈尤其是临产前的孕妈妈，由于进食黄芪炖母鸡，引发了过期妊娠，或孕育了巨大儿而造成难产，结果只好做会阴侧切、产钳助产，给孕妈妈带来痛苦，也增加了胎儿损伤的机会。

这是因为，黄芪炖母鸡有益气、升提、固涩的作用，干扰了孕晚期胎儿正常下降的生理规律，再加上母鸡本身是高蛋白质食品，两者起滋补协同作用，使胎儿骨肉发育长势过猛，养成巨大儿造成难产。此外，黄芪的利尿特性也容易给分娩带来不利影响。

不宜吃薏苡仁、马齿苋

薏苡仁营养丰富，味甘性凉，有健脾、补肺、清热、利湿作用。但是，薏苡仁属于滑利食品，对子宫肌肉有兴奋作用。

马齿苋是野菜，也属于滑利食物，对子宫肌肉有兴奋作用。孕晚期孕妈妈不宜吃这两样食物，以免对身体形成刺激，引发频繁宫缩，造成早产。

孕10月安胎养胎食谱

茄泥肉丸

材料：猪肉（肥瘦各一半）200克，茄子200克，鸡蛋1个，葱1根，姜1片。

调料：酱油、料酒各1大匙，淀粉2小匙，盐、胡椒粉各1小匙。

做法：

1. 将猪肉洗净绞碎，与酱油、料酒、盐、胡椒粉及少量淀粉拌匀；将鸡蛋打到一个干净的碗里搅匀；葱、姜均洗净切末备用。
2. 茄子洗净切条，隔水蒸20分钟左右。
3. 取出茄子，加入少许葱姜，捣成泥状，拌入肉泥中搅匀。
4. 锅内加入油烧热，将茄泥肉糊用小勺挑到手中，用大拇指和食指挤成小丸，蘸上蛋液和淀粉，放到锅里炸。
5. 先用中火稍炸，后用小火炸熟内部，起锅前再用大火将外皮炸脆，捞出来控干油，摆入盘中即可。

营养师分析

茄子具有清热活血、消肿止痛的功效，对有内痔便血症状的孕妈妈有很好的疗效；猪肉中含有的优质蛋白质和必需的脂肪酸，能够帮助孕妈妈预防贫血。

虾仁炒豆腐

材料：豆腐150克，虾仁100克，葱花、姜末各半小匙。

调料：酱油2小匙，淀粉、盐各1小匙，料酒半小匙，鸡精少许。

做法：

1. 将虾仁洗净备用；豆腐洗净，切成小方丁备用。
2. 将酱油、淀粉、盐、料酒、葱花、姜末放入碗中，兑成芡汁。
3. 锅内加入油烧热，倒入虾仁，用大火快炒几下，再倒入豆腐，继续翻炒，倒入芡汁、鸡精炒匀即可。

营养师分析

这道菜中含有丰富的钙、蛋白质、维生素B_1、维生素B_2等营养物质，经常食用，可以帮助孕妈妈增加钙，预防小腿抽筋，同时对呕吐、体乏也有很好的缓解作用。

大枣黑豆炖鲤鱼

材料：鲤鱼1条，黑豆30克，大枣8颗，葱半根，姜2片。

调料：盐、料酒各2小匙。

做法：

1. 将鲤鱼洗净切段；大枣洗净去核；黑豆淘洗干净，用清水浸泡1个小时。
2. 锅中放入适量清水和鲤鱼段，用大火煮沸。
3. 加入黑豆、大枣、葱段、姜片、盐和料酒，用小火煮至豆熟即可。

营养师分析

鲤鱼的营养价值很高，含有极为丰富的蛋白质；大枣味甘，性平，具有补益脾胃、养血安神的功效；黑豆具有高蛋白质、低热量的特性，具有治水、消胀、下气、治风热、活血解毒的功效。三者搭配对于体虚、四肢水肿的孕妈妈来说，是一道食疗佳品。

牛奶花蛤汤

材料：花蛤300克，鲜奶100克，红甜椒1个，姜2片。

调料：鸡汤半碗，干辣椒1个，盐、白糖各半小匙，胡椒粉少许。

做法：

1. 将花蛤放入淡盐水中浸泡半个小时，使其吐清污物，然后放入沸水中煮至开口，捞起后去壳。
2. 红甜椒洗净切成细粒。
3. 锅内加入油烧热，放入干辣椒、姜片爆香，加入鲜奶、鸡汤煮滚后，放入花蛤用大火煮1分钟，加入盐、白糖、胡椒粉调匀即可。

营养师分析

花蛤的肉味鲜美，营养丰富，其中蛋白质、不饱和脂肪酸的含量高，非常容易被人体消化吸收，对孕妈妈十分合适。花蛤本身极富鲜味，所以在烹煮时千万不要再加鸡精，也不宜多放盐，以免鲜味消失。

栗子炖羊肉

材料：羊里脊100克，栗子(鲜)30克，枸杞子1大匙，姜2片。

调料：料酒1小匙，盐半小匙，鸡精少许。

做法：

1. 将羊肉洗净，切块；栗子去皮洗净。
2. 将锅置于火上，加入适量清水，放入羊肉块、姜片，用大火煮开后，改用小火煮至半熟。
3. 加入栗子、枸杞子，继续用小火煮20分钟，加入料酒、盐、鸡精拌匀即可。

营养师分析

栗子具有养胃健脾、补肾强筋、活血止血等功效；羊肉具有滋养心肺、清热解毒、滋润皮肤的功效。两者搭配不仅可以帮助孕妈妈补肾健脾，提高抗病能力，还可以缓和情绪、缓解疲劳，帮助孕妈妈消除孕期水肿和胃部不适。

猪肝拌黄瓜

材料：猪肝100克，嫩黄瓜1根，海米2大匙，香菜2根。

调料：酱油、盐各1小匙，花椒3粒，醋、鸡精各适量。

做法：

1. 将猪肝洗净后放入锅中煮熟，切成0.3厘米厚的方片备用；海米用开水泡发，清洗干净备用；黄瓜洗净后拍松，切成0.3厘米厚的片备用；香菜洗净切段备用。
2. 将猪肝、黄瓜、海米放入比较大的盆中。
3. 锅内加入油烧热，放入花椒炸出香味后倒入盆内。
4. 撒上香菜，加入剩下的调料，拌均匀即可。

营养师分析

这道菜气味清香，口感清爽，可以帮助孕妈妈增进食欲，还可以为孕妈妈补充铁、维生素等营养物质。此外，猪肝具有补肝、养血、明目的功效，能够有效地帮助孕妈妈预防贫血。

水晶猕猴桃冻

材料：猕猴桃400克，琼脂30克。

调料：白糖50克。

做法：

1. 取300克猕猴桃，去皮切块，放入榨汁机中榨汁。将剩余的猕猴桃去皮，切成小块。
2. 将锅置于火上，加入猕猴桃汁、琼脂、白糖，烧至琼脂溶化，撇去浮沫。
3. 取20只模具，在每个模具中放几块切好的猕猴桃块。
4. 将熬好的猕猴桃汁分别倒入模具，冷却后，倒入盘内即可。

营养师分析

猕猴桃中不仅含有丰富的维生素C，还含有一定量的纤维素和果酸，可以起到促进消化、增加肠道蠕动、促进排便的作用。猕猴桃中的血清促进素具有稳定情绪、镇静心情的作用，对帮助孕妈妈保持良好心情、预防产前抑郁症也有一定的帮助。

芹菜炒鳝鱼

材料：芹菜100克，鳝鱼150克。

调料：高汤100毫升，豆瓣酱15克，大蒜、料酒、酱油各10克，大葱、姜、白糖、醋各5克。

做法：

1. 将鳝鱼切成丝；芹菜斜切丝，焯熟备用；姜、葱、蒜切丝。
2. 炒锅置旺火上放入植物油加热后，放入鳝鱼丝，翻炒至半熟时加入料酒、豆瓣酱、姜丝、葱丝、蒜丝，再翻炒几下。
3. 放入酱油、白糖、高汤，然后改微火煨之，待汁将尽时，加入醋翻炒。
4. 最后放入焯熟的芹菜丝，炒匀后盛在碗里即成。

双耳牡蛎汤

材料：水发木耳、牡蛎各100克，水发银耳50克，葱姜汁4小匙。

调料：高汤2碗，料酒2小匙，盐1小匙，鸡精、醋、胡椒粉各少许。

做法：

1. 将木耳、银耳洗净，撕成小朵。牡蛎放入沸水锅中焯一下捞出。
2. 将锅置于火上，加入高汤烧开，放入木耳、银耳、料酒、葱姜汁、鸡精煮15分钟。
3. 倒入牡蛎，加入盐、醋煮熟，加鸡精、胡椒粉调匀即可

营养师分析

这道菜清淡适口，营养丰富。牡蛎可以帮助孕妈妈提高免疫、促进新陈代谢；银耳、木耳都具有增强人体免疫力、润肠通便的功效，可以帮助孕妈妈增强体质、缓解便秘的症状。

香蕉薯泥

材料：香蕉2根，土豆1个。

调料：蜂蜜1小匙。

做法：

1. 将土豆去皮洗净，放入锅中蒸至熟软，取出压成泥，凉凉备用；香蕉去皮，切成小块，用汤匙捣成泥。
2. 将香蕉泥与土豆泥混合，搅拌均匀，淋上蜂蜜即可。

营养师分析

这道菜中含有丰富的膳食纤维，能帮助孕妈妈预防和治疗便秘，还能够增进食欲。

Part 3
孕期所需明星营养素

营养素按人体需要的多少，可分为常量营养素和微量营养素。前者是指每日需要量在体重的0.01%以上的营养素，如碳水化合物、脂肪、蛋白质、水及钾、钠、钙、镁、氯等。微量营养素指每日需要量为体重的0.01%以下的营养素，如铁、铜、铬、锰以及某些维生素。

省时阅读

● 蛋白质、脂肪、碳水化合物、维生素和矿物质是人体的必需营养素，摄入不足会影响健康。女性怀孕后对这些营养素的需求将加大，一旦摄入不足，受到影响的就不只是孕妈妈一人，还会影响到腹中的胎儿。那么孕妈妈应怎样补充营养素呢？本章将为你提供详细指导。

● 本章选取蛋白质、脂肪、碳水化合物、膳食纤维、钙、铁、锌、碘、硒、叶酸、维生素A、维生素B_{12}、维生素C、维生素E等14种较重要的营养素进行讲解，不仅介绍了其生理功用、缺乏时的危害、孕妈妈每天的需要量，还详细介绍了这些营养素的食物来源、补充窍门及补充食谱。

● 注意，食补强于药补，摄入过量对孕妈妈和胎儿同样有害。

蛋白质——生命的基石

蛋白质是造就人体的原材料，人体的每个组织——大脑、血液、肌肉、骨骼、毛发、皮肤、内脏、神经、内分泌系统等都有蛋白质成分。

缺乏蛋白质对孕妈妈和胎儿的影响

孕妈妈：孕妈妈缺乏蛋白质容易导致流产。蛋白质不足是营养素缺乏性流产的主要原因。

胎儿：蛋白质是胎儿发育的基本原料，对胎儿的脑发育尤为重要。胎儿正处于一生中生长最旺盛的时期，孕妈妈在孕期缺乏蛋白质的话，胎儿就会发育迟缓，体重过轻，甚至影响智力。

孕妈妈对蛋白质的需求量

孕期对蛋白质的需求量增加，以满足母体、胎盘和胎儿生长的需要。随着孕期的不同，孕妈妈对蛋白质的需求量也会有所不同。一般在孕早期（1~3个月）孕妈妈对蛋白质的需求量为75~80克，孕中期（4~6个月）为80~85克，怀孕7个月之后，需求量就更大了，为90~95克。

怎样补充蛋白质

优质蛋白质来源包括鸡蛋、大豆、肉类、鱼、扁豆、豌豆、玉米、西蓝花、甘蓝等。另外，植物蛋白质不饱和脂肪酸的含量较动物蛋白质少。

典型食谱

肉片熘豆腐

材料：猪瘦肉150克，豆腐1块，胡萝卜、黄瓜各半根，葱末、姜末各少许。

调料：盐半小匙，鸡精、水淀粉各适量。

做法：

1. 豆腐切成小块，猪肉切成薄片。
2. 胡萝卜、黄瓜洗净，均切成片。
3. 将豆腐、胡萝卜、黄瓜分别下沸水焯透，捞出沥净水分，小碗中放入盐、鸡精、水淀粉，调成“白芡汁”。
4. 炒锅上火烧热，加适量底油，放入葱末、姜末爆香，放入肉片煸炒至变色，再放入豆腐、胡萝卜片、黄瓜片翻炒，倒入“白芡汁”，熘拌均匀即可。

素烩腰花

材料：小黄瓜2根，干香菇6朵。

调料：生粉、植物油、姜片、葱汁、高汤、香油、鲜味露各适量。

做法：

1. 香菇泡软，洗净后去除蒂梗，从香菇内面斜切十字形；黄瓜斜切成薄片状备用。
2. 将香菇水分略挤干后，沾满生粉，再将其卷在筷子上呈圆筒状，切花的部分须露向外侧。所有香菇卷好备用。
3. 将植物油烧热，倒入卷好的香菇卷炸约3分钟，捞出后将油倒出。
4. 姜片放入锅中爆香后，倒入炸好的香菇卷，加葱汁、高汤及鲜味露，以小火煮至汤汁收干，淋入香油，盛在铺排了黄瓜片的盘上即可。

脂肪——细胞的重要成分

脂肪是身体活动所需热量的最主要来源，就像汽车的开动需要汽油、万物生长需要阳光一样，孕妈妈要想有力气就必须摄取适量的脂肪。孕妈妈身体内部的消化、新陈代谢也都要有热量的支持才能得以完成。脂肪还是构建细胞的重要成分。胎儿大脑的60%由各种必需的脂肪酸组成，在怀孕的最后3个月，胎儿的大脑增重迅速，要达到以前的4～5倍，因此补充足量的脂肪酸就显得尤为重要。

缺乏脂肪对孕妈妈和胎儿的影响

孕妈妈：怀孕过程中平均增加2～4千克脂肪，孕后期还要供给胎儿的脂肪储备，并促进脂溶性维生素的吸收。如果缺乏脂肪，孕妈妈可能发生脂溶性维生素缺乏症。

胎儿：胎儿储备的脂肪占其体重的5%～15%。适量脂肪可提供饱和与不饱和脂肪酸，保证胎儿神经系统的发育和成熟。同时，大脑的发育源于脂肪，缺少脂肪，胎儿的心血管和神经系统的发育就会出问题。

孕妈妈对脂肪的需求量

脂肪可以被人体储存，所以在整个孕期中，孕妈妈只需要按平常的摄取量摄取脂肪即可，大概60克（包括食用油和其他食品中含的脂肪），无须增加。

怎样补充脂肪

孕中、孕后期由脂肪提供的热量占总膳食供给热量的20%～25%。孕期要吃适量的动物、植物性脂肪。含动物脂肪较多的食物有各种动物内脏、肉类、蛋黄及动物油，含植物脂肪较多的有花生油、豆油、茶子油等。但是，摄入过多的脂肪容易导致肥胖，也会导致胎儿发育过大，容易发生妊娠并发症以及难产等。

典型食谱

红烧猪蹄

材料：猪蹄1只，姜4片。

调料：卤包1个，冰糖50克，酱油3大匙，醪糟1杯，盐2小匙。

做法：

1. 猪蹄洗净，放入滚水煮5分钟，捞出待凉。用夹子拔除猪蹄表皮上的余毛，然后剁成大块。

3. 起锅热油，放入猪蹄略炒。

4. 加入姜片、卤包、冰糖等调味料，用旺火煮开，倒入深锅中。

5. 加适量清水，没过猪蹄，用旺火煮沸，改小火煮至猪蹄完全熟烂即可。

炸排骨

材料：排骨500克，鸡蛋2个，面包粉150克，葱末适量。

调料：黄酒、细盐、酱油、白糖、鸡精、香油、水淀粉各适量，植物油1000毫升（实耗100毫升）。

做法：

1. 排骨洗干净，斩成块，用刀面拍松，再用刀背轻轻敲，放入盆中，加黄酒、酱油、细盐、白糖、鸡精、葱末拌和，浸渍5分钟。

2. 鸡蛋打散，加水淀粉拌和调成蛋糊。将浸渍后的排骨放入蛋糊中拖一下，挂上糊后再放进面包粉里，将排骨两面都挂满面包粉。

3. 炒锅置火上，倒入植物油烧至六成热时，投入排骨炸至断生，捞出。

4. 待油温升高至七成热时，再投入排骨回锅复炸，炸至外表发脆、色泽金黄时，捞出，沥油，放在消过毒的砧板上切成条，装盆。配以番茄酱即可食用。

碳水化合物——提供身体能量

人体热量的主要来源是碳水化合物。碳水化合物即糖类物质，因其含有碳、氢、氧三种元素而得名。它提供热量，维持心脏和神经系统正常活动，节约蛋白质，具有保肝解毒的功能。怀孕消耗更多的热量，所以适量摄入优质的碳水化合物对孕妈妈和胎儿更加重要。

缺乏碳水化合物对孕妈妈和胎儿的影响

孕妈妈：孕妈妈需要的热量比较多，如果在孕期缺乏碳水化合物，就缺少热量，孕妈妈会出现消瘦、低血糖、头晕、无力甚至休克症状。

胎儿：葡萄糖是胎儿代谢必需的养分，所以应保持孕妈妈血糖的正常水平，以免胎儿血糖过低，影响生长发育。

孕妈妈对碳水化合物的需求量

一般情况下碳水化合物不容易缺乏，但孕妈妈在孕早期由于早孕反应，容易缺乏，孕中期消耗热量较多，应注意摄入。每天摄入500克左右即可。

怎样补充碳水化合物

碳水化合物的质量由其释放葡萄糖的速度决定。快速释放的碳水化合物在迅速释放出热量以后，往往会出现剧烈的热量下降，不能为人体提供稳定的热量供应，反而会打破热量平衡。所以，吃正确的碳水化合物，才能获得更好的血糖平衡。

快速释放型：糖、蜂蜜、甜食以及大多精加工食物。

缓慢释放型：全谷类、蔬菜、新鲜水果等。

典型食谱

炒饼

材料：烙饼250克，绿豆芽200克。

调料：葱花、姜丝各5克，盐1茶匙。

做法：

1. 将烙饼切成细丝；绿豆芽择洗干净，控净水分备用。

2. 锅中放入适量植物油，烧热后先把饼丝放入煸炒，炒至部分变成黄色时盛出。

3. 炒锅中再放油烧热，放入葱花、姜丝炒出香味后，放入绿豆芽，加盐略炒，把炒好的饼丝放进去，盖上锅盖，稍焖一会儿，把菜和饼丝搅拌均匀即可。

美味香菇肉粥

原料：猪绞肉100克，白米50克，芹菜30克，葱花10克，虾干30克，香菇3朵。

调料：1大匙酱油。

做法：

1. 将虾干、芹菜清洗干净，分别切成细末。

2. 将香菇泡软，去蒂并切成丝，猪绞肉放入碗中，加一半小匙酱油搅拌均匀备用。

3. 将白米清洗干净，放入锅中加2杯半的清水，然后大火煮滚，接着改用小火煮成半熟稀粥。

4. 锅中倒入适量植物油，放入葱花用中火爆香，接着再加入香菇和剩下的酱油快炒，最后加入虾干、绞肉，炒熟并盛起，加入半熟稀粥用中火煮开，然后小火慢煮约15分钟，再加入芹菜末即可食用。

青椒牛肉炒饭

材料：米饭200克，嫩牛肉80克，青椒2个约100克，葱10克。

调料：酱油、料酒各5克，淀粉1小匙，盐、胡椒粉各3克。

做法：

1. 牛肉切丝，拌入料酒、酱油、淀粉略腌一下；青椒去蒂和籽切丝；葱切小段。

2. 热油锅中下入腌好的牛肉丝，快速翻炒几下断生即盛出。

3. 重新烧热油锅，放葱段、青椒丝翻炒几下，然后倒入米饭炒匀，再加牛肉丝、盐、胡椒粉，一起翻炒均匀即可。

膳食纤维——第七大营养素

膳食纤维属于碳水化合物。怀孕期间由于胃酸减少，体力活动减少，胃肠蠕动缓慢，加之胎儿挤压肠道，使肠道肌肉乏力，以及食物过于精细或偏食，食入粗纤维过少等原因，常常出现胀气和便秘，严重时可发生痔疮。而膳食纤维可刺激消化液分泌，加速肠蠕动，促进肠道内代谢废物的排出，缩短食物在消化道通过的时间等作用。粗纤维在肠道内吸收水分，使粪便松软，容易排出，减轻孕期的便秘。

缺乏膳食纤维对孕妈妈的影响

孕妈妈：缺乏膳食纤维的孕妈妈易发生便秘和痔疮。

孕妈妈对膳食纤维的需求量

每天需要20～30克。

怎样补充膳食纤维

膳食纤维分可溶性和不溶性两类。可溶性膳食纤维主要在豆类、水果、紫菜、海带中含量较高；不溶性膳食纤维存在于谷类、豆类的外皮和植物的茎、叶和虾壳中。麸皮中也含有丰富的膳食纤维。不同的纤维种类，在我们体内有不同的功能，所以最好是多种混合摄取才合理。

精制的食物，以及肉类、蛋类、鱼类、乳制品，毫无疑问是缺乏膳食纤维的。所以，孕期孕妈妈在注意高营养的同时，也要注意适当搭配粗粮以及富含纤维的蔬菜，这样才是真正健康的饮食。

典型食谱

莼菜蛋花汤

材料：鸡蛋2个，莼菜500克。

调料：盐、鸡精各适量。

做法：

1. 将莼菜嫩头洗净，放入沸水中焯至绿色捞出，放入碗中，待用。
2. 将鸡蛋打入碗中，用筷子抽打均匀，待用。
3. 锅置火上，加清水烧开，调入盐、鸡精。
4. 用勺搅动汤汁，淋入蛋花，待凝固时，倒入装有莼菜的汤碗内即可。

茭白炒肉丝

材料：肉丝100克，茭白300克，青辣椒2个，葱丝适量。

调料：盐1小匙，淀粉1大匙，鸡精、胡椒粉、高汤各适量。

做法：

1. 茭白削去粗皮后，切成片，待用。
2. 青辣椒切成段，待用。
3. 将鸡精、胡椒粉、高汤、淀粉调成芡汁。
4. 炒锅置中火上，下油烧至五成热，放入茭白片、肉丝煸炒一下。
5. 再加盐炒熟，而后放入辣椒、葱丝炒匀，再烹入芡汁，收汁亮油，颠匀起锅即可。

叶酸——保护胎儿发育

叶酸是一种重要的B族维生素，因其最早从菠菜中分离出来而得名。由于叶酸在膳食中的重要性逐渐被认识，特别是叶酸与出生缺陷、心血管病及肿瘤的研究逐步深入，叶酸已成为极其重要的微量营养素。在绿色的蔬果中含量较多的叶酸对胎儿的生长非常关键，它能保护胎儿免患神经系统发育不良的疾病。因此，孕期孕妈妈补充适量的叶酸是非常必要的。

缺乏叶酸对孕妈妈和胎儿的影响

孕妈妈：叶酸缺乏不仅可使孕妈妈妊娠高血压综合征、胎盘早剥的发生率增高，还可引起孕妈妈巨幼红细胞贫血；胎盘发育不良，胎盘早剥，造成自发性流产。

胎儿：缺乏叶酸除可导致胎儿神经管畸形外，还可导致胎儿宫内发育迟缓、早产、低出生体重。这样的胎儿出生后的生长发育，包括智力发育，都将受到影响，并且比一般宝宝更易患大细胞性贫血。

孕妈妈对叶酸的需求量

孕妈妈对叶酸的需求量为平均每日0.4毫克。

目前专用于孕妈妈服用的叶酸制剂有：斯利安片，孕妈妈可每天食用一片（每片含叶酸0.4毫克）。生过患神经管缺陷宝宝的孕妈妈，她的其他宝宝患上同样疾病的风险会更高。对这些女性，以及那些正在接受药物治疗的女性，医生会开出更高剂量的叶酸，医生还会要求她们，如果可能的话，从怀孕前3个月就开始服用，并在孕期头3个月都要坚持服用。

怎样补充叶酸

叶酸广泛存在于各种动植物食品中。富含叶酸的食物为动物肝、肾、鸡蛋、豆类、酵母、绿叶蔬菜、水果及坚果类。由于叶酸是水溶性的维生素，对热、光线均不稳定，食物中的叶酸烹调加工后损失率可达50%～90%，所以一般从饮食中获得足够的叶酸非常困难。

典型食谱

芝麻拌菠菜

材料：菠菜100克，鸡汤10毫升，白芝麻10克。

调料：酱油、盐各适量。

做法：

1. 菠菜放入淡盐水中焯水，捞出过凉水后沥干，切段备用。
2. 将菠菜切成长段，拌入鸡汤和酱油，撒上白芝麻，拌匀即可。

凉拌芹菜叶

材料：芹菜嫩叶200克，酱香豆腐干40克。

调料：盐、白糖、香油、酱油各适量。

做法：

1. 将芹菜叶洗净，放开水锅中烫一下，捞出摊开放凉，切成段。
2. 酱香豆腐干放开水锅中烫一下，捞出切成小丁。
3. 将芹菜叶和豆腐干丁放入大碗中，加入盐、白糖、酱油、香油拌匀即可。

夹沙香蕉

原料：香蕉2根，豆沙50克。

调料：面粉，干淀粉各适量，发酵粉少许。

做法：

1. 将香蕉去皮，每根香蕉切成三段，把每段对半切成两半，在每一半的中间挖出凹槽，酿入豆沙，然后两半合成一段裹上干淀粉备用。
2. 将面粉放在容器中，加入适量清水调匀，再放入适量食用油和发酵粉搅匀，制成细滑的发粉糊。
3. 锅置火上，放油烧热，把裹好淀粉的香蕉段蘸匀发粉糊，逐段放入热油中炸至金黄色，捞出沥油，装盘即可。

钙——骨骼的重要元素

钙是构成人体骨骼和牙齿硬组织的主要元素，缺钙能造成牙釉质发育异常，抗龋能力降低，硬组织结构疏松，如果孕妈妈感觉牙齿松动，可能是缺钙了。

小腿抽筋一般在怀孕5个月时就可出现，往往在夜间容易发生。但是，有些孕妈妈虽然体内缺钙，却没有表现为小腿抽筋，容易忽视补钙。

缺乏钙对孕妈妈和胎儿的影响

孕妈妈：可能引起相关疾病，并发妊高征。如果孕妈妈严重缺钙，可致骨质软化、骨盆畸形而诱发难产。

胎儿：宝宝容易发生骨骼病变、生长迟缓、佝偻病以及宝宝脊髓炎等。

孕妈妈对钙的需求量

孕期不但要补钙，而且要合理、足量地补。孕妈妈每天最好能摄入1000～1200毫克的钙，尤其是孕中、晚期的孕妈妈，每天摄入1200毫克钙比较合适。因为，在摄入的这些钙中，有400～500毫克都是要给胎儿的。

怎样补充钙

现在市面上有很多钙片，孕期不妨适当地补充一些，200毫克／片的钙片一天可以吃2～3片。但是，在这个过程中除了补充钙剂以外，在饮食上也要摄入含钙高的食品。比如说乳制品，最好每天能摄入250～500毫升的牛奶。另外，像虾皮、蔬菜、鸡蛋、豆制品、紫菜等都含有丰富的钙，还有动物的骨头，可以多喝点鱼汤、排骨汤。

补钙的同时也要注意不要补过量，通常补到36周就可以了，以避免胎儿头颅发育太硬，造成自然分娩时的困难。

典型食谱

韭菜炒虾皮

原料：韭菜300克，虾皮20克。

调料：酱油、盐各少许。

做法：

1. 将韭菜择去黄叶和老根洗净，切成4～5厘米长的段；虾皮洗净备用。
2. 锅内加入植物油烧热，先放入虾皮煸炒几下，随即倒入韭菜快速翻炒。
3. 至韭菜色转深绿时加入酱油、盐，翻炒均匀即可。

鲫鱼牛奶汤

原料：鲫鱼1条，牛奶200毫升。

调料：葱1根，姜2片，盐适量，

做法：

1. 鲫鱼剖洗干净；葱洗净，切成末；姜洗净。
2. 锅置火上，放油烧热，放入鲫鱼，煎至两面微黄，捞出控净油。
3. 汤锅内放入适量清水，烧开，放入煎好的鲫鱼，大火烧沸，转小火，加入姜片。
4. 煮至汤味浓香，倒入牛奶，略煮，撒上葱花，加入盐即可。

山药炖红豆

原料：红豆100克，新鲜山药200克。

调料：糖适量。

做法：

1. 红豆洗净，用清水浸泡一晚，沥干待用。
2. 山药去皮，洗净后切块，下锅前先浸泡于清水中。
3. 红豆倒入汤锅内，加适量水，先用大火煮开，再转小火煮约40分钟，然后放进山药块。
4. 继续煮15～20分钟，加糖调味，熄火后焖约10分钟即可盛出食用。

铁——运输血液中的氧气

铁是构成血红蛋白和肌红蛋白的原料，参与氧的运输，在红细胞生长发育过程中构成细胞色素和含铁酶，参与热量代谢。缺铁易造成孕妈妈缺铁性贫血。贫血或铁不足会直接影响到胎儿的生长发育。孕早期铁的缺乏与早产和低出生体重有密切关系。孕妈妈体内铁的储备不仅为自己所用，还供给胎儿所用，为其出生后做准备。

缺乏铁对孕妈妈和胎儿的影响

孕妈妈：孕妈妈膳食中的铁摄入量不足可造成缺铁性贫血，还可能导致早产。

胎儿：孕妈妈摄入的铁不足，会直接影响到胎儿的生长和发育。

孕妈妈对铁的需求量

一个体重55千克的成年女性，每天应摄入铁20毫克，在孕4～6个月时，平均每天应摄入25毫克；孕7～9个月时，每天应摄入35毫克；产前及哺乳期，每天应摄入25毫克。

怎样补充铁

动物肝脏、各种瘦肉、蛋黄、全血、肾脏、鱼类均含铁量较高，但目前食物污染很严重，动物肝脏不宜过量吃。一部分蔬菜含铁较高但吸收较差。也可以适当选用一些补铁剂。

典型食谱

黄豆焖牛肉

材料：牛肉300克，黄豆150克，姜、葱各适量。

调料：盐、鸡精、白糖、番茄汁、胡椒粉、料酒、水淀粉、香油各适量。

做法：

1. 黄豆用清水浸透。
2. 牛肉切片，用盐、鸡精、白糖、番茄汁腌制好。姜切末，葱切花。
3. 黄豆放沙锅内，加清水，煲至软烂。
4. 锅置火上，加油烧热，放入姜末爆香后，放牛肉、料酒，加黄豆和沙锅中的黄豆汤，再加盐、鸡精、白糖、番茄汁、胡椒粉，将牛肉焖至刚熟，用水淀粉勾芡，淋香油，撒葱花即可。

汆鳗鱼丸

材料：海鳗肉200克，虾仁50克，猪腿肉15克，香菜末适量。

调料：高汤500毫升，胡椒粉、香油、料酒、干淀粉、鸡精、姜汁、盐各适量。

做法：

1. 海鳗肉剁成泥，加清水、盐、料酒、姜汁、鸡精搅至鳗肉涨发起劲，加干淀粉搅匀。
2. 猪腿肉和虾仁混合在一起，剁成细末，加少许盐、料酒拌成馅。
3. 锅内放清水，小火烧开，熄火。将海鳗肉泥挤成一只只小丸子，酿入虾仁猪肉馅料，做成鱼丸，随捏随入锅，全部做完后，开火煮熟，捞出。
4. 另用净锅加鲜汤烧沸，将煮熟的鱼丸放入，加盐、料酒、胡椒粉，烧沸后连汤盛入碗内，撒上香菜末，淋上香油即可。

锌——促进生长发育

锌能促进生长发育和组织再生，与蛋白质合成，细胞生长、分裂和分化过程都有关系，如果缺锌，人体内的蛋白质和核酸均受阻，影响身体生长发育。锌可以促进性器官和性功能的正常发育。锌还可以促进机体免疫功能及味觉发育。所以，锌也是孕妈妈不能缺乏的营养素。

缺乏锌对孕妈妈和胎儿的影响

孕妈妈：缺锌时，会使孕妈妈自身的免疫力降低，容易生病，而且会造成孕妈妈味觉和嗅觉异常，食欲减退，消化和吸收不良。

胎儿：当锌缺乏时会影响到胎儿的生长，使心脏、脑、胰腺、甲状腺等重要器官发育不良。

孕妈妈对锌的需求量

锌的推荐供给量为每天15～20毫克。

怎样补充锌

孕妈妈的饮食中应有海产品、红色肉类（猪肉、牛肉、羊肉）、动物内脏，这些都是锌的很好来源。另外，干果类、谷类也含有很多的锌。

典型食谱

咸菜肉丝粥

材料：猪肉（瘦）50克，米饭（蒸）500克，青豆、竹笋各50克，腌芥菜头150克。

调料：白糖5克，酱油12毫升，盐2克。

做法：

1. 将腌芥菜头用清水洗干净，切成细丝。
2. 把猪肉和竹笋也清洗干净，切成细丝。
3. 在锅内倒入油加热，加少许盐，把青豆煸炒后取出。
4. 把腌芥菜头丝、肉丝和竹笋丝加入锅内快炒一番，再加入砂糖和酱油。
5. 最后下一些青豆，炒匀后，取出备用。
6. 在锅内倒入汤，下米饭，用勺子把饭粒打散，再把上述备用料放入，用旺火煮沸即可。

清烹牡蛎

原料：牡蛎10只。

调料：海鲜酱油、老抽、盐、胡椒粉均适量。

做法：

1. 首先将牡蛎放入清水中，使其吐完泥沙，取出后将其外壳表面清洗干净。
2. 接着用刀敲开牡蛎壳，将牡蛎肉取出来，牡蛎壳清洗干净，留着备用。
3. 用海鲜酱油、盐、老抽、胡椒粉调好的味汁。
4. 将牡蛎肉中的沙袋取下后清洗干净，控干水分后放在调好的味汁中腌制15分钟。
5. 将腌制好的牡蛎肉放入清洗干净的蚝壳内，上锅隔水蒸10分钟，蒸至熟透即可食用。

碘——调节新陈代谢

碘是人体必需的微量元素之一，是合成甲状腺素的主要原料。甲状腺素通过影响人体内蛋白质的生物合成来调节机体生理代谢，从而促进机体生长发育。每个人一生中都必须摄取少量碘才能满足正常生理需要。而怀孕后新陈代谢加快，自身碘需求量增加，同时还需供碘给腹中的胎儿，满足胎儿生长发育时碘的需求。所以，孕妈妈怀孕期间对碘的需求量会更多。

缺乏碘对孕妈妈和胎儿的影响

孕妈妈：可以导致流产、死亡，子代的先天畸形、甲状腺肿、克汀病、脑功能减退，以及胎儿和孕妈妈的甲状腺功能减退等。

胎儿：孕妈妈缺碘会使胎儿的甲状腺激素不足，将严重影响胎儿中枢神经系统发育，结果可能会导致胎儿出生后智力低下、听力障碍、体格矮小等。

孕妈妈对碘的需求量

孕妈妈对碘的每日推荐供给量为200微克。

怎样补充碘

怀孕最初3个月补碘是纠正因缺碘而造成不良后果的有效方法。补碘的途径有食补和药补两种。食补是最好的补充途径。含碘量最丰富的食品为海产品，如海带、紫菜、淡菜、海参、干贝、龙虾、海鱼等。食用时应注意烹调方式，避免碘缺失，而碘盐的摄入是补碘的又一重要途径。

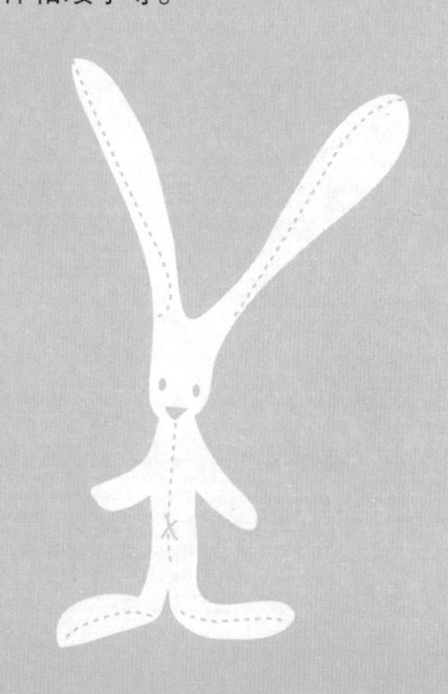

典型食谱

粉丝白菜氽丸子

材料：肉末200克，大白菜150克，粉丝1小把，虾皮1大匙，葱1根。

调料：高汤1碗，料酒1匙，盐1小匙，姜末半小匙，淀粉半小匙，香油少许。

做法：

1. 将虾皮洗净切碎；肉末再剁细，加入料酒、姜末、盐、淀粉、虾米，调成馅料，用手挤成丸子备用。
2. 将大白菜洗净、切丝；粉丝泡软切成两段；葱洗净切丝。
3. 起锅热油，待油七成热时，下白菜，将其炒软，加入高汤旺火煮开。
4. 放入肉丸，改小火煮至肉丸浮起，加入粉丝并加盐调味后熄火，撒葱丝、淋香油即可。

炝锅肉丝面

材料：切面500克，瘦猪肉、大葱各100克，海带50克，鸡蛋2个。

调料：盐、胡椒粉、鸡精、水淀粉各适量，鲜汤1500毫升。

做法：

1. 猪瘦肉切成细丝，加入盐、水淀粉、鸡蛋清搅拌均匀；大葱切成3厘米长段；海带煮熟，切成3厘米长的细丝。
2. 炒锅置火上，放入油烧至七成热，下入肉丝炒熟备用。
3. 坐锅点火烧水，水开后下切面，再开后将面捞起。
4. 另将砂锅置火上，加入鲜汤，烧沸后将切面放入，同时放入海带丝、盐、胡椒粉，直至面条煮熟。
5. 备4个大碗，将煮好的面条分别捞入碗中。锅中留汤，将葱段放入汤中略烫，调入鸡精，汤分别浇入碗中，上面再盖上肉丝即可。

硒——促进酶功能

硒是一种微量矿物质，对人体的酶功能有着至关重要的作用。有学者在研究硒与孕期、哺乳期妇女及胎儿的关系时发现，硒可降低孕妈妈血压，消除水肿，改善血管症状，预防和治疗妊娠高血压综合征，抑制妇科肿瘤的恶变。研究表明，孕妈妈的血硒含量随孕期逐渐降低。分娩时降至最低点，有流产、早产、死胎等妊娠病史的孕妈妈血硒含量又明显低于无此病史者。因此，孕妈妈孕期每日补充适量的硒，对胎儿及自身的健康是十分有益的。

缺乏硒对孕妈妈和胎儿的影响

孕妈妈：可引发克山病，诱发肝坏死和心血管疾病，还容易发生早产。

胎儿：严重缺乏时可导致胎儿畸形。

孕妈妈对硒的需求量

由于人体对硒的需求量并不是非常多，所以孕妈妈每天只需补充大约50微克的硒即可。

怎样补充硒

含硒丰富的食物有芝麻、动物内脏、大蒜、蘑菇、鲜贝、海参、鱿鱼、龙虾、猪肉、羊肉、金针菜、酵母等。还有一些在谷物中，小麦、玉米和大麦含有硒化合物。蔬菜中，大蒜、洋葱、西蓝花、甘蓝和野韭、葱等属于可富集硒的植物，孕妈妈只要在每日饮食中适当摄入上述食物，即可满足人体对硒元素的需求。

典型食谱

五香酱牛肉

材料：牛腿肉500克，鲜姜1块，大葱半根。

调料：酱油2大匙，料酒1大匙，盐1小匙，卤包1个。

做法：

1. 将牛腿肉洗净，切成约50克重的大块，放入沸水锅内煮去血沫，捞出用凉水洗净备用。
2. 把鲜姜洗净拍松，大葱洗净切成长段。
3. 在锅内加适量清水，烧开后放进酱油、盐、鲜姜、大葱、料酒、卤包和牛腿肉，烧开去净浮沫，改小火慢煮至牛腿肉熟透，捞出晾凉。
4. 将牛腿肉改切成薄片，放进盘子里浇上煮牛肉的原汤即可。

山药鱿鱼汤

材料：鱿鱼板250克，山药100克，青菜（任选）20克，鸡蛋、面粉各适量。

调料：高汤1000毫升，柠檬汁1小匙，鱼露1大匙，花生油、料酒、淡酱油、盐、鸡精各适量。

做法：

1. 把鱿鱼板洗净切长条，放入热水中焯烫1分钟，捞出。
2. 将山药去皮切块，放入清水中浸泡；青菜洗净切条。
3. 把蛋液加面粉搅匀，将青菜挂糊入七成热油中炸熟。
4. 在汤锅中倒入高汤，加入山药、柠檬汁、鱼露、料酒、酱油煮至山药熟烂，下入鱿鱼条烫熟，调入盐、鸡精，盛入汤碗中，放入炸青菜即可。

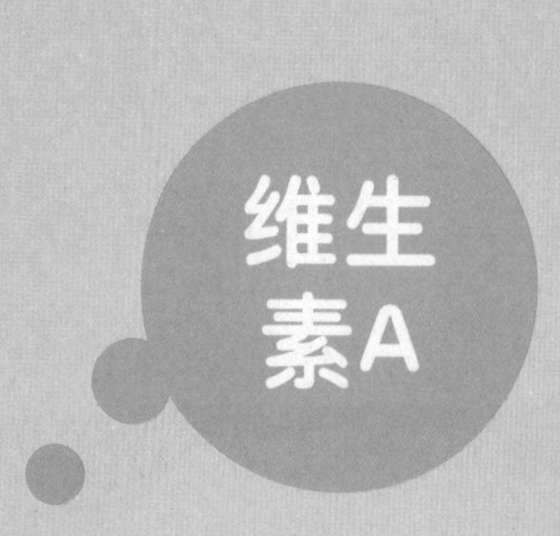

维生素A——维护细胞功能

维生素A有维护皮肤细胞功能的作用，可使皮肤柔软细嫩，有防皱、去皱功效。维生素A主要作用是保持皮肤、骨骼、牙齿、毛发健康生长，还能促进视力和生殖功能良好发展。

缺乏维生素A对孕妈妈和胎儿的影响

孕妈妈：孕妈妈在孕期内胎儿机体生长和发育以及母体各组织的增加和物质储备均需大量维生素A。对于孕妈妈来说，对维生素A的需要量较怀孕前增加了近25%，孕早期母血中维生素A的浓度下降，晚期上升，临产时降低，产后又重新上升，所以适当补充维生素A对于准孕妈妈来说是必要的。

胎儿：维生素A是胎儿正常发育的要素。骨骼发育也离不开维生素A。孕期如缺乏维生素A，可引起流产、胚胎发育不全或胎儿生长迟缓；严重维生素A缺乏时，还可引起多器官畸形。但是孕妈妈不可大剂量摄取维生素A，长期摄入过量可引起维生素A过多症或中毒，并且对胎儿也有致畸作用。

孕妈妈对维生素A的需求量

鉴于大量维生素A会给孕妈妈及胎儿造成毒性作用，一般认为，孕妈妈的维生素A每日推荐摄入量，孕初期为800微克，孕中期和孕晚期为900微克，孕期最高摄入量每日不宜超过1000微克。

怎样补充维生素A

维生素A最好的食物来源是各种动物肝脏、鱼肝油、鱼卵、全奶、奶油、禽蛋等。植物性食物中存在的胡萝卜素在体内也能转化成为维生素A。胡萝卜素的良好来源是黄绿色蔬菜，如胡萝卜、菠菜、苜蓿、豌豆苗、红薯、辣椒、苋菜，以及水果中的杧果和柿子等。

典型食谱

胡萝卜猪肝汤

材料：胡萝卜200克，猪肝150克。

调料：姜、葱各5克，盐3克。

做法：

1. 胡萝卜洗净，切片；猪肝去筋膜，洗净，切片。
2. 葱切成葱花，姜切片备用。
3. 锅中放油烧热，放入姜片、葱花爆香，再放猪肝片、胡萝卜片翻炒均匀，放入适量水炖20分钟，加盐即可。

炝虾子菠菜

材料：菠菜300克，水发虾子5克。

调料：花生油10毫升，香油3毫升，盐4克，花椒少许。

做法：

1. 将菠菜择洗干净，切成6厘米长的段。
2. 炒锅上火，放入花生油使其烧至七成热，下花椒炸香后捞出，再把发好的虾子放入油锅中焯一下备用。
3. 将菠菜段放入沸水锅内略焯，把菠菜放入凉开水后捞出，挤干水分，放入盘内，加入盐、香油和炸好的虾子花椒油，拌匀即可。

维生素B_{12}——人体造血的原料

维生素B_{12}是人体三大造血原料之一。它是唯一含有金属元素钴的维生素，故又称为钴胺素。维生素B_{12}与四氢叶酸（另一种造血原料）的作用是相互联系的。维生素B_{12}除了对血细胞的生成及中枢神经系统的完整起很大的作用之外，还有消除疲劳、恐惧、气馁等不良情绪的作用，更可以防治口腔炎等疾患。

缺乏维生素B_{12}对孕妈妈和胎儿的影响

如果孕妈妈身体内缺乏维生素B_{12}，就会降低四氢叶酸的利用率，从而导致妊娠巨幼红细胞性贫血。这种病可以引起胎儿最严重的缺陷。维生素B_{12}缺乏早期可引起神经性损害并产生认知功能障碍，这种症状通常发生在贫血之前；维生素B_{12}缺乏与叶酸一样可引起高同型半胱氨酸血症，高同型半胱氨酸血症不仅是心血管疾病的重要危险因素，并可对脑细胞产生毒性作用而造成神经系统的损害。

孕妈妈对维生素B_{12}的需求量

孕妈妈膳食中维生素B_{12}的适宜摄入量为每日3微克。

怎样补充维生素B_{12}

膳食中的维生素B_{12}来源于动物性食品，主要食物来源为肉类和肉制品、动物内脏、鱼、禽、贝壳类以及蛋类，乳及乳制品中也含有少量，发酵食品中只含有少量维生素B_{12}。植物性食品中基本不含维生素B_{12}。

典型食谱

茄汁牛肉面

材料：牛肋肉500克，拉面150克，番茄3个，豌豆适量，姜片、葱段各少许。

调料：酱油、黄酒各1大匙，番茄酱3大匙，盐1/2小匙，香油少许。

做法：

1. 牛肋肉整块下沸水锅中焯烫，除净血污，捞出洗净。
2. 牛肉下锅，再加清水3600毫升，放入黄酒、姜片，煮20分钟，然后改刀切小块。
3. 番茄切6瓣。
4. 油锅置火上烧热，放入牛肉块、葱、姜翻炒爆香，再加入酱油、黄酒、盐炒匀，倒入煮牛肉剩余的汤汁，见汤沸，转小火炖30分钟，下入番茄再炖20分钟至熟烂入味，见汤汁浓稠时，撒上豌豆，淋香油。
5. 汤锅上火，加1/2清水，烧沸后下入拉面，煮8分钟至熟，捞出装盘，再将茄汁牛肉浇在拉面上即可。

西芹炖牛肉

材料：牛肉400克，西芹150克，大葱10克，姜5克，大料2瓣。

调料：白糖、水淀粉各1汤匙，料酒、酱油各2汤匙，盐、香油、味精各1茶匙。

做法：

1. 将牛肉放入沸水锅中烧沸，改用小火炖至牛肉酥烂，捞出晾凉后切块；西芹洗净切段；葱切段，姜切末。
2. 炒锅放入油烧热，下入葱段、姜末和大料煸炒出香味；把牛肉块推入锅中，加酱油、白糖、料酒和牛肉汤，盖盖烧沸，小火炖15分钟至入味。
3. 另起锅放入油烧热，将西芹段爆香，随即把牛肉条滑入锅中，撒入味精，淋上香油，用水淀粉勾芡，盖上锅盖烧沸即可。

维生素C——提高人体免疫力

维生素C也称为抗坏血酸。人体自身不能合成维生素C，必须从膳食中获取。膳食中缺乏维生素C会导致坏血病。

缺乏维生素C对孕妈妈和胎儿的影响

孕妈妈：维生素C缺乏时影响胶原的合成，使创伤愈合延缓，毛细血管壁脆弱，引起不同程度的出血；维生素C对胎儿的骨骼和牙齿发育、造血系统的健全和机体抵抗力的增强都有促进作用。如果孕妈妈体内严重缺乏维生素C，可使孕妈妈患坏血病，还可引起胎膜早破和增高胎儿的死亡率，引起低出生体重儿增多、早产率增高。

胎儿：维生素C在胎儿脑发育期起到提高脑功能敏锐性的作用。人脑是人体含维生素C最多的地方，孕妈妈摄取充足的维生素C，可以提高胎儿的智力。

孕妈妈对维生素C的需求量

孕妈妈膳食维生素C的推荐摄入量，孕早期每日为80毫克，孕中期和孕晚期均为100毫克。

怎样补充维生素C

维生素C的主要来源是新鲜的蔬菜和水果，如绿色和红、黄色的辣椒、菠菜、番茄、韭菜、柑橘、红果、草莓等。维生素C是水溶性物质，并且易氧化破坏，过热、遇碱性、长时间暴露在空气中也会破坏维生素C，一般蔬菜烹调可以损失30%～50%，因此孕妈妈除每日摄入足量的维生素C（100毫克）以外，还要注意合理地烹调，以防造成维生素C的缺乏。

典型食谱

猕猴桃西米露

材料：新鲜猕猴桃200克，西米150克。

调料：冰糖适量。

做法：

1. 西米用清水浸泡发好；猕猴桃洗净去皮，切成小丁。
2. 锅中加入适量的清水，烧开后放入猕猴桃、西米，用大火煮沸后，再转至小火稍煮，最后加入冰糖，煮化即可。

醋熘青椒

材料：青辣椒250克。

调料：植物油50克，香油10克，醋35克，盐4克，鸡精1克。

做法：

1. 青椒洗净，去蒂、去籽。
2. 炒锅置中火上，将青椒倒入锅内，干煸至起皱时，下菜油、盐炒转；然后放醋簸转起锅入盘，放上鸡精、麻油上桌食用。

西红柿疙瘩汤

材料：面粉100克，西红柿1个约200克，鸡蛋2个约120克。

调料：葱花、盐、味精、香油各少许。

做法：

1. 西红柿洗净，切小块；鸡蛋打到碗里，放少许盐，搅拌成鸡蛋液备用。
2. 把炒锅烧热，放少许植物油，用葱花炝锅，加入西红柿块翻炒几下，加适量清水，烧开。
3. 面粉放在大碗里，水龙头的水开到最小，边加水边顺着一个方向搅拌，把面粉拌成小疙瘩，拨入锅中，然后把鸡蛋液徐徐倒入锅中，搅拌均匀，烧开，加入盐、味精，见疙瘩熟，调好口味，淋上香油即可。

维生素E——保胎安胎防流产

维生素E是一种很强的抗氧化剂，对延缓衰老、预防癌症及心脑血管疾病非常有益，它还是重要的血管扩张剂和抗凝血剂，可以改善血液循环、修复组织，也能促进正常的凝血，可以减少伤口的疤痕，降低血压。维生素E对眼睛有着很好的保护作用，另外，对改善运动功能及腿部痉挛也有效，还可全面提高人体免疫力。

缺乏维生素E对孕妈妈和胎儿的影响

维生素E对维护生殖系统非常重要，它对孕妈妈的主要作用就是保胎、安胎、预防流产。母体缺少维生素E是造成流产及早产的重要原因之一，还可能使胎儿出生后发生黄疸。孕期缺乏维生素E会使孕妈妈生殖系统受到损害，生殖上皮发生不可逆转的变化。

维生素E在血液制造过程中担任辅酶的功能，若缺乏会使孕妈妈造血作业停滞，导致贫血，这也是宝宝贫血的主要原因之一。还会使孕妈妈皮肤老化粗糙，脸色无光，以致精神不佳，还可能引发眼睛疾患、肺栓塞、脑卒中、心脏病等。

若孕妈妈过量摄入维生素E，会抑制生长，损害凝血功能和甲状腺功能，还可使肝脏的脂肪蓄积。

孕妈妈对维生素E的需求量

孕妈妈膳食维生素E的适宜摄入量为每日14毫克。

怎样补充维生素E

维生素E的主要食物来源于全麦、坚果类、糙米、核桃、花生、玉米粉、花生酱、面包、大豆。

典型食谱

黄豆糙米卷

原料：黄豆20克，糙米40克，白米40克，海苔片1片，胡萝卜10克，小黄瓜10克，素肉松30克。

做法：

1.胡萝卜、小黄瓜切成条状，烫熟后备用。

2.竹帘上先铺上保鲜膜，再依序排入素肉松、黄豆糙米饭、素肉松、海苔片、胡萝卜条及小黄瓜条，卷成圆桶状，切段即成。

干贝玉米羹

原料：干贝20个，鲜玉米粒150克，鸡蛋1个。

调料：玉米淀粉、黄酒、盐、鸡精各适量。

做法：

1.干贝放水泡软后上笼蒸2小时，取出用手捏碎。

2.将鸡蛋打散，玉米洗净备用。

3.锅内放适量水，加干贝、玉米烧开锅后，加盐、鸡精、黄酒，勾芡，将鸡蛋淋入锅内即可。

核桃紫米粥

原料：紫糯米80克，核桃100克，葡萄干50粒。

调料：冰糖、蜂蜜各适量。

做法：

1.紫糯米洗净，用清水浸泡3小时；核桃去壳，把核桃肉碾碎，去掉碎皮；葡萄干洗净。

2.锅置火上，加水与紫糯米以大火煮开，改小火熬煮至黏稠，加入葡萄干、冰糖续煮15分钟。

3.把熬好的粥晾一晾，撒入核桃肉碎，滴入蜂蜜拌匀即可。

Part 4

专家推荐的孕期食材及食谱

科学补充孕期营养离不开食材的巧妙选用，尤其在食材极大丰富的今天，挑选适合自己需要的，并把其精华部分最大限度地发挥出来，那是需通过学习和实践，下一番苦工夫才能把握的。选好材，用好材，孕妈妈孕期饮食将事半功倍！

省时阅读

● 不同食材所含的营养成分是不一样的，含量多少也有差异，而且有些营养素性质不稳定，如果烹调不当其营养素就会流失或破坏。如何选择最助益孕期的食材，怎样烹调才能发挥其最高功效呢，这将是本章要介绍的重点内容。

● 本章为你推荐了25种最具代表性、最适合孕期营养需求的食物，包括蔬菜（芦笋、莴笋、菠菜、冬瓜、茼蒿、土豆、香菇）、水果（猕猴桃、橙子、香蕉、苹果、大枣）、肉类（虾、鱼肉、鸡肉、鸭肉、牛肉、猪肝、猪腰）、五谷杂粮类（玉米、小米），还有海带、豆腐、坚果、猪血，为孕妈妈分析其营养成分及对孕期的功效，详细解说烹调时需注意的事项，并为孕妈妈提供了相关食谱。

芦笋

营养档案

芦笋原产自欧洲，因为状如春笋而得名。芦笋的可食部位是它的幼嫩茎。出土前采收的白色嫩茎被称为白芦笋；出土后采收的绿色嫩茎被称为绿芦笋。白芦笋多用来做芦笋罐头，而我们日常食用的主要是绿芦笋。

芦笋的营养价值非常高，每100克鲜芦笋中含有4.9克碳水化合物、1.4克蛋白质、213毫克钾、42毫克磷、10毫克钙、10毫克镁、3.1毫克钠、1.4毫克铁，还含有丰富的维生素A、维生素B_1、维生素B_2、维生素B_6、维生素C、叶酸等。

推荐给孕妈妈的理由

● 芦笋中含有丰富的叶酸，大约五根芦笋就含有100多微克，已达到每日叶酸需求量的1/4。所以多吃芦笋能起到补充叶酸的功效，是孕妈妈在孕期补充叶酸的重要食材。

● 芦笋味甘、性寒，归肺、胃经，有清热解毒的功效。孕妈妈在炎热夏季食用芦笋，可以消暑止渴，达到清凉降火的作用。孕早期容易疲劳的时候，吃芦笋也可以适当缓解哦。

● 由于芦笋具有生津利水的功效，所以到孕中晚期孕妈妈发生妊娠水肿时，也可以吃些芦笋以利消肿。

● 常食用芦笋对心血管病、血管硬化、肾炎、胆结石、肝功能障碍和肥胖均有预防作用。孕期血压偏高的孕妈妈，可以适当吃些芦笋。

烹调窍门

● 新鲜芦笋的鲜度很快就降低，使组织变硬且失去大量营养素，应该趁鲜食用，不宜久藏。不能立即食用的芦笋，可以用报纸卷包，置于冰箱冷藏室，可保鲜两三天。

● 芦笋的重要成分，都存在尖端幼芽处，所以在炒煮时应注意保存尖端。

● 焯烫容易造成芦笋中维生素C的流失，所以以炒食为宜。即使是做色拉，也最好烫过后，淋上色拉酱，酱料中的油脂有助于维生素A的吸收。若用芦笋来补充叶酸，则应避免高温烹煮，最佳的食用方法是用微波炉小功率热熟。

特色食谱

芦笋炒肉丝

材料：瘦肉200克，芦笋300克，蒜末半大匙。

调料：盐、料酒、酱油、淀粉各1大匙。

做法：

1. 芦笋削去粗皮洗净，沸水锅中加少许盐，放入芦笋焯烫稍软捞出，用清水冲凉，再切小段。
2. 瘦肉切丝，倒入半大匙料酒、酱油和水淀粉腌制15分钟。
3. 锅内加入油烧热，将肉丝过油后捞出备用。
4. 锅内留少许底油，倒入蒜末爆香，再放入芦笋翻炒片刻，加入肉丝，放入剩下的调料，加少许清水炒匀即可。

营养师分析

猪肉可以提供血红素（有机铁）和促进铁吸收的半胱氨酸，具有补肾养血、滋阴润燥的功效。芦笋与猪肉搭配，既可以帮助有效地预防贫血，还能够为孕妈妈补充身体所需的蛋白质、维生素和各种微量元素。

芦笋番茄

材料：番茄2个，芦笋6根，葱末1小匙，姜1片。

调料：盐2小匙，鸡精、香油各少许。

做法：

1. 将番茄切片；芦笋削去粗皮洗净，放入沸水锅中焯烫5分钟后捞出，切成小段。
2. 锅中加入油烧热，放入葱末和姜片爆香，然后放入芦笋翻炒3分钟。
3. 倒入番茄迅速翻炒至八成熟时，加盐、鸡精、香油，翻炒均匀即可。

营养师分析

番茄中的维生素含量非常丰富，同时具有生津止渴、健胃消食、清热解毒的功效；芦笋中含有丰富的叶酸，能够促进胎儿的神经系统的发育。搭配食用，既可预防胎儿神经管畸形，又可帮助孕妈妈防治便秘。

蒜香芦笋炒虾仁

材料：虾仁300克，芦笋100克，蒜末1大匙，鸡蛋1个。

调料：料酒1大匙，淀粉2小匙，盐1小匙，胡椒粉少许。

做法：

1. 鸡蛋打碎，取蛋清。虾仁洗净，拌入蛋清、半小匙盐和1小匙淀粉略腌制；芦笋削去粗皮洗净，在沸水锅中焯烫片刻捞出，用清水冲凉，切成小段。

2. 锅内加入油烧热，倒入虾仁过油捞出。

3. 锅内留少许底油烧热，倒入蒜末爆香，放入芦笋翻炒片刻，接着放入虾仁和剩下的调料炒匀即可。

营养师分析

虾肉中含有丰富的镁，能很好地保护心血管系统，减少血液中胆固醇含量，有利于预防高血压；常食芦笋对心血管病、血管硬化、肝功能障碍和肥胖均有功效。两者搭配食用，对于妊娠高血压综合征有很好的预防作用。

鸡汤鲜炒芦笋

材料：芦笋300克，百合5克，枸杞20粒，姜1片。

调料：鸡汤半碗，水淀粉2大匙，盐半小匙。

做法：

1. 用清水将枸杞浸泡软后洗净备用；姜洗净切丝备用。

2. 芦笋削去粗皮洗净，切段。

3. 锅内加油烧热，放入姜丝爆香，再放入芦笋煸炒1分钟，倒入百合，马上调入盐翻炒几下倒出装盘。

4. 将锅置于火上，倒入鸡汤、枸杞，大火煮开后，调成小火，用水淀粉勾芡。最后将芡汁淋到芦笋百合上即可。

营养师分析

常食芦笋可以帮助孕妈妈增进食欲，缓解疲劳，对孕妈妈的生理性水肿也有很好的疗效。

莴笋

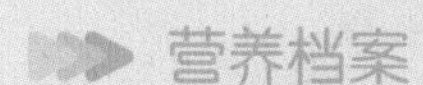

营养档案

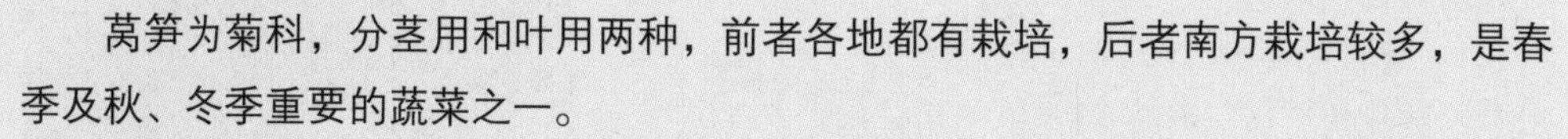

莴笋为菊科，分茎用和叶用两种，前者各地都有栽培，后者南方栽培较多，是春季及秋、冬季重要的蔬菜之一。

莴笋的营养价值非常高，每100克的莴笋中含有95%的水分、2.8克碳水化合物、36.5毫克钠、212毫克钾、23毫克钙、48毫克磷、0.9毫克铁、19毫克镁、0.3毫克锌，还含有丰富的维生素A、B族维生素、维生素C，维生素E、β-胡萝卜素、莴笋素等。

推荐给孕妈妈的理由

- 莴笋味道清新且略带苦味，可刺激消化酶分泌，帮助孕妈妈增进食欲。莴笋的乳状浆液，可增强胃液、消化腺的分泌和胆汁的分泌，从而促进各消化器官的功能，对消化功能不好的孕妈妈非常有利。
- 莴笋中钾的含量大大高于钠的含量，有利于体内的水电解质平衡，促进孕妈妈排尿和分泌乳汁。对患有高血压、水肿、心脏病的孕妈妈有一定的食疗效果。
- 莴笋中含有多种维生素和矿物质，具有调节神经系统功能的作用，其所含有机化合物中富含人体可吸收的铁元素，对有缺铁性贫血的孕妈妈十分有利。
- 莴笋中含有大量植物纤维素，能促进肠壁蠕动，通利消化道，帮助大便排泄，可以帮助孕妈妈预防和治疗便秘。

烹调窍门

- 不要用铜制器皿存放或者烹调莴笋，以免破坏莴笋中所含的维生素C。
- 莴笋适用于烧、拌、炝、炒等烹调方法，也可用它做汤和配料等。不过莴笋怕咸，盐要少放才好吃。焯烫莴笋时一定要注意时间和温度，焯烫的时间过长、温度过高会使莴笋变得绵软，失去清脆口感。

特色食谱

木耳炒莴笋丝

材料：莴笋300克，木耳(干)20克，泡椒5克，大蒜2瓣，葱1小段，姜1片。

调料：盐1小匙，鸡精少许。

做法：

1. 将木耳用温水泡发，去蒂洗净，撕成小朵备用；莴笋去皮洗净后切菱形薄片，加少许盐拌匀；泡椒用清水清洗一遍，切成小丁备用；大蒜去皮切成小粒；葱斜切成小段；姜切丝备用。
2. 锅内加入油烧热，放入姜、蒜、泡椒，炒出香味，再加入木耳和莴笋，大火快炒至断生。
3. 加入葱段、盐、鸡精，翻炒几下即可。

营养师分析

莴笋中所含的有机化合物中，富含人体可吸收的铁元素，对有缺铁性贫血的孕妈妈十分有利；木耳具有增强人体免疫力、润肠通便的功效。两者搭配食用可以帮助孕妈妈预防贫血和便秘。

清炒莴笋丝

材料：莴笋300克。

调料：盐半小匙，花椒3粒，鸡精适量。

做法：

1. 莴笋去皮和叶后洗净，切成细丝。
2. 锅内加入油烧热，放入花椒炸香，倒入莴笋丝，大火快炒片刻。
3. 加盐和鸡精调味，翻炒几下即可。

营养师分析

莴笋中所含的乳状浆液，可帮助孕妈妈增强胃液、消化腺的分泌和胆汁的分泌，从而促进各消化器官的功能，消化功能不好的孕妈妈可多食。而且这道菜的口味清新爽口。

椒油莴笋腐竹

材料：瘦猪肉100克，莴笋200克，腐竹100克，水发木耳50克，胡萝卜20克。

调料：酱油、水淀粉各1大匙，盐1小匙，花椒3粒，鸡精适量。

做法：

1. 腐竹用温水泡发，洗净，切成1寸来长的段；莴笋去皮洗净，切成细丝；瘦猪肉洗净，切成小丁，放入碗中，加入水淀粉拌匀，腌制10分钟左右；胡萝卜刮去皮洗净，从中间切开，再斜刀切成薄片；木耳洗净，去掉老根，撕成小朵。
2. 锅内加入油烧热，放入花椒，炸出花椒油。
3. 另起锅加入油烧热，放入肉丁、酱油，翻炒均匀。
4. 倒入腐竹、莴笋、胡萝卜、木耳，加入盐，翻炒均匀。

5. 浇上花椒油，调入鸡精，炒匀即可。

营养师分析

此菜含有丰富的蛋白质、维生素、矿物质等营养素，可以为孕妈妈补充全面的营养。腐竹是豆制品中的精髓，作为高蛋白质的食品，得到很多孕妈妈的青睐，能够为胎儿提供肌肉生长所需的蛋白质。

麻酱莴笋

材料：莴笋500克。

调料：芝麻酱50克，白糖、盐各1小匙。

做法：

1. 将莴笋去皮洗净，切成0.5厘米粗的条，投入沸水中焯烫一下，捞出来沥干水分。
2. 将芝麻酱放入碗中，加适量温水，再加入盐和白糖，调匀。
3. 将调好的芝麻酱淋在莴笋上，拌匀即可。

营养师分析

芝麻酱的香气可以帮助孕妈妈增强食欲，而且所含的营养也十分丰富，其中钙的含量比蔬菜和豆类都高出数倍，经常食用，能够促进胎儿的骨骼发育。莴笋与芝麻酱搭配食用具有安胎、保胎的作用。

菠 菜

营养档案

菠菜又名菠柃、鹦鹉菜、红根菜、飞龙菜，根和叶子可以食用。菠菜于647年由波斯传入中国，古代称“波斯菜”，现在已经是一种非常普通的家常食材了。

每100克菠菜中含水分91.2克、蛋白质2.6克、脂肪0.3克、碳水化合物4.5克、膳食纤维1.7克、胡萝卜素 2920微克、硫胺素（维生素B_1）0.04毫克、核黄素（维生素B_2）0.11毫克、尼克酸0.6毫克、维生素C 32毫克、钙66毫克、磷47毫克、铁2.9毫克、钾311毫克、钠85.2毫克、镁58毫克。菠菜中含有丰富的叶酸，名列蔬菜之榜首。

推荐给孕妈妈的理由

● 菠菜含有大量的植物粗纤维，具有促进肠道蠕动的作用，利于排便，且能促进胰腺分泌，帮助消化。对患有痔疮、慢性胰腺炎和便秘的孕妈妈有很好的食疗作用。

● 菠菜中所含的胡萝卜素，在人体内转变成维生素A，能维护正常视力和上皮细胞的健康，可以提高孕妈妈的免疫力，促进胎儿的生长发育。

● 菠菜中含有丰富的胡萝卜素、维生素C、钙、磷及一定量的铁、维生素E等有益成分，能供给人体多种营养物质。其中所含的铁质，对患有缺铁性贫血的孕妈妈有较好的辅助治疗作用。

● 菠菜中所含微量元素物质，能促进孕妈妈的新陈代谢，增进身体健康。

● 菠菜提取物具有促进培养细胞增殖的作用，可以帮助孕妈妈抵抗衰老又能增强青春活力。

烹调窍门

● 菠菜含草酸较多，如果要与含钙丰富的食物（如豆腐）共烹，最好先把菠菜在沸水中汆烫一下，减少菠菜中的草酸成分。

● 食用菠菜时要注意现洗、现切、现吃，不要去根，不要煮烂，以保存更多的叶酸和维生素C。

● 由于菠菜滑利，大便秘结者吃菠菜有利，肠胃虚寒，腹泻患者应少吃菠菜。

● 食用菠菜时，为了不损失营养，最好带根吃。

特色食谱

菠菜炒鸡蛋

材料：菠菜100克，鸡蛋2个，葱1小段。

调料：盐1小匙。

做法：

1. 将菠菜洗净，切成3厘米长的段，用沸水焯烫一下，捞出沥干水分；葱洗净切丝；鸡蛋打散放入碗中。
2. 锅内加入油烧热，倒入鸡蛋，炒熟盛盘。
3. 锅内重新加入油烧热，放入葱丝爆香，然后倒入菠菜，加盐翻炒几下。
4. 再将炒熟的鸡蛋倒入，翻炒均匀即可。

营养师分析

鸡蛋中含有不饱和脂肪酸；菠菜中含有植物粗纤维，具有促进肠道蠕动的作用。搭配食用，可缓解孕妈妈的便秘症状，还可以促进胎儿的大脑和视网膜的发育。

鸡丝烩菠菜

材料：鸡脯肉100克，菠菜200克，水发粉丝50克，海米15克，蒜2瓣，枸杞子10粒。

调料：盐1小匙，清汤适量。

做法：

1. 将鸡脯肉切成丝；菠菜洗净切成段；海米用开水泡透；蒜洗净切片；枸杞子泡透。
2. 锅内加入油烧热，放入蒜片、鸡丝炒香，倒入适量清汤，加入海米、枸杞烧开。
3. 再加入菠菜、粉丝，调入盐，用中火煮透入味，即可。

营养师分析

此菜具有滋阴平肝、助消化的作用。菠菜还是帮助孕妈妈补充叶酸的好食物。

凉拌菠菜

材料：菠菜400克，葱小半根，姜1片。

调料：盐1小匙，花椒3粒，鸡精适量。

做法：

1. 将菠菜洗净；葱、姜洗净后切丝。
2. 菠菜放入沸水锅中焯烫，开始变软时即捞出，放冷水内过凉，挤净水分，放碗内加盐、鸡精、葱姜丝拌匀。
3. 锅内加入少许油烧热，加入花椒煸炒出香味，捞出花椒，将花椒油淋浇在碗内菠菜上，拌匀即可。

营养师分析

菠菜茎叶柔软滑嫩、味美色鲜。其中叶酸、铁和钾的含量十分丰富，对孕妈妈十分有利。

冬瓜

营养档案

冬瓜属葫芦科一年蔓生植物，是我国传统的秋令蔬菜之一。冬瓜又名东瓜，因其成熟后外皮上有白霜，故又称白瓜。冬瓜原产于中国，其显著特点是体积大、水分多、热量低，可炒食、做汤、生腌，也可清渍成冬瓜条。

冬瓜绝大部分是水分，高达96.5%，冬瓜的营养素含量相对较低，不含脂肪。每100克冬瓜中含蛋白质0.4克、碳水化合物2.6克、钙19毫克、磷12毫克、钾78毫克、铁0.2毫克、胡萝卜素80微克、硫胺素（维生素B_1）0.01毫克、核黄素（维生素B_2）0.01毫克、尼克酸0.3毫克、维生素C18毫克。

推荐给孕妈妈的理由

- 冬瓜含维生素C较多，且钾盐含量高，钠盐含量较低，有利于体内的水电解质平衡，促进孕妈妈排尿和乳汁的分泌。患有高血压、肾脏病、生理性水肿的孕妈妈多食，可达到消肿而不伤正气的作用。
- 冬瓜中所含的丙醇二酸，能有效地抑制糖类转化为脂肪，加之冬瓜本身不含脂肪，热量不高，对帮助孕妈妈控制体重、预防过度肥胖也有一定的积极意义。
- 冬瓜性寒味甘，清热生津，避暑除烦，还具有清热解毒的功效，在夏日食用尤为适宜。

烹调窍门

- 冬瓜性凉，不宜生食。
- 冬瓜有多种烹饪方式和药用价值：炒食、煎汤、煨食、做药膳、捣汁饮、用生冬瓜外敷。
- 冬瓜是一种解热利尿比较理想的日常食物，连皮一起煮汤，效果更明显。

特色食谱

排骨炖冬瓜

材料：猪排骨250克，冬瓜150克，葱白1段，姜3片。

调料：料酒1大匙，盐、鸡精各适量。

做法：

1. 排骨洗净，剁成块，投入沸水中焯烫一下，捞出来沥干水分；冬瓜洗净，切成比较大的块。
2. 将排骨块放入砂锅，加适量清水，加入生姜、葱白、料酒，先用大火烧开，再用小火煲至排骨八成熟，倒入冬瓜块，煮熟。
3. 拣去生姜、葱白，加入盐、鸡精搅匀即可。

营养师分析

猪排骨可以为孕妈妈提供丰富的优质蛋白质、脂肪，尤其是丰富的钙质可以促进胎儿的骨骼生长发育；冬瓜具有清热解毒、利水消肿的功效。这道菜可以为孕妈妈补充所需的营养物质，促进胎儿的生长发育，还可预防孕妈妈的生理性水肿。

鱼头木耳冬瓜汤

材料：草鱼头1个，冬瓜100克，水发木耳5克，油菜50克，葱半根，姜2片。

调料：料酒、白糖各1小匙，盐适量，胡椒粉、鸡精各少许。

做法：

1. 鱼头洗净，在颈肉两面划两刀，放入盘中，抹上盐腌制10分钟左右；木耳择洗干净，撕成小朵；油菜、葱分别洗净，切成小段；冬瓜洗净切成薄片备用。
2. 锅中加入油烧热，将鱼头沿着锅边放入，煎至两面发黄。
3. 烹入料酒，加盖略焖，放入葱段、姜片、白糖、盐、清水，先用大火烧沸，盖上锅盖，用小火炖20分钟左右。
4. 待鱼眼凸起、鱼皮起皱、汤汁浓稠时，下入冬瓜、木耳、油菜，大火烧开。
5. 加入鸡精、胡椒粉，搅拌均匀即可。

营养师分析

鱼头内含有DHA和EPA两种不饱和脂肪酸，它们有利于孕妈妈清理和软化血管、降低血脂。与冬瓜木耳搭配食用还能起到美容利尿的效果。

虾皮烧冬瓜

材料：冬瓜300克，虾皮50克。

调料：盐适量。

做法：

1. 将冬瓜去皮洗净，切块；虾皮浸泡洗净备用。
2. 锅内加入油烧热，放入冬瓜快炒。
3. 加入虾皮和盐，并加少量水，调匀，盖上锅盖，烧透入味即可。

营养师分析

这道菜清淡适口，味道香鲜。冬瓜含有大量的水分和维生素C，具有清热解毒、利尿消肿、止渴除烦的功效；虾皮含有丰富的钙、碘等成分。孕妈妈多吃此菜，可提高身体免疫能力，有利于胎儿骨骼的生长发育。

冬瓜鲤鱼汤

材料：鲤鱼1条，冬瓜100克，油菜20克，生姜2片，枸杞子10粒。

调料：高汤半碗，盐1个半小匙，料酒、胡椒粉各少许。

做法：

1. 将鲤鱼清洗干净备用，冬瓜洗净切丝备用，油菜洗净，生姜洗净切丝备用。
2. 锅内加入油烧热，放入鲤鱼，用小火煎透，下入姜丝，喷入料酒，加高汤和适量清水，大火煮至汤色发白。
3. 加入冬瓜丝、枸杞子、油菜，调入盐、胡椒粉，再用小火煮7分钟左右即可。

营养师分析

鲤鱼的蛋白质含量很高，人体消化吸收率可达96%，并能供给人体必需的氨基酸、矿物质、维生素A和维生素D；冬瓜中钠的含量很低，可以缓解孕妈妈的生理性水肿。此菜对妊娠水肿、胎动不安的孕妈妈和产后乳汁缺少的新妈妈有疗效。

茼蒿

营养档案

茼蒿又名蓬蒿、菊花菜、蒿菜、同蒿菜，属一、二年生草本植物。茼蒿的品种依叶片大小，分为叶茼蒿和小叶茼蒿两类。它的根、茎、叶、花都可作药，有清血、养心、降压、润肺、清痰的功效。茼蒿具特殊香味，幼苗或嫩茎叶可供生炒、凉拌、做汤等食用。

每100克茼蒿中含水分93克、蛋白质1.9克、脂肪0.3克、碳水化合物3.9克、膳食纤维1.2克、灰分0.9克、胡萝卜素1510微克、硫胺素（维生素B_1）0.04毫克、核黄素（维生素B_2）0.09毫克、尼克酸0.6毫克、维生素C18毫克、钙73毫克、磷36毫克、铁2.5毫克、钾220毫克、钠161毫克、镁20毫克。另外还含有色氨酸、天冬素、苏氨酸、亮氨酸、赖氨酸等。

推荐给孕妈妈的理由

- 茼蒿中含有特殊香味的挥发油，以及胆碱等物质，有助于宽中理气、消食开胃，可以帮助孕妈妈增加食欲，还有降压、补脑的作用。
- 茼蒿中所含的粗纤维有助于肠道蠕动，促进排便，达到通腑利肠的目的。
- 茼蒿内含丰富的维生素及多种氨基酸，味甘性平，可以养心安神，润肺补肝，稳定情绪，防止记忆力减退。
- 茼蒿中含有较高量的钙、钾等矿物盐，能调节体内水液代谢，通利小便，消除水肿。

烹调窍门

- 茼蒿中的芳香精油遇热容易挥发，应该旺火快炒，不要长时间烹煮。
- 茼蒿和肉、蛋等荤菜同炒，可以提高其中所含的维生素A的利用率。
- 火锅中加入茼蒿，可促进鱼类或肉类蛋白质的代谢，对营养的摄取有帮助。
- 茼蒿氽汤或凉拌对于胃肠功能不好的孕妈妈非常有利。茼蒿辛香滑利，有腹泻症状的孕妈妈不宜多食。

特色食谱

虾酱茼蒿炒豆腐

材料：豆腐200克，茼蒿100克，虾酱30克，鸡蛋1个，葱、姜末各1小匙。

调料：盐1小匙，香油5滴，高汤适量，鸡精、胡椒粉各少许。

做法：

1. 将茼蒿洗净切成小段，投入沸水锅中焯烫1分钟左右捞出，沥干水分备用；将豆腐切成0.5厘米见方的块，用沸水焯烫一下捞出，沥干水分；将鸡蛋打到碗里，加入虾酱拌匀。
2. 锅内加入油烧热，将豆腐倒入锅中，用小火煎至表皮稍硬。
3. 另起锅加油烧热，倒入鸡蛋炒碎，加入豆腐、葱姜末、鸡精、胡椒粉、高汤，烧至入味。
4. 加入茼蒿，翻炒均匀，加盐、淋入香油即可。

营养师分析

豆腐具有补中益气、清热润燥、生津止渴、清洁肠胃的功效，其中还含有丰富的卵磷脂；茼蒿具有宽中理气、消食开胃的作用。两者搭配，可以帮助孕妈妈增强消化功能、增进食欲，对胎儿神经、血管、大脑的发育也有很大的好处。

茼蒿炒肉丝

材料：瘦猪肉100克，茼蒿300克，葱半小段，姜1片。

调料：酱油2小匙，盐1小匙，鸡精适量。

做法：

1. 将茼蒿洗净切段备用，猪肉洗净切丝备用，葱姜均洗净切丝备用。
2. 锅内加入油烧热，放入肉丝煸炒，至肉色变白时放入葱丝、姜丝，待出现香味时烹入酱油。
3. 放入茼蒿大火翻炒，待断生时放入盐、鸡精炒匀即可。

营养师分析

茼蒿和猪肉同炒，可以提高所含的维生素A的利用率。胎儿在发育的整个过程都需要维生素A，它能促进胎儿发育。

茼蒿猪肝鸡蛋汤

材料：猪肝100克，茼蒿300克，鸡蛋1个。

调料：盐1小匙。

做法：

1. 茼蒿洗净备用；猪肝洗净，切薄片备用；鸡蛋打碎搅匀。
2. 将锅置于火上，加适量清水，煮滚。
3. 放入茼蒿，滚熟后倒入猪肝，待猪肝熟后，放入鸡蛋浆。
4. 加入盐，将蛋浆搅成蛋花即可。

营养师分析

猪肝中铁、维生素A和维生素B_2的含量十分丰富，可以帮助孕妈妈预防贫血和促进胎儿的生长发育；茼蒿内含丰富的维生素及多种氨基酸，具有养心安神、润肺补肝、稳定情绪的功效。两者搭配食用可以帮助孕妈妈补益肝肾，增强身体的抵抗力。

冬菇扒茼蒿

材料：茼蒿400克，冬菇100克，葱白1段，蒜4瓣。

调料：料酒、水淀粉各1大匙，盐1小匙，香油5滴，鸡精少许。

做法：

1. 将茼蒿洗净切段，投入沸水中焯烫一下，沥干；将冬菇洗净，切成小片；葱切段，蒜切片备用。
2. 锅内加入油烧热，放入葱段、蒜片爆香，再放入冬菇，翻炒至断生。
3. 倒入茼蒿，加入料酒、盐，煸炒至熟。
4. 用水淀粉勾芡，淋入香油，加入鸡精炒匀即可。

营养师分析

冬菇中含有丰富的维生素D，可以帮助孕妈妈促进体内钙的吸收，其中各种维生素的含量也十分丰富；茼蒿中的膳食纤维有助于肠道的蠕动，具有通腑顺肠的功效。两者搭配食用，可帮助孕妈妈预防便秘，还能促进胎儿骨骼的生长发育。

土豆

营养档案

土豆又称马铃薯，是重要的粮食、蔬菜兼用作物。

土豆具有很高的营养价值和药用价值。一般100克土豆中含有17.2克的碳水化合物、2克的蛋白质、0.2克的脂肪、0.7克的膳食纤维、8毫克的钙、40毫克的磷、0.8毫克的铁、0.08毫克的硫胺素（维生素B_1）、0.04毫克的核黄素（维生素B_2），1.1毫克的尼克酸。

推荐给孕妈妈的理由

● 土豆含有大量淀粉以及蛋白质、B族维生素、维生素C等，能促进孕妈妈的消化功能。

● 土豆含有大量膳食纤维，能宽肠通便，帮助机体及时排泄代谢毒素，防止便秘，预防肠道疾病的发生。

● 土豆能供给人体大量有特殊保护作用的黏液蛋白。能保持消化道、呼吸道以及关节腔、浆膜腔的润滑，帮助孕妈妈预防心血管系统的脂肪沉积，保持血管的弹性。

● 土豆含有丰富的维生素及钙、钾等微量元素，营养丰富，非常容易消化和吸收。可以帮助孕妈妈预防妊娠高血压综合征和生理性水肿。

烹调窍门

● 凡腐烂、霉烂或生芽较多的土豆，因含过量龙葵素，极易引起中毒，一律不能食用。

● 土豆适用于炒、炖、烧、炸等烹调方法。

● 土豆宜去皮吃，有芽眼的部分应挖去，以免中毒。

● 土豆切开后容易氧化变黑，属正常现象，不会造成危害。

● 有的妈妈喜欢把切好的土豆片、土豆丝放入水中，去掉太多的淀粉以便烹调。但注意不要泡得太久而致使水溶性维生素等营养流失哦。

特色食谱

凉拌土豆丝

材料：土豆300克，黄豆芽100克，菠菜50克，葱花2小匙。

调料：香油、醋各1大匙，酱油1小匙，花椒10粒，盐、鸡精各适量。

做法：

1. 将土豆去皮洗净，切成极细的丝，放到冷水盆中过一下，捞出放到沸水锅中焯烫至七八成熟，捞出沥干水分备用。
2. 将菠菜和黄豆芽洗净，分别放到沸水锅中焯烫2分钟，捞出来沥干水分备用。
3. 将土豆丝、黄豆芽、菠菜放到比较大的盆里，撒上葱花。
4. 锅内加入香油烧热，加入花椒，炸出香味，趁热浇到盆中，加入盐、鸡精、醋、酱油，拌匀即可。

营养师分析

这是一道不错的开胃菜，对因为早孕反应而食欲不振的孕妈妈有很好的开胃和止吐作用。土豆中所含有的膳食纤维能够缓解孕妈妈的便秘症状。

土豆烧牛肉

材料：牛里脊肉300克，土豆150克，葱半根，姜2片。

调料：高汤1碗，料酒、酱油、白糖、水淀粉各1大匙，盐1小匙，花椒10粒，八角2粒，鸡精适量，香油少许。

做法：

1. 把牛肉洗净切成3厘米见方的块；土豆削皮洗净，斜切块；葱洗净切段备用。
2. 把牛肉放入沸水锅中焯烫透捞出。
3. 锅内加入油烧热，加入葱段、姜片爆香，然后倒入牛肉，加上酱油、花椒煸炒片刻。
4. 加入高汤，放入料酒、白糖、八角同烧，待水沸后，改用小火煮，待肉熟烂时放入土豆同煮。
5. 待肉和土豆均熟烂时，取出葱、姜和八角，加入盐、鸡精，用大火烧沸，用水淀粉勾芡，滴入香油即可。

营养师分析

牛肉中所富含蛋白质的氨基酸组成比猪肉更接近人体需要，可以帮助孕妈妈提高身体的免疫力；土豆中含有大量淀粉、蛋白质和维生素能够促进孕妈妈脾胃的消化功能。两者搭配食用，具有补中益气、滋养脾胃的功效。

什锦沙拉

材料：胡萝卜、黄瓜各1根，土豆、鸡蛋各1个，火腿3片。

调料：白糖、盐各1小匙，胡椒粉、沙拉酱各适量。

做法：

1. 将胡萝卜洗净，投入沸水中焯烫至熟，切粒备用；黄瓜洗净切粒，用少许盐腌制10分钟；火腿切成细粒备用。
2. 将鸡蛋煮熟，蛋白切粒，蛋黄压碎备用；将土豆去皮洗净切片，放入锅中煮10分钟后捞出压成泥备用。
3. 将土豆泥拌入胡萝卜粒、黄瓜粒、火腿粒及蛋白粒，加入胡椒粉、白糖、沙拉酱拌匀，撒上碎蛋黄即可。

营养师分析

这道菜色美味鲜，酸甜可口。富含多种维生素、矿物质和蛋白质，特别适合食欲不振的孕早期妈妈食用。胡萝卜最好用水煮熟后再吃，生吃胡萝卜营养不能被很好地吸收。

青椒土豆丝

材料：土豆300克，青椒、胡萝卜各50克，姜2片。

调料：醋1大匙，盐1小匙，鸡精少许。

做法：

1. 将土豆去皮洗净，切成细丝，在淡盐水中浸泡5分钟后捞出备用；将青椒、胡萝卜洗净，切丝备用；姜去皮洗净切丝备用。
2. 锅内加入油烧热，放入姜丝爆香，倒入土豆丝，淋上醋，用大火炒3～4分钟。
3. 放入青椒丝和胡萝卜丝，翻炒几下。
4. 加入盐、鸡精，翻炒均匀即可。

营养师分析

土豆中的膳食纤维可以帮助孕妈妈预防便秘；其中所含的维生素和微量元素，极易消化和吸收，可以缓解孕妈妈的生理性水肿。喜欢吃酸的孕妈妈，还可以多加一些醋哦。

玉米

营养档案

玉米为一年生禾本科植物，又名苞谷、棒子、六谷等。每100克玉米中含有蛋白质4克、脂肪1.2克、碳水化合物22.8克、钾238毫克、磷117毫克、铁1.1毫克并含有维生素B_1、维生素B_2、维生素E、维生素A、烟酸和微量元素硒、镁等。其中胚芽含52%不饱和脂肪酸，是精米精面的4～5倍；玉米油富含维生素E、维生素A、卵磷脂及镁等，亚油酸含量高达 50%。

推荐给孕妈妈的理由

● 玉米中的维生素含量非常高。黄色玉米中所含的胡萝卜素，能够在人体内转化成维生素A，不但对胎儿的发育具有促进作用，还有帮助孕妈妈提高机体抵抗力、预防流产的功效。

● 玉米中含有的维生素B_1，具有参与人体能量代谢，维持心脏、神经及消化系统的正常功能，帮助孕妈妈预防脚气病的功效。

● 玉米中所含的维生素B_2，具有促进胎儿发育、预防早产、未成熟儿分娩和死胎的功效。

● 玉米中所含的维生素E，具有促进胎儿的大脑发育、预防流产、早产、子痫前症和低体重儿的功效。

● 除了各种维生素，玉米还含有丰富的碳水化合物、蛋白质、脂肪、亚油酸和膳食纤维。其中碳水化合物的含量最高，达到40%左右，可以为孕妈妈提供大量的热量。玉米中的膳食纤维，能够刺激肠壁，增加胃肠蠕动，对孕妈妈防便秘，缓解孕期不适有很大的帮助。

烹调窍门

● 玉米发霉后会产生可以致癌的黄曲霉毒素，所以，发霉的玉米不要食用。

● 玉米的许多营养都集中在玉米粒的胚尖中，因此要吃掉胚尖。

● 玉米最好熟吃。尽管在烹调中会使玉米损失一部分维生素C，却能使人获得更有价值的活性抗氧化剂，对孕妈妈的健康更有好处。

特色食谱

鸡汁玉米羹

材料：罐装玉米羹200克，熟鸡肉50克，鸡蛋1个。

调料：鸡汤1碗，盐、白糖、水淀粉各少许。

做法：

1. 将鸡蛋打散，鸡肉撕碎备用。
2. 将锅置于火上，把鸡汤、玉米羹、鸡肉倒入锅中，加适量清水煮熟。
3. 加白糖和盐调味，用水淀粉勾芡后倒入蛋液，轻轻搅动，使蛋液凝固成蛋花即可。

营养师分析

鸡肉和鸡汤都有补益气血、滋养精气的作用，鸡肉中还含有丰富的优质蛋白质，对胎儿的生长发育有很好的促进作用。与玉米搭配食用，可以帮助孕妈妈提高身体的免疫力，预防便秘，缓解孕期的各种不适。

玉米排骨汤

材料：猪排骨200克，玉米1根，葱白2段，姜2片。

调料：料酒1小匙，盐适量。

做法：

1. 将排骨剁成块状，投入沸水中焯烫一下捞出；玉米去皮和丝，洗净切成小段。
2. 将砂锅置于火上，放入清水，倒入猪排骨、料酒，放入葱姜，先用大火煮开后，转小火煲30分钟。
3. 放入玉米，一同煲制10～15分钟。拣去姜葱，加入盐调味即可。

营养师分析

猪排骨可以提供人体生理活动必需的优质蛋白质、脂肪，尤其是丰富的钙质；玉米中含有丰富的维生素、碳水化合物、钙、脂肪等。两者搭配食用，可以为孕妈妈补充充分的热量，还可以促进胎儿骨骼的生长发育。

松仁玉米

材料：玉米粒200克，松仁100克，胡萝卜半根，青豆30克。

调料：水淀粉1大匙，香油1小匙，盐半小匙，鸡精少许。

做法：

1. 将玉米粒、青豆洗净，分别放入沸水锅中焯烫一下，捞出备用；胡萝卜洗净，切丁备用。
2. 锅内加入油烧热，倒入松仁，稍变色即捞出控油。
3. 锅内留少许底油烧热，放入玉米、胡萝卜、青豆翻炒片刻，加入盐炒匀，用水淀粉勾芡，撒上松仁，淋入香油即可。

营养师分析

松仁味甘，性温，具有益气健脾、润燥滑肠等功效，而且松仁中的磷和锰含量丰富，能够促进胎儿的大脑和神经系统的发育；玉米中所含的纤维素可以帮助孕妈妈预防便秘。

青椒玉米

材料：鲜玉米粒150克，青椒25克。

调料：盐2小匙。

做法：

1. 将玉米粒洗净沥干；青椒去蒂洗净，切成5厘米长的段。
2. 将锅置微火上，放入青椒炒蔫铲起；将玉米粒倒入锅中炒至断生后盛出。
3. 锅内加入油烧热，倒入青椒、玉米粒、盐炒匀即可。

营养师分析

青椒肉厚而脆嫩，富含丰富的维生素C，具有温中散寒、开胃消食的功效；玉米中维生素A和维生素B的含量十分丰富。两者搭配食用，能够促进胎儿的大脑发育，增强孕妈妈的免疫力，还可以缓解由于早孕反应引起的食欲不振。

海 带

营养档案

海带又名昆布、江白菜，是一种藻类植物。晒干后可作为食物，常用于中国菜和日本料理。我国辽宁、山东、江苏、浙江、福建及广东省北部沿海均有养殖。

海带是一种营养价值很高的蔬菜，每100克干海带中含有蛋白质1.8克、脂肪0.1克、碳水化合物23.4克、膳食纤维6.1克、钾761毫克、钙348毫克、铁4.7毫克，以及胡萝卜素 240微克、硫胺素（维生素B_1）0.01毫克、核黄素（维生素B_2）0.1毫克、尼克酸0.8毫克，含碘24毫克。

推荐给孕妈妈的理由

● 海带中含有丰富的碘。碘是孕妈妈孕前需要补充的营养素之一，它不仅是甲状腺制造甲状腺素的原料，还能促进蛋白质生物合成和胎儿的生长发育。如果孕妈妈体内缺碘，会导致胎儿出生后出现智力低下、个子矮小和不同程度的听力及语言障碍。

● 海带中还含有大量的甘露醇，而甘露醇具有利尿消肿的作用，可以帮助孕妈妈缓解水肿。

● 海带中的优质蛋白质和不饱和脂肪酸，对患有心脏病、糖尿病、高血压的孕妈妈有一定的帮助。

● 海带胶质能促使体内的放射性物质随同大便排出体外，从而减少放射性物质在体内的积聚。长期接触电脑、电视、微波炉等电器的孕妈妈需要多食。

● 常吃海带还可令头发润泽乌黑。

烹调窍门

● 由于海水污染，目前市面上出售的海带大部分含有较多的砷。为了保证海带的食用安全，食用前最好将海带用足够的水浸泡24小时，并勤换水，浸泡24小时后再出水晒干贮存，可以防止砷中毒。

● 比较嫩、含砷量少的海带浸泡时间不要太长，以免海带中水溶性维生素、无机盐等营养物质溶解在水中流失，降低海带的营养价值。

● 炒海带前，最好将洗净的海带用开水焯烫一下，炒出的菜会更加脆嫩鲜美。

● 海带性寒，烹饪时宜加些性热的姜汁、蒜蓉等加以调和，且不要放太多油。

特色食谱

海带炖排骨

材料：排骨300克，海带结200克，葱1根，姜1片。

调料：酱油1大匙，盐1小匙，八角2粒。

做法：

1. 排骨洗净切成小段，海带结洗净备用，葱洗净切段备用。
2. 将锅置于火上，注入适量清水烧沸，放入排骨和海带，加入姜片、葱段、八角，大火煮沸后改用小火焖煮。
3. 等排骨煮至半熟时，加入盐，小火焖至汤汁只有小半碗，排骨、海带都熟软即可。

营养师分析

排骨中含有丰富的蛋白质、脂肪和钙。海带与其搭配食用，能够为孕妈妈提供身体所需的碘和热量，促进胎儿骨骼的生长发育，还可以缓解孕妈妈的孕期水肿。

海带炖鸡

材料：鸡腿1只，鲜海带200克，葱白2段，姜2片，葱花、枸杞子各少许。

调料：料酒、盐各1小匙，鸡精少许。

做法：

1. 将鸡腿洗净后切成小块；将海带洗净，切成菱形块。
2. 将锅置于火上，加入适量清水，倒入鸡块，先用大火烧开，再用小火炖30分钟左右。
3. 加入葱白、海带、姜片、盐、料酒、枸杞子，烧至鸡肉熟烂，出锅前加入鸡精调味，撒上葱花即可。

营养师分析

鸡肉中含有丰富的优质蛋白质，并且很容易被人体吸收利用，可以快速地帮助孕妈妈增强体力、强壮身体，鸡肉中还含有大量的磷脂和维生素A。海带与其搭配食用，可以促进胎儿的生长发育，帮助孕妈妈预防妊娠高血压、提高身体的免疫力。

多味蔬菜丝

材料：卷心菜250克，水发海带、胡萝卜、芹菜各50克，尖椒25克。

调料：料酒、醋、盐各1小匙，鸡精、白糖各少许，香油适量。

做法：

1. 将芹菜、胡萝卜、海带、卷心菜、尖椒分别洗净，切成细丝。
2. 将锅置于火上，加适量水烧开，将芹菜丝、胡萝卜丝、海带丝、卷心菜丝分别放入水中焯烫熟，捞出来沥干水分，放入一个比较大的盆中。
3. 加入切好的尖椒丝，调入盐、鸡精、料酒、白糖、香油，拌匀即可。

营养师分析

此菜可以为孕妈妈补充叶酸、维生素和各种矿物质，还可以帮助孕妈妈增进食欲、促进消化，有效地缓解早孕反应带来的不适。同时还具有清热去火的功效，可提高孕妈妈身体的免疫力。

黄豆芽拌海带

材料：鲜海带300克，黄豆芽100克，蒜2瓣，葱小半根，姜1片。

调料：醋1大匙，香油、酱油、白糖、盐各1小匙，干辣椒1个，鸡精适量。

做法：

1. 将海带洗净，切成细丝，放到盆里；黄豆芽洗净，放到沸水中焯烫熟，捞出沥干水分，放到海带上面。
2. 大蒜去皮洗净捣成蒜泥；姜去皮洗净切丝；干辣椒洗净切成丝，将三者放入小碗中。葱洗净切成葱花，撒在黄豆芽上。
3. 锅内加入香油烧热，浇在装有蒜泥、姜丝、干辣椒丝的小碗内爆香，加入盐、酱油、鸡精、白糖、醋调成芡汁。
4. 将芡汁浇在黄豆芽和海带上，拌匀即可。

营养师分析

黄豆芽味甘性寒，含有丰富的蛋白质、脂肪和维生素C，同时还含有较多的纤维素，孕妈妈多吃黄豆芽可以收到乌发、润肤等功效。海带与其搭配食用，能够满足孕妈妈对碘、蛋白质和维生素等营养的需求，还能起到很好的美容效果。

香菇

营养档案

香菇又名香蕈、花菇、香信、香菌、香菰、冬菰等。香菇具有芳香、鲜美的特色，营养丰富。香菇是世界上最著名的食用菌之一，享有“食用菌皇后”之称。

据分析，干香菇食用部分占95%，每100克食用部分中含水13克、脂肪1.2克、碳水化合物61.7克、膳食纤维31.6克、灰分4.8克、钙83毫克、磷258毫克、铁10.5毫克、硫胺素（维生素B_1）0.19毫克、核黄素（维生素B_2）1.26毫克、尼克酸20.5毫克。香菇含丰富的维生素D原，但维生素C的含量很少，维生素A及A原也十分缺乏。

推荐给孕妈妈的理由

● 香菇内含有一种氨基酸，可以帮助孕妈妈降低血脂和胆固醇，加速血液循环，使血压下降，有效地预防妊娠高血压。

● 香菇中含有干扰素诱生剂，可以诱导体内干扰素的产生，能预防流感。

● 香菇中含有大量维生素D原，可以在紫外线的照射下转化成维生素D。在胎儿生长期间，需要大量的钙来促进自己的骨骼和牙齿的发育，这些钙都要从孕妈妈的体内获得，而维生素D则有促进人体吸收钙质的作用。

● 香菇含有糖类物质，可以帮助孕妈妈提高身体的免疫力，还具有明显的抗癌作用。香菇防治癌症的范围很广泛。

烹调窍门

● 清洗香菇的时候不要用手抓洗。这样虽然表面洗净了，泥沙却会顺着水流附着在菌褶里，变得更难洗净。正确的方法是：用几根筷子或手指在水中朝一个方向旋搅，反复旋搅几次，就能把泥沙彻底洗净。但是，只能朝一个方向旋搅，千万不要来回旋搅。否则沙粒会被反转的水流重新卷入菌褶中。

● 浸泡香菇最好用温水。因为香菇中的鲜味物质只有在温水中才能充分释放，使香菇美味可口。泡发香菇的水不要丢弃，因为很多营养物质都溶解在水中，可以沉淀后用来煮汤，或做其他食物。发好的香菇要放在冰箱里冷藏才不会损失营养。

特色食谱

香菇烧面筋

材料：油面筋150克，新鲜香菇、竹笋、油菜各50克。

调料：酱油2大匙，水淀粉1大匙，白糖2小匙，料酒少许，鸡精、盐各适量。

做法：

1. 把油面筋洗净切成方块，香菇洗净后从中间切开成两片，油菜洗净备用。
2. 将锅置于火上，加入适量清水烧沸，放入竹笋焯烫片刻，捞出沥干，切片备用。
3. 另起锅加入油烧热，放入冬菇、笋片、油菜，烹入料酒，加入酱油、盐、白糖煸炒片刻，然后加入一大杯水，倒入面筋继续煮。
4. 等汤汁烧到稠浓时，加入鸡精炒匀，用水淀粉勾芡即可。

营养师分析

油面筋中含有丰富的蛋白质、脂肪、无机盐等，可以为孕妈妈提供充分的热量；油菜和竹笋中含有丰富的维生素和叶酸。香菇与其搭配食用，满足了孕妈妈多方面的营养需求，还可以帮助孕妈妈有效地预防妊娠高血压综合征。

香菇炒菜花

材料：菜花250克，香菇(干)5朵，葱丝少许，姜1片。

调料：鸡汤1碗，水淀粉1大匙，盐1小匙，鸡精、香油适量。

做法：

1. 将香菇用温水泡发，洗净；菜花洗净，切成小块，放到沸水锅中焯烫一下捞出，沥干水分备用。
2. 锅内加入油烧热，放入葱姜爆香，加入鸡汤、盐、鸡精烧开。捞出葱、姜，放入香菇、菜花，用小火煨至入味。
3. 用水淀粉勾芡，淋上香油即可。

营养师分析

菜花中丰富的维生素可以帮助孕妈妈增强肝脏的解毒能力，提高身体的免疫力。香菇与其搭配食用，可以帮助孕妈妈益气补虚，防治便秘，还能促进胎儿的生长发育。

香菇白菜炒冬笋

材料：白菜200克，干香菇5朵，冬笋半根。

调料：盐、鸡精各适量。

做法：

1. 将白菜洗好，切成一寸长的段；香菇用温水泡开，摘去蒂切成小块；冬笋去掉外皮，洗净，切成薄片。
2. 锅内加入油烧热，放入白菜翻炒片刻，加入适量清水，放入冬菇及冬笋，盖上锅盖。
3. 待烧开时，加入盐和鸡精，改用小火焖软即可。

营养师分析

白菜含有丰富的膳食纤维，具有润肠、排毒的功效，其中还含有丰富的维生素C和维生素E，能够起到很好的护肤养颜的效果。香菇、白菜、冬笋三者搭配食用，能够为孕妈妈补充所需的叶酸，预防便秘，同时还有美容养颜的功效。

香菇合

材料：瘦猪肉150克，香菇50克，火腿25克，鸡蛋1个，葱半根，姜1片。

调料：高汤小半碗，淀粉2大匙，酱油4小匙，盐1小匙。

做法：

1. 将香菇用温水泡发，洗净，捞出摊开压平。
2. 猪肉、火腿、葱均洗净切成碎末，将鸡蛋打开，与淀粉、1大匙酱油、半匙盐一起拌匀，做成肉馅待用。
3. 将香菇摊开，把调好的肉馅摊在香菇片上，另用一片香菇盖起来，制成香菇合，然后整齐地平放在大盘子上，上屉蒸15分钟，取出。
4. 将剩下的酱油、盐、高汤调成汁，浇在香菇合上即可。

营养师分析

猪肉具有补肾养血、滋阴润燥的功效；火腿肉性温，味甘、咸，具有健脾开胃、生津益血的功效。香菇与其搭配食用，非常适合贫血的孕妈妈，还能够起到益气补虚、健脾和胃的功效。

豆腐

营养档案

豆腐，古时候称作“福黎”，是由我国最早发明、制造，而后传往世界各地的。豆腐主要是以大豆为原料加工制成的。相传豆腐是公元前164年由中国汉高祖刘邦之孙——淮南王刘安所发明。

豆腐有南豆腐和北豆腐之分。主要区别在点石膏（或点卤）的多少，南豆腐用石膏较少，因而质地细嫩，水分含量在90%左右；北豆腐用石膏较多，质地较南豆腐老，水分含量在80%。

分析数据表明，每100克南豆腐可以提供116毫克钙、36毫克镁、6.2克蛋白质；每100克北豆腐可以提供138毫克钙、63毫克镁、12.2克蛋白质。

推荐给孕妈妈的理由

- 豆腐是补益清热的养生食品，常吃可以补中益气、清热润燥、生津止渴、清洁肠胃，帮助孕妈妈增强消化功能、增进食欲。
- 豆腐中还含有丰富的卵磷脂，对胎儿神经、血管、大脑的发育都有很大的好处。
- 豆腐的蛋白质含量十分丰富，而且豆腐蛋白属完全蛋白，含有人体必需的八种氨基酸，比例也接近人体需要，营养价值很高。
- 豆腐内含植物雌激素，能保护血管内皮细胞不被氧化破坏，常食可减轻血管系统的破坏，预防骨质疏松、乳腺癌的发生，是孕妈妈的保护神。
- 多食豆腐可以令孕妈妈的皮肤光洁细腻，有很好的美容功效。
- 豆腐中所含的大豆蛋白能恰到好处地降低血脂，保护血管细胞，帮助孕妈妈预防心血管疾病。

烹调窍门

- 北豆腐口感粗糙，适宜煎、炸、烧、炒和做汤；南豆腐质地细嫩，比较适合做汤。烧菜时如果和肉、蛋、鱼等其他含蛋白质丰富的食物搭配成菜，可大大提高豆腐中蛋白质的利用率。
- 豆腐里的皂角苷成分可以促进碘的排泄，容易造成碘缺乏，如果与海带同食，则可以补充碘，避免出现碘缺乏的情况。

特色食谱

番茄炒豆腐

材料：番茄2个，豆腐1块，葱末1小匙，姜1片。

调料：盐1小匙。

做法：

1. 将番茄洗净，切块；豆腐洗净，切成2厘米见方的块，放入沸水中焯烫一下，捞出沥干水分备用。
2. 锅内加入油烧热，放入葱末、姜片爆香，倒入番茄翻炒至有汤汁流出来。
3. 将豆腐放入番茄中继续翻炒，至豆腐熟透入味，加入盐炒匀即可。

营养师分析

番茄中含有丰富的维生素，还具有生津止渴、健胃消食的功效；豆腐中蛋白质和卵磷脂的含量十分丰富。两者搭配食用，可以促进胎儿神经系统和大脑的发育，缓解孕妈妈由于早孕反应带来的各种不适。

蘑菇炖豆腐

材料：豆腐200克，鲜蘑菇100克，水发笋片25克。

调料：高汤1碗，酱油1大匙，香油、盐各1小匙，料酒适量。

做法：

1. 将蘑菇洗净，撕成小片备用；笋片洗净，切成丝备用。
2. 将嫩豆腐切成小块，放入冷水锅中，加入少许料酒，用大火煮至豆腐起孔。
3. 将煮豆腐的水倒掉，加入高汤、鲜蘑菇、笋丝、酱油，用小火炖20分钟左右。
4. 加入盐和香油调味，即可出锅。

营养师分析

蘑菇中含有多种抗病毒成分，可以增强身体的免疫力，其中所含的酪氨酸酶，具有溶解胆固醇、降低血压的功效；豆腐具有清热润燥、清洁肠胃的功效。两者搭配能够帮助孕妈妈有效地防治便秘和妊娠高血压综合征。

豆腐虾仁汤

材料： 豆腐300克，虾仁50克，枸杞子20克，葱花2小匙。

调料： 水淀粉1大匙，酱油、料酒各2小匙，盐1小匙。

做法：

1. 将豆腐洗净，用沸水烫一下捞出，切成1厘米见方的小块备用；虾仁和枸杞子洗净备用。
2. 将料酒、葱花、盐、酱油和水淀粉放到一个干净的小碗里，调成芡汁备用。
3. 锅内加入油烧热，倒入虾仁用大火炒熟，再放入豆腐和枸杞子，加水，先用大火烧开，再用小火炖30分钟。
4. 倒入调好的芡汁，煮2分钟即可。

营养师分析

虾肉中所含的钙和磷，是构成骨骼和牙齿的重要成分，能够促进胎儿的成长发育，促进孕妈妈体内脂肪和淀粉的代谢。豆腐与其搭配食用，可以帮助孕妈妈增强消化系统的功能，增进食欲，还能够为孕妈妈提供热量与活力。

笋片香菇烧豆腐

材料： 豆腐200克，笋片、香菇各100克。

调料： 盐1小匙，蚝油适量。

做法：

1. 将香菇去掉根部，洗净，切成厚片；豆腐洗净后切成3厘米见方、1厘米厚的片，放入沸水中焯烫一下，捞出控干水分备用。
2. 锅内加入油烧热，放入豆腐片稍微煎一下，待表皮煎黄后放入笋片、香菇和蚝油炒匀。
3. 放一点点清水，用中火烧5分钟，最后加盐调味即可。

营养师分析

这道菜可以为孕妈妈提供丰富的维生素、蛋白质和叶酸。具有宽中和脾、生津润燥、利水消肿、清热解毒的功效，能够有效地缓解孕妈妈的生理性水肿和便秘症状。蚝油味道咸鲜带甜，还能够刺激孕妈妈的食欲。

鱼肉

营养档案

鱼类种类繁多，大体上分为海水鱼和淡水鱼两大类。不论海水鱼还是淡水鱼，其所含的营养成分大致都是相同的，不同的只是各种营养成分的多少而已。

鱼肉的营养价值极高，鱼肉中含有大量的蛋白质，其中黄鱼含17.6%、带鱼含18.1%、鲐鱼含21.4%、鲢鱼含18.6%、鲤鱼含17.3%、鲫鱼含13%。鱼肉的脂肪含量一般比较低，大多数鱼只有1%～4%，比如黄鱼含0.8%、带鱼含3.8%、鲐鱼含4%、鲢鱼含4.3%、鲤鱼含5%、鲫鱼含1.1%、鳙鱼（胖头鱼）只含0.9%、墨鱼只含0.7%。海水鱼和淡水鱼都含有丰富的碘，还含有磷、钙、铁等无机盐，同时还含有大量的维生素A、维生素D、维生素B_1、尼克酸等。

推荐给孕妈妈的理由

- 鱼肉的营养非常全面，不但富含优质蛋白质、不饱和脂肪酸、氨基酸、卵磷脂、叶酸、维生素A、维生素B_2、维生素B_{12}等营养物质，还含有钾、钙、锌、铁、镁、磷等多种矿物质，这些都是胎儿发育的必要营养物质。
- 鱼肉中的ω-3脂肪酸能够促进胎儿脑部神经系统和视神经系统的发育，还能够预防早产、妊娠高血压综合征及产后抑郁症。
- 鱼肉中所含的牛磺酸不但可以促进胎儿脑细胞的增殖和成熟，还能间接地提高孕妈妈对锌、钙、铜等矿物质和16种游离氨基酸的吸收与利用。
- 鱼肉还具有滋补、健胃、清热解毒、利水消肿的功效。经常吃鱼，对预防和治疗胎动不安、生理性水肿有很好的功效。

烹调窍门

- 鱼的表皮有一层黏液，非常容易打滑，切鱼前将手放在盐水里浸泡一会儿再切，就不会打滑了。
- 鱼肉肉质细嫩，纤维短，极易破碎，切鱼时应将鱼皮朝下，刀口斜入，顺着鱼刺切，就会不容易碎。
- 将鱼去鳞剖腹洗净后放入盆中，倒入一些黄酒或牛奶腌制一会儿，能除去鱼的腥味，并使鱼的味道更加鲜美。

特色食谱

美味鱼吐司

材料：鱼肉（去皮、骨）150克，面包150克，鸡蛋清1个，葱花、姜末各1小匙。

调料：淀粉、盐各1小匙，果酱适量。

做法：

1. 鱼肉洗净剁成泥，加蛋清、葱、姜、淀粉一起拌匀；将面包切去边皮，切成4～5毫米厚的片备用。
2. 将鱼泥分成4份，均匀地抹在切好的面包上。
3. 锅内加入油烧热，放入面包片，炸成金黄色。
4. 将每片面包切成8个小块，蘸上果酱，即可食用。

营养师分析

面包极易被消化和吸收。与鱼肉搭配，能够促进胎儿神经系统的发育，为孕妈妈提供充足的热量。

香菇蒸鳕鱼

材料：鳕鱼肉200克，胡萝卜50克，干香菇2朵，葱1小段，姜2片。

调料：生抽、盐各1小匙，黑胡椒粉、米酒各少许。

做法：

1. 将鳕鱼肉洗净，用少许盐抹匀，片成小片，平铺在深盘内；将香菇用温水泡发，去蒂洗净，切成细丝；将胡萝卜去皮洗净，切成细丝；葱、姜洗净，切丝备用。
2. 在鱼上面撒上香菇丝、胡萝卜丝、葱丝、姜丝，淋上酱油、米酒，上笼蒸10分钟左右。
3. 撒上黑胡椒粉即可。

营养师分析

香菇与鳕鱼搭配食用，可帮助孕妈妈增加食欲、提高身体免疫力，促进胎儿身体、大脑和神经系统的发育。

草鱼炖豆腐

材料：草鱼1条，豆腐1块，青蒜1根。

调料：鸡汤300克，料酒、酱油、白糖、盐各1小匙，香油少许。

做法：

1. 将草鱼洗净，切成大块；豆腐洗净，切成2厘米见方的块备用；青蒜洗净切末备用。
2. 锅内加入油烧至八成热，放入鱼块过油后，加入料酒、酱油、白糖、鸡汤，先用大火烧开，再用小火焖煮。
3. 待鱼入味后，放入豆腐块，先用大火烧开，再用小火焖5分钟。
4. 放入青蒜末，加盐调味，淋上香油即可。

营养师分析

豆腐中含有丰富的蛋白质和卵磷脂，能够促进胎儿神经系统和大脑的发育；草鱼与其搭配食用，具有补中益气、利水消肿、清热润燥、增进食欲的功效。

虾类

营养档案

虾也叫海米、开洋，主要分为淡水虾和海水虾。我们常见的青虾、河虾、草虾、小龙虾等都是淡水虾；对虾、明虾、基围虾、琵琶虾、龙虾等都是海水虾。

虾含有高质量的蛋白质，鲜虾中的含量约为18%，虾干中的含量高达50%左右。虾中矿物质含量也很丰富，每100克海虾中含钙146毫克、磷196毫克、铁3毫克、锌1.14毫克。而每100克虾皮中钙含量高达991毫克、磷582毫克、铁6.7毫克。

推荐给孕妈妈的理由

● 虾营养丰富，肉质松软，容易消化，没有腥味和骨刺，并且味道鲜美，是孕妈妈孕期补充营养的最佳食物之一。

● 虾的通乳作用较强，其中所富含的磷具有构成骨骼和牙齿、胎儿的成长发育、参与孕妈妈体内的脂肪和淀粉代谢、供给孕妈妈热量与活力、调节孕妈妈体内的酸碱平衡的作用。

● 虾肉中所含的钙，不但是胎儿骨骼和牙齿的重要构成成分，还具有降低孕妈妈神经细胞的兴奋性、预防抽筋、水肿、促进孕妈妈体内多种酶的活动、维持孕妈妈体内酸碱平衡的作用。

● 虾中含有丰富的镁，镁对心脏活动具有重要的调节作用，能很好地保护心血管系统，减少血液中胆固醇含量，有利于预防妊娠高血压综合征。

烹调窍门

● 海虾属于寒凉食物，食用时最好和姜、醋等作料搭配，可以中和虾的寒性。

● 烹饪前，一定要将虾背上的虾线挑去，否则不但影响口感，营养价值也会打折扣。

● 有些干虾要经过浸发才可以烹煮。这时候就要注意：第一次浸虾的水异味很重，不能用来烹煮，第二次浸的水才可用来烹煮。

● 虾含有比较丰富的蛋白质和钙等营养物质。如果与含有鞣酸的水果，如葡萄、石榴、柿子等同食，会降低蛋白质的营养价值，而且鞣酸和钙离子结合形成不溶性结合物刺激肠胃，出现呕吐、头晕、恶心和腹痛腹泻等症状。

特色食谱

鱼香虾球

材料：对虾400克，蛋清1个，泡椒10克，葱半根，姜1片，蒜2瓣。

调料：高汤适量，淀粉4小匙，料酒、醋各2小匙，酱油、盐、白糖各1小匙，香油少许。

做法：

1. 将大虾去壳，用刀从虾背部片成合叶形，洗净，控干水分。用2小匙淀粉，1小匙料酒、半小匙盐、蛋清、调成浆汁，为大虾上浆。
2. 将其余的料酒、盐、白糖、酱油、醋、高汤、淀粉放到一个碗里，兑成芡汁。泡椒、葱、姜、蒜剁成末备用。
3. 锅内加入油烧至六成热，放入虾，滑透后倒入漏勺中控油。
4. 锅中留少许底油，倒入泡椒、葱、姜、蒜末，翻炒均匀，倒入调味汁，炒至汁色发亮，倒入虾炒匀即可。

营养师分析

虾肉中含有丰富的蛋白质，且肉质松软，极易消化。其中所含的钙和磷能够促进胎儿骨骼和牙齿的生长，还可以帮助孕妈妈维持体内的酸碱平衡，能有效地缓解水肿症状。

黄瓜虾仁

材料：虾仁300克，黄瓜100克，蛋清1个。

调料：水淀粉1大匙，料酒、盐、淀粉各1小匙，白糖少许，高汤、番茄酱、鸡精各适量。

做法：

1. 将虾仁洗净，放到一个大的碗中，加入少量盐，用手抓捏，除去体液，挤干水分备用；黄瓜洗净，切丁备用。
2. 在放虾仁的碗中加入蛋清、鸡精和淀粉，搅拌至虾仁表面裹上一层半透明的浆衣。锅内加入油烧热，放入虾仁炒熟，盛出备用。
3. 锅中留少许底油烧热，加入番茄酱、料酒、白糖、鸡精、盐和少许高汤，烧开，用水淀粉勾芡。
4. 将虾仁和黄瓜丁倒入锅中翻炒均匀即可。

营养师分析

黄瓜与虾仁搭配食用，可以有效地预防生理性水肿和妊娠高血压综合征，还能增强免疫力。

腰果熘虾仁

材料：虾仁300克，腰果50克，熟火腿（瘦）30克，蛋清1个，葱、姜各少许。

调料：鸡汤小半碗，淀粉、料酒各2小匙，盐1小匙，鸡精、胡椒粉各少许。

做法：

1. 将虾仁洗净，沥干水放入碗中，加入蛋清、盐和1小匙淀粉搅匀，为虾仁上浆。将鸡汤、鸡精、胡椒粉和剩余的淀粉放入碗中，兑成芡汁。
2. 将腰果洗净，投入沸水中焯烫5分钟左右，捞出来沥干水分备用；熟火腿切成小丁；葱洗净切葱花；姜洗净切末备用。
3. 锅内加入油烧热，下入腰果，用小火炸至焦脆，捞出控油；加热油锅，下入浆好的虾仁，用筷子轻轻拨散，捞出控油。
4. 锅中留少许底油，放入姜末爆香，加入虾仁、火腿、葱花，烹入料酒和芡汁，翻炒均匀，再加入腰果，炒均即可。

营养师分析

腰果味甘性平，具有降压、利尿、降温的功效，其中所含的油脂，还具有润肠通便的作用。虾仁与其搭配食用，可以为孕妈妈提供所需的热量，预防妊娠高血压综合征，还能够促进胎儿骨骼的生长发育。

韭菜炒虾仁

材料：虾仁300克，韭菜150克，葱白1段，姜1片。

调料：料酒、酱油各1小匙，盐半小匙，高汤、香油、鸡精各适量。

做法：

1. 将虾仁洗净，沥干水分备用；韭菜洗净，沥干水分，切成2厘米长的段备用；葱、姜均洗净切丝备用。
2. 锅内加入油烧热，放入葱、姜爆香，倒入虾仁煸炒2～3分钟，烹料酒，加酱油、盐、高汤，稍焖一会儿。
3. 倒入韭菜，大火快炒至韭菜断生，淋入香油，加入鸡精，炒匀即可。

营养师分析

韭菜具有独特的辛辣味，可以刺激孕妈妈的食欲，增进消化功能，同时其中所含的维生素和膳食纤维，能够促进肠胃蠕动。虾仁与其搭配食用可以帮助孕妈妈缓解便秘，而且对于产后乳汁不足和体质偏寒的新妈妈在哺乳期内适当地吃些，还能够起到很好的补益作用。

鸡肉

营养档案

鸡肉是雉科动物家鸡的肉，属家禽类。因为鸡被饲养杂交的关系，品种很多，形体大小、毛色不一。整只鸡全鸡除去毛与爪甲，几乎无一不能烹饪料理或入药的，小小一只鸡，可食用性几乎是百分之百。

鸡的营养成分从营养价值来分析，每100克鸡肉中含有水分74%、蛋白质22%、钙13毫克、磷190毫克、铁1.5毫克等，鸡肉也含有丰富的维生素A，尤其小鸡鸡肉中的含量特别多，另还含有维生素C、维生素E等。鸡肉中的脂肪含量比较低，且多为不饱和脂肪酸。

推荐给孕妈妈的理由

● 鸡肉中含有丰富的优质蛋白质，并且很容易被人体吸收利用，可以快速地帮助孕妈妈增强体力、强壮身体，是哺乳期新妈妈滋补和吸收营养的良好来源。

● 鸡肉中的脂肪含量很低，可以避免孕妈妈摄入大量脂肪、增加体重的危险。

● 鸡肉中含有大量的磷脂和维生素A，对促进胎儿的生长发育、帮助孕妈妈和胎儿提高免疫力具有重要意义。

● 鸡肉可以温中益气，补精添髓，对产后乳汁不足、水肿、食欲不振等虚弱症状有比较好的疗效，是新妈妈滋补的佳品。

烹调窍门

● 鸡屁股是鸡全身淋巴最集中的地方，也是储存病菌、病毒和致癌物的仓库，不能吃，在烹调前一定要摘除。

● 鸡肉中含有谷氨酸钠，可以说是“自带鸡精”，烹调鲜鸡时只需放油、盐、葱、姜、酱油等调料，不用放鸡精，味道就很鲜美。

● 烹调鲜鸡时不宜放花椒、八角等厚味的调料，这样会把鸡的鲜味驱走或掩盖住。但经过冷冻的光鸡由于事先没有开膛，通常有一股异味，烹调时可以适当放些花椒、八角，有助于去除鸡肉中的异味。

特色食谱

榨菜炒鸡丝

材料：鸡肉300克，榨菜100克，葱1小段。

调料：淀粉2小匙，醋、酱油、料酒各1小匙，盐半小匙，白糖、鸡精各少许。

做法：

1. 将鸡肉洗净，切成细丝，加入淀粉和一半料酒、盐调匀，腌制10分钟左右；将榨菜用清水淘洗几遍，洗净切丝备用；将葱洗净切小段备用。
2. 锅内加入油烧至四成热，倒入鸡肉炒散，加入酱油，翻炒至鸡肉上色。
3. 倒入榨菜，加入白糖、醋、葱段和余下的料酒、盐，翻炒均匀。
4. 加入鸡精，炒匀即可。

营养师分析

鸡肉可以帮助孕妈妈提供丰富的蛋白质、磷脂和维生素A，具有温中益气、补精添髓的功效，还可以有效地缓解水肿。与榨菜搭配食用，口感脆嫩，味道鲜香，可以帮助孕妈妈增进食欲，补充丰富的营养。

芦笋鸡柳

材料：鸡脯肉200克，芦笋200克，胡萝卜100克，葱末、姜末各1小匙。

调料：水淀粉1大匙，料酒、酱油各2小匙，盐1小匙，香油适量。

做法：

1. 将鸡脯肉洗净切条，用1小匙料酒和1小匙酱油腌制5分钟；芦笋洗净，切成小段；胡萝卜洗净切条备用。
2. 锅内加入油烧热，放入葱末、姜末爆香，依次倒入鸡肉、胡萝卜和芦笋，加料酒和盐炒至断生。
3. 用水淀粉勾芡，淋入香油即可。

营养师分析

芦笋中含有丰富的蛋白质、维生素、钙、磷、镁等营养物质；鸡肉可以补中益气、增强体力。这道菜可补充丰富的叶酸，促进胎儿的生长发育，还可增强食欲、预防贫血。

茄汁煎鸡腿

材料：鸡腿300克，番茄2个，鸡蛋、洋葱各1个，生菜叶适量。

调料：面粉1小匙，盐半小匙，白糖适量，胡椒粉少许。

做法：

1. 将鸡腿洗净，去骨后切成块，放入碗中。将鸡蛋打入鸡腿中，加入面粉、盐、胡椒粉拌匀，腌制10分钟左右；将番茄洗净，切成小片；洋葱洗净，切小片备用；生菜叶洗净备用。
2. 取一半番茄片，挤出汁水，加入白糖，调成甜茄汁。
3. 锅内加入油烧热，放入洋葱片煎香。
4. 倒入鸡腿，用小火煎熟，取出控干油，放入盘中。
5. 将余下的番茄片和生菜围在鸡腿边，淋上甜茄汁即可。

营养师分析

番茄中含有丰富的维生素、矿物质和碳水化合物，具有生津止渴、健胃消食、清热解毒、降低血压的功效；鸡肉中含有丰富的优质蛋白质，可以帮助孕妈妈增强体力、强壮身体。两者搭配食用，可以帮助孕妈妈增强食欲，补充身体所需的热量，促进胎儿的生长发育。

猴头菇煨鸡

材料：柴鸡1只，猴头菇200克，水发冬笋50克，菠菜30克，葱半根，姜2片。

调料：料酒1大匙，淀粉、酱油各2小匙，盐1小匙，花椒8粒，八角2粒，清汤适量。

做法：

1. 将鸡洗净剔去头、爪、鸡架、腿骨，切成4厘米见方的块，放入盆内，加入料酒、酱油、淀粉拌匀，腌制20分钟左右。
2. 猴头菇洗净，沥干水分，切成0.5厘米厚的大片备用；菠菜洗净，投入沸水中焯烫熟，捞出沥干水分备用；水发冬笋洗净，切成小片；葱洗净，斜切片备用。
3. 锅内加入少量油烧热，放入花椒炸出花椒油盛出备用；锅内继续加入油烧至六成热，下入鸡块炸成黄色，捞出控油。
4. 另起锅加入少量油烧热，倒葱、姜爆香，加入八角、酱油、料酒、清汤，大火烧开。
5. 捞出姜、葱、八角，放入炸好的鸡块和猴头菇、笋片，大火烧开，再用小火炖1小时左右，待鸡肉熟烂，下入菠菜，淋入花椒油即可。

营养师分析

猴头菇中含有丰富的蛋白质、矿物质和维生素，其中所含的不饱和脂肪酸有利于血液循环，能够降低血胆固醇含量。鸡肉与其搭配食用，可以帮助孕妈妈补充丰富的营养，提高身体的免疫力，同时，冬笋和菠菜还能够为孕妈妈补充所需的叶酸。

鸭肉

营养档案

鸭属脊椎动物门，鸟纲雁形目，鸭科动物，是由野生绿头鸭和斑嘴鸭驯化而来。鸭肉是一种美味佳肴，适于滋补，是各种美味名菜的主要原料。鸭肉蛋白质含量比畜肉含量高得多，脂肪含量适中而且分布较均匀。

据营养学家分析，每100克鸭肉中除水分外，含蛋白质16.5克、脂肪7.5克、碳水化合物0.1克、灰分0.9克、钙11毫克、磷1.45毫克、铁4.1毫克、硫胺素0.07毫克、核黄素0.1毫克、尼克酸4.7毫克。

推荐给孕妈妈的理由

● 鸭肉中的脂肪酸熔点低，极易消化。孕妈妈不必担心由于消化不良引起的各种不适。

● 鸭肉所含的B族维生素和维生素E较其他肉类多，能有效抵抗脚气病、神经炎和多种炎症，还能够帮助孕妈妈抵抗衰老。

● 鸭肉中含有较为丰富的烟酸，是构成人体内两种重要辅酶的成分之一，对患有心脏疾病的孕妈妈有很好的保护作用。

● 鸭肉味甘性寒，具有滋补、养胃、补肾、消水肿、止咳化痰等作用。多食鸭肉，对患有食欲不振、大便干燥和水肿的孕妈妈有很好的疗效。

烹调窍门

● 烹调时加入少量盐，肉汤会更鲜美。

● 公鸭肉性微寒，母鸭肉性微温。入药以老而白、白而骨乌者为佳。用老而肥大之鸭同海参炖食，具有很大的滋补功效。

● 鸭肉与海带共炖食，可软化血管，降低血压，对高血压、心脏病有较好的疗效。

● 炖制老鸭时，加几片火腿肉或腊肉，能增加鸭肉的鲜香味。

● 清蒸、炖或烧整鸭前，要先用刀平着把鸭的胸脯拍塌，腿节拍断。这样制作出的鸭骨头能顺利脱掉。

特色食谱

青椒鸭片

材料：鸭肉250克，青椒50克，鸡蛋清1个，葱末1小匙。

调料：料酒、水淀粉各2小匙，盐1小匙，水淀粉10克，鸡精少许。

做法：

1. 将鸭肉洗净，切成薄片，放入鸡蛋清搅拌均匀；青椒洗净，切片备用。
2. 锅内加入油烧热，放入鸭片快速翻炒，捞出沥油。
3. 锅中留少许底油烧热，放入葱末爆香，倒入青椒、料酒、盐及少量清水，烧开后倒入鸭片翻炒均匀，放入鸡精，用水淀粉勾芡即可。

营养师分析

青椒中含有丰富的维生素C，具有温中散寒、开胃消食的功效；鸭肉中脂肪的含量适中，鸭肉极易消化。两者搭配食用，可以帮助孕妈妈缓解由于早孕反应引起的身体不适，同时还能起到美容养颜的功效。

鸭块白菜

材料：鸭肉150克，白菜150克，姜5片。

调料：料酒2大匙，盐1小匙，鸡精少许。

做法：

1. 将鸭肉洗净，切成小块；白菜择洗干净，切成4厘米长、2厘米宽的条备用。
2. 将锅置于火上，放入鸭块，注入适量清水（以刚没过鸭块为度），大火煮沸，撇去浮沫，加入料酒、姜片，用小火炖至八分熟。
3. 下入白菜，用大火一起煮烂。
4. 加入盐和鸡精调味即可。

营养师分析

白菜含有丰富的膳食纤维，具有润肠、排毒、利水消肿的功效；鸭肉具有滋阴养胃的功效。两者搭配食用，可以帮助孕妈妈提高自身免疫力，缓解便秘和生理性水肿，为胎儿的健康成长打下良好的基础。

红烧鸭

材料：鸭1只，洋葱（白皮）100克，大蒜3瓣，姜3片。

调料：料酒、老抽各1大匙，生抽、盐各2小匙，八角3粒，干辣椒3个，鸡精、桂皮各少许。

做法：

1. 鸭肉洗净切成块，加入老抽、1小匙盐、半大匙料酒腌制30分钟。
2. 将洋葱、姜、干辣椒均洗净切丝；蒜洗净拍碎，切成蒜末。
3. 锅内加入油烧热，倒入鸭肉过油，待鸭肉颜色变深时，捞出控油。
4. 锅中留少许底油烧热，放入姜丝爆香后加入洋葱和蒜末炒出香味，加入鸭块、桂皮、八角继续翻炒。
5. 加入水（以刚没过鸭块为宜），放入干辣椒丝、料酒、盐、生抽，加盖用大火煮开后，改用中火收汁，最后加入鸡精炒匀即可。

营养师分析

鸭肉味甘性寒，具有滋补、养胃、补肾、利水消肿、止咳化痰等作用。体质虚弱、食欲不振的孕妈妈可多食鸭肉，能够帮助孕妈妈缓解生理性水肿，增进食欲。

绿豆老鸭汤

材料：老鸭1只，绿豆40克。

调料：陈皮2片，盐适量。

做法：

1. 老鸭洗净切掉鸭尾，放入沸水中焯烫一下捞出。
2. 陈皮放入温水中浸软，刮去瓤备用；绿豆洗净备用。
3. 将砂锅置于火上，倒入适量清水煮沸，将所有材料放入煲内，用大火煮20分钟，再改用小火熬2小时，调入盐即可。

营养师分析

绿豆具有清热解毒、止渴健胃、利水消肿、增进食欲的功效。孕妈妈多喝此汤能够起到安神补胎的作用。

海带鸭肉汤

材料：鸭肉300克，水发海带100克，鸡蛋1个。

调料：盐1小匙，淀粉1小匙，味精、胡椒粉各少许。

做法：

1. 将鸭肉洗净切片；海带泡洗干净，切片；鸡蛋清加淀粉和少量水，制成蛋清糊。
2. 将鸭肉片用蛋清糊上浆后，放入沸水锅内焯烫后捞出备用。
3. 起锅加适量水，放海带片，用小火炖30分钟。加入鸭片，加盐、胡椒粉、味精调味，煮沸即可。

营养师分析

海带是一种营养价值很高的海产品，含有丰富的碘，在做汤时要烹制时间长一些，让其充分溶解到汤里有助于孕妈妈吸收。

牛肉

营养档案

牛肉是日常生活中常见的一种肉食，我们平常所吃的牛肉一般是黄牛肉或水牛肉。黄牛和水牛均为牛科动物。现代医学证明，牛肉蛋白质中所含的人体必需的氨基酸成分丰富，所以营养价值很高。

牛肉的化学组成因牛的种类、性别、年龄、生长地区、饲养方法、营养状况、体躯部位的不同而不同。一般每100克牛肉中含蛋白质20.1克、脂肪4.2克、维生素B_1 0.07毫克、维生素B_2 0.15毫克、钙23毫克、磷170毫克、铁3.3毫克。

推荐给孕妈妈的理由

● 牛肉含有丰富的蛋白质，并且其中氨基酸组成比其他肉类更接近人体需要，这对提高孕妈妈的机体免疫力、促进胎儿生长发育方面具有很好的作用。

● 牛肉中还含有比较多的锌，并且很容易被人体吸收和利用。锌是一种有助于合成蛋白质、促进肌肉生长的抗氧化剂。

● 牛肉中的脂肪含量很低，孕妈妈在孕期适量吃些瘦牛肉，不但可以补充营养，还可以收到补中益气、滋养脾胃、强健筋骨的功效，并且不用担心体重会增长过快。

烹调窍门

● 牛肉的纤维较粗，结缔组织又多，切的时候应该横切，将牛肉的长纤维切断。否则不仅没办法入味，还不容易嚼烂。

● 煮牛肉时在锅里放一个山楂、一块橘皮或一点茶叶，牛肉易烂，并能较好地保存牛肉中的营养成分。

● 红烧牛肉时，加少许雪里红，肉味会更加鲜美。

● 煮老牛肉的前一天晚上把牛肉涂上一层芥末，第二天用冷水冲洗干净后下锅煮，煮时再放点酒和醋，这样处理之后老牛肉容易煮烂，而且肉质变嫩，色佳味美，香气扑鼻。

特色食谱

菠萝牛肉片

材料：牛肉250克，菠萝150克，蛋清1个。

调料：番茄沙司4小匙，水淀粉1大匙，淀粉1小匙，盐、鸡精各少许。

做法：

1. 牛肉洗净，切成薄片，用蛋清、淀粉拌匀；菠萝去皮和芯，切成薄片备用。
2. 锅内加入油烧至七成热，倒入牛肉片过油，待肉片变色，盛出备用。
3. 锅中留少许底油烧热，倒入菠萝片炒匀，加盐、清水，大火烧开，煮3分钟。
4. 倒入牛肉，加入番茄沙司、鸡精，烧沸，小火煮5分钟，用水淀粉勾芡即可。

营养师分析

菠萝味甘性平，具有健胃消食、补脾止泻、清胃解渴等功效，菠萝中还含有一种叫“菠萝朊酶”的物质，能够分解蛋白质。所以牛肉在与其搭配食用的时候，孕妈妈不必担心消化不良。

生菜牛肉

材料：牛肉300克，生菜100克，鸡蛋2个，葱末、姜末各2小匙。

调料：白糖2大匙，料酒、醋、淀粉各1大匙，香油、盐各2小匙，胡椒粉、鸡精各少许。

做法：

1. 将料酒、1小匙盐、1小匙葱、1小匙姜、胡椒粉、鸡精放入碗中调成芡汁备用；将牛肉洗净放入沸水中焯烫一下捞出，倒入芡汁腌制一个半小时。
2. 将牛肉放入蒸笼中蒸，熟后取出晾凉，切成长4厘米、宽1厘米、厚1厘米的片。
3. 将鸡蛋打入碗内，加入淀粉调成浆，抹在牛肉片上。
4. 锅内加入油烧至八成热，放入牛肉片，炸至金黄色时，捞出控干，码放在盘子的左边。将生菜洗净切丝，装在牛肉盘的右边即可。

营养师分析

生菜中含有丰富的膳食纤维和维生素C，其中所含的甘露醇等成分具有利尿和促进血液循环的作用。牛肉与其搭配食用，能够为孕妈妈补充丰富的蛋白质和维生素，起到清热爽神、强筋健骨、滋养脾胃的功效。

荷兰豆炒牛里脊

材料：牛里脊肉300克，荷兰豆100克，胡萝卜50克，姜末1小匙，姜汁少许。

调料：酱油、料酒、白糖、淀粉各1小匙，盐少许。

做法：

1. 将牛肉洗净，切成薄片，用淀粉、料酒、姜汁、酱油拌匀，腌制10分钟；荷兰豆洗净备用；胡萝卜洗净切片备用。
2. 锅内加入油烧热，倒入牛肉片炒至变色，加入荷兰豆、胡萝卜片翻炒1分钟。
3. 加入料酒、姜末、白糖和盐，炒至牛肉断生即可。

营养师分析

荷兰豆具有益脾和胃、生津止渴、通便利乳的功效；胡萝卜中含有丰富的维生素，其中所含的维生素A，对孕妈妈和胎宝宝都非常有利；牛肉中含有丰富的蛋白质。三者搭配食用，能够为孕妈妈和胎儿补充全面而又丰富的营养。

清炖牛肉汤

材料：牛肋条肉400克，冬菇50克，葱半根，姜2片。

调料：盐2小匙，料酒1小匙，鸡精、胡椒粉各少许。

做法：

1. 将牛肉洗净，切成2厘米见方的块，放入沸水中焯烫片刻，捞出控干；冬菇洗净，切成两半；葱洗净切成段备用。
2. 将沙锅置于火上，加入牛肉、冬菇、姜、葱，注入适量清水，调入盐、鸡精、料酒，加盖炖2小时左右。
3. 拣去姜、葱，调入胡椒粉即可。

营养师分析

冬菇中的维生素含量十分丰富，其中所含的维生素D，可以帮助孕妈妈促进体内钙的吸收；牛肉中所含的氨基酸组成比其他肉类更接近人体需要，能够提高孕妈妈的身体免疫力。两者搭配食用，可以帮助孕妈妈强筋健骨，促进胎儿骨骼的生长发育。

豉椒炒牛肉

材料：牛肉400克，青椒100克，葱1根，生姜4片。

调料：豆豉、酱油、料酒各1大匙，盐、水淀粉各适量。

做法：

1. 将牛肉切成细丝，放入沸水锅内焯烫至断生，捞出沥干；青椒去蒂、子，洗净切成块；葱、生姜洗净均切成末。
2. 起锅热油，放入豆豉、葱姜末、青椒块稍炒，再放入牛肉丝炒散。
3. 加入盐、料酒、酱油和清水少许烧沸，用水淀粉勾稀芡即可。

营养师分析

牛肉有补中益气、滋养脾胃、强健筋骨、化痰息风、止渴止涎的功效。适合中气下陷、气短体虚、筋骨酸软和贫血的孕妈妈食用。

猪肝

营养档案

猪肝是猪体内储存养料和解毒的重要器官，含有丰富的营养物质，具有营养保健功能，是最理想的补血佳品之一。

猪肝的营养价值很高，每100克猪肝中含蛋白质21.3克、脂肪4.5克、碳水化合物5克、钙6毫克、磷310毫克、铁25毫克、硫胺素0.4毫克、核黄素2.11毫克、尼克酸16.2毫克、维生素C20毫克。

推荐给孕妈妈的理由

● 猪肝中铁质丰富，是补血食品中最常用的食物，食用猪肝可以帮助孕妈妈预防缺铁性贫血。

● 猪肝中含有丰富的维生素A，维生素A是促进胎儿生长发育的必要成分，孕妈妈体内缺乏维生素A会影响胎儿的正常生长，还可能导致胎儿出现先天性缺陷。

● 经常食用猪肝还能补充维生素B_2，它具有促进胎儿发育、预防早产、未成熟儿分娩和死胎的功效。

● 猪肝中还含有一般肉类食品不含的维生素C和微量元素硒，可以帮助孕妈妈增强身体免疫力，还具有抗氧化、防衰老的作用。

烹调窍门

● 肝脏是动物体内最大的毒物中转站和解毒器官，买回的鲜肝不要急于烹调，应该先在自来水下冲洗10分钟，然后在水中浸泡30分钟，再烹调食用。

● 猪肝常有一种特殊的异味。烹制前，如果先用水将肝血洗净，剥去薄皮，放入盘中，加适量牛奶浸泡几分钟，即可清除猪肝的异味。

● 烹调时间不能太短，至少应该在急火中炒5分钟以上，使肝完全变熟，再去食用。

● 猪肝要现切现做。切开后的猪肝放置时间一长胆汁就会流出来，不仅损失养分，炒熟后还会有许多颗粒凝结在猪肝上，影响菜品的外观和口感。

● 猪肝切片后应迅速用调料和水淀粉拌匀，并尽早下锅。

特色食谱

胡萝卜炒猪肝

材料：猪肝200克，胡萝卜100克，干黑木耳10克，青蒜末1大匙，蒜3瓣，姜1片。

调料：料酒1大匙，盐、淀粉各1小匙，胡椒粉适量。

做法：

1. 将黑木耳用温水泡发洗净，撕成小朵备用；将猪肝洗净切片，用料酒、胡椒粉、半小匙盐、淀粉拌匀；胡萝卜洗净切片备用；姜切丝，蒜洗净切片备用。
2. 锅内加入油烧至八成热，倒入猪肝，大火炒至变色盛出。
3. 锅内留少许底油烧热，倒入姜丝、蒜片爆香，加入胡萝卜、黑木耳、盐翻炒至熟。
4. 加入猪肝、青蒜末，翻炒几下即可。

营养师分析

胡萝卜中含有丰富的维生素，其中所含的维生素A，具有促进机体正常生长与繁殖的功效；黑木耳中含有丰富的纤维素，能够促进胃肠蠕动，防止便秘。猪肝与其搭配食用，可以帮助孕妈妈防治便秘和贫血。

青椒炒猪肝

材料：猪肝300克，青椒1个，红椒1个，葱1根，蒜末少许。

调料：淀粉、酱油、鸡精、盐各少许。

做法：

1. 猪肝洗净切片，用少许鸡精、酱油、淀粉腌制10分钟；青椒、红椒洗净切片；葱洗净切斜段。
2. 锅内注入清水，烧沸，放入猪肝焯烫至变色，捞出沥干水分备用。
3. 另起锅，放油烧热，倒入青椒、红椒炒片刻，加入猪肝同炒，加盐、鸡精调味，最后加入葱段炒至变软即可。

营养师分析

青椒中维生素C的含量十分丰富，具有开胃消食的功效；猪肝中含有丰富的铁质和维生素A。搭配食用，可增强食欲、预防缺铁性贫血，促进胎儿的正常发育。

鱼香肝片

材料：猪肝100克，黄瓜、水发木耳、甜椒各50克，泡红辣椒10克，葱白1段，姜1片，蒜2瓣。

调料：淀粉2小匙，料酒、盐、白糖、白醋、生抽各1小匙，鸡精适量。

做法：

1. 将猪肝洗净切成薄片，用料酒、淀粉和半小匙盐腌制入味；黄瓜洗净切成薄片；甜椒洗净，切成1厘米左右宽的条；水发木耳洗净，撕成小朵；泡红辣椒用清水投洗几遍，切成碎丁；葱、姜、蒜均洗净切末备用。
2. 将剩下的盐、白糖、生抽、白醋、鸡精放到一个小碗里，兑成芡汁备用。
3. 锅内加入油烧热，倒入葱、姜、蒜、泡红辣椒炒出香味，倒入芡汁，大火收汁，盛出备用。
4. 另起锅加入油烧热，倒入猪肝，大火炒熟。
5. 加入黄瓜、木耳、甜椒，翻炒几下，倒入第三步中的味汁，翻炒均匀即可。

营养师分析

这道菜香味浓郁，营养丰富。黄瓜具有清热、解渴、利水、消肿等功效，所含的黄瓜酶能有效促进机体的新陈代谢；木耳中含有丰富的纤维素，能够帮助孕妈妈预防便秘。猪肝与其搭配还能够起到补肝养血的作用。

菠萝炒猪肝

材料：猪肝100克，菠萝肉100克，水发木耳50克，葱半根。

调料：水淀粉4小匙，香油、醋各2小匙，酱油1小匙，盐半小匙。

做法：

1. 猪肝洗净，切成薄片放入碗中，加入酱油、2小匙水淀粉拌匀，腌制10分钟；菠萝洗净，切成小片；水发木耳洗净，撕成小朵；葱洗净，切成小段备用。
2. 锅内加入油烧热，倒入肝片，用小火慢慢炒熟，盛出控油。
3. 锅中留少许底油，倒入葱段、木耳、菠萝肉翻炒几下，加入醋、盐炒匀。
4. 倒入猪肝，翻炒均匀，用水淀粉勾芡，淋入香油即可。

营养师分析

菠萝中含有丰富的维生素C、钙、镁、叶酸等营养素，具有健胃消食的功效；猪肝含有丰富的铁、磷、蛋白质、卵磷脂和微量元素。两者搭配食用，能够缓解孕期的各种不适，促进胎儿的生长发育。

猪 腰

营养档案

猪腰即猪肾，其中含有蛋白质、脂肪、碳水化合物、钙、磷、铁和维生素等，具有健肾补腰、和肾理气等功效。

每100克猪腰中含有蛋白质15.4克、碳水化合物1.4克、脂肪3.2克、维生素C13毫克、钙12毫克、镁22毫克、铁6.1毫克、锰0.16毫克、锌2.56毫克、钾217毫克、磷 215毫克、钠134.2毫克。

推荐给孕妈妈的理由

● 猪腰含有丰富的蛋白质、脂肪、B族维生素、维生素 C、钙、磷、铁等营养物质，是孕妈妈在孕期必吃的滋补品之一。

● 除了丰富的营养，猪腰还具有养阴、健腰、补肾、理气的功效，可以促进孕妈妈的新陈代谢，产后适当吃一些猪腰，不但可以促使子宫早日复旧，还具有缓解腰酸背痛的功效。

● 猪腰中锌的含量较高，对孕妈妈来说，缺锌还会使子宫肌肉的收缩力减弱，无法自行生产。孕妈妈多食一些含锌丰富的猪腰，能够促进子宫和盆腔的收缩，减少分娩时的痛苦。

烹调窍门

● 洗猪腰的窍门：将猪腰剥去薄膜，剖开，剔去筋，切成所需的片或花，用清水漂洗一遍，捞起沥干水分。

● 在清洗猪腰时，可以看到白色的纤维膜内有一个浅褐色的腺体，那就是猪的肾上腺。它富含皮质激素和髓质激素，如果误食会使孕妈妈体内的血钠增高，心跳加快，诱发妊娠水肿、妊娠高血压综合征等疾病。因此，吃腰花时一定要将肾上腺剔干净。

● 按1000克猪腰用100毫升烧酒的比例，将猪腰用少量烧酒拌和、捏挤后，用水漂洗两三遍，再用开水烫一遍，即可去除猪腰的臭味。

● 炒腰花时加上些葱、姜和青椒，有助于去腥增鲜。

特色食谱

海带猪腰汤

材料：猪腰2个，海带20克。

调料：盐少许。

做法：

1. 将海带泡发洗净，切块备用；猪腰洗净，切片备用。
2. 将锅置于火上，加入适量清水烧开，放入猪腰焯烫约3分钟，捞出沥干。
3. 把猪腰、海带一起放入煲内煲熟，加适量盐调味即可。

营养师分析

海带中含有大量的甘露醇，具有利尿消肿的功效，其中所含有的优质蛋白质和不饱和脂肪酸，对心脏病、糖尿病、高血压有一定的防治作用。猪腰与其煲汤食用，具有清热去毒、活血降压的功效，还可以缓解孕妈妈的生理性水肿。

山药腰片汤

材料：猪腰200克，冬瓜200克，山药、黄芪、香菇各15克，葱半根，姜1片。

调料：鸡汤10杯，盐少许。

做法：

1. 冬瓜去皮切块洗净备用，香菇去蒂洗净备用，葱洗净切段备用，黄芪、山药均洗净备用。
2. 将猪腰剔去筋膜和臊腺，洗净切成薄片，放入沸水中焯烫后捞出备用。
3. 将锅置于火上，加入鸡汤，先放入葱姜，再放入黄芪和冬瓜，以中火煮40分钟。
4. 将猪腰、香菇和山药放入锅内，大火煮开后改用小火稍煮片刻，调入盐即可。

营养师分析

山药具有健脾补肺、益胃补肾、养心安神的作用；冬瓜具有利水消肿、清热解毒的功效；黄芪和香菇具有利尿、活血等功效。猪腰与其搭配食用，具有强肾和降血压的作用，患有妊娠高血压综合征和水肿症状的孕妈妈可多食。

黄花熘猪腰

材料：猪腰300克，干金针菜100克，葱半根，姜2片，蒜2瓣。

调料：水淀粉1大匙，盐1小匙。

做法：

1. 将猪腰剔去筋膜和臊腺，洗净，切成小块，剞上花刀；金针菜用水泡发，撕成小条备用；葱洗净切段，姜切丝，蒜切片备用。
2. 锅内加入油烧热，放入葱、姜、蒜爆香，再倒入腰花，煸炒至变色。
3. 加入金针菜、盐，煸炒片刻，用水淀粉勾芡即可。

营养师分析

金针菜性平、味甘，具有清热利尿、养血平肝、利水通乳等功效，其中还含有丰富的卵磷脂；猪腰子中含有丰富的蛋白质、维生素和矿物质。两者搭配食用，能够为孕妈妈补充丰富的营养，促进胎儿神经系统和大脑的发育。

青椒炒腰片

材料：猪腰300克，青椒100克，姜1片，蒜2瓣。

调料：生抽半大匙，米酒2小匙，盐、鸡精、蚝油各1小匙，香油少许。

做法：

1. 将猪腰剔去筋膜和臊腺，洗净切成薄片，放入清水中漂洗干净，用半小匙盐、生抽、米酒腌渍15分钟；青椒去蒂洗净斜切片；姜、蒜洗净切末。
2. 锅内加入油，烧至五成热时，倒入腰花滑油断生，捞出控油。
3. 锅中留少许底油烧热，放入姜、蒜爆香，加入青椒片、盐炒至八成熟，倒入腰花，加鸡精、蚝油炒匀，淋入香油即可。

营养师分析

青椒味辛、性热，其香辣味能刺激唾液和胃液的分泌，增加食欲，促进肠道蠕动，帮助消化。猪腰与其搭配食用，能够为孕妈妈补充所需的营养物质，还能够有效地预防便秘和消化不良等症状。

猪血

营养档案

猪血又名液体肉、血豆腐、血花。猪血性平、味咸，是理想的补血佳品之一。

每100克猪血中含有蛋白质12.2克、碳水化合物0.9克、脂肪0.3克、维生素B_1 0.03毫克、维生素B_2 0.04毫克、维生素E 0.2毫克、钾56毫克、钠56毫克、钙4毫克、镁5毫克、铁8.7毫克、锰0.03毫克、锌0.28 毫克、磷16毫克。

推荐给孕妈妈的理由

● 猪血中所含的优质蛋白质，能够为孕妈妈提供丰富的营养，供给胎儿的成长需要。

● 猪血中丰富的铁质是以容易被人体吸收利用的血红蛋白铁的形式存在的，能帮孕妈妈快速补铁，预防缺铁性贫血。

● 猪血所含的锌、铜等微量元素，还有帮助孕妈妈提高免疫功能、健身防病的功效。

● 猪血还是人体有毒物质的“清道夫”。 猪血中的蛋白质经胃酸分解后，可以产生一种特殊的物质，与进入人体的粉尘和有害金属微粒产生生化反应，使它们容易经过排泄作用被带出体外。

烹调窍门

● 买回猪血后，要除去黏附着的杂质，放到开水锅中汆透，再进行烹调。

● 猪血不宜单独烹饪，最好加一些辣椒、葱、姜等作料，以除去猪血本身的异味。

特色食谱

猪血菠菜汤

材料：猪血1条200克，菠菜250克，葱1根。

调料：盐、香油各适量。

做法：

1. 猪血洗净、切块；葱洗净，葱绿切断，葱白切丝；菠菜洗净，切段。
2. 锅置火上，放少许油烧热，放入葱段爆香，倒入清水煮开。
3. 放入猪血、菠菜，煮至水滚，加盐调味，熄火后淋少许香油，撒上葱白即可。

营养师分析

猪血和菠菜都是补血的食材，多喝猪血菠菜汤，对补血、明目、润燥都有好处，尤其能补充体内铁。

清炒猪血

材料：猪血500克，姜1片，辣椒1根。

调料：料酒、盐各1小匙，鸡精适量。

做法：

1. 将猪血清洗干净，切成大块备用；姜洗净切成丝备用。
2. 将锅置火上，加入适量清水烧沸，放入猪血块焯烫片刻，捞出沥干水分，改切成小块。
3. 锅内加入油烧至七成热，倒入猪血，加入料酒、姜、盐，翻炒均匀，起锅前加鸡精调味即可。

营养师分析

猪血中含有丰富的铁质，能够帮助孕妈妈快速补铁，预防缺铁性贫血；其中所含的优质蛋白质能够为孕妈妈提供丰富的营养，促进胎儿的健康成长；猪血中所含有的微量元素可以帮助孕妈妈提高身体的免疫力。

蒜蓉剁椒蒸血粑

材料：猪血400克，蒜10瓣，葱花1小匙。

调料：蒸鱼豉油2小匙，剁椒、鸡精、香油各1小匙，盐半小匙。

做法：

1. 将猪血切成3厘米见方、0.5厘米厚的片；蒜去蒂洗净剁成蓉。
2. 锅内加入油烧至五成热，加入一半蒜蓉，炸成金黄色，倒入碗内，放入另一半蒜蓉、盐、鸡精拌匀待用。
3. 将猪血整齐地摆入盘内，盖上制好的蒜蓉酱、剁椒，淋上蒸鱼豉油，上笼蒸5分钟，取出后撒上葱花，淋上香油即可。

营养师分析

大蒜味辛、性温，具有温中消食、暖脾胃、解毒等功效，其中大蒜挥发油中所含的大蒜辣素具有明显的抗炎灭菌作用；猪血中含有丰富的铁质和蛋白质。两者搭配食用，具有健胃消食的功效，还可以帮助孕妈妈预防贫血，提高身体的免疫力。

红白豆腐酸辣汤

材料：猪血100克，豆腐100克，葱小半根，姜1片，蒜1瓣。

调料：水淀粉2大匙，醋4小匙，盐半小匙，胡椒粉、鸡精、香油各少许。

做法：

1. 将豆腐和猪血洗净，均切成粗丝备用；葱洗净后切少许葱花，剩余切丝备用；姜洗净切丝备用；蒜洗净切片备用。
2. 锅内加入油烧热，放入葱丝爆香，倒入3碗水，加入豆腐丝、血块丝一同煮沸。
3. 将姜丝、蒜片、醋、盐、鸡精、胡椒粉加入汤中稍煮1分钟，用水淀粉勾稀芡，撒上葱花，淋入香油即可。

营养师分析

豆腐中含有丰富的卵磷脂和蛋白质，其中豆腐蛋白质属完全蛋白质，含有人体必需的八种氨基酸，营养价值较高。猪血与其搭配食用能够为孕妈妈补充丰富的蛋白质和铁，帮助孕妈妈预防贫血，促进胎儿的大脑和神经系统的发育。

猕猴桃

营养档案

猕猴桃，又称奇异果、中国醋栗，是猕猴桃属中多个栽培种水果的通称，原产于中国。猕猴桃的质地柔软，因猕猴喜食，故名猕猴桃；也有人说是因为果皮覆毛，貌似猕猴而得名。

猕猴桃是一种营养价值极高的水果，每100克猕猴桃含碳水化合物14克、蛋白质0.8克、钾144毫克、钙27毫克、铁1.6毫克、磷26毫克、镁12毫克，同时还富含胡萝卜素、叶酸、维生素C和维生素 E等，尤其是维生素C的含量非常高，故有“水果之王”的美称。

推荐给孕妈妈的理由

● 猕猴桃中含有丰富的维生素C，它可以促进胶原组织形成，维持胎儿骨骼和牙齿的正常发育；促进孕妈妈对膳食中铁的吸收，帮助孕妈妈预防缺铁性贫血。如果怀孕期间补充足够的维生素C，还可以使孕妈妈在分娩时遇到大出血、难产的概率大大降低。

● 猕猴桃还含有一定量的纤维素和果酸，可以起到促进消化、增加肠道蠕动、促进排便的作用。

● 猕猴桃鲜果及果汁可以降低孕妈妈体内的胆固醇及三酰甘油水平，帮助孕妈妈预防妊娠高血压综合征。

● 猕猴桃中的血清促进素具有稳定情绪、镇静心情的作用，对孕妈妈保持良好心情、预防产前抑郁症有一定的帮助。

烹调窍门

● 猕猴桃性质寒凉，孕妈妈最好不要食用过多，否则容易出现腹痛、腹泻等不适，还可能引起胃肠疾病。

特色食谱

猕猴桃香蕉汁

材料：猕猴桃2个，香蕉1根。

调料：蜂蜜少许。

做法：

1. 将猕猴桃和香蕉去皮，切成块。
2. 分别放入榨汁机中，加入凉开水打成汁。
3. 将其放入一个比较大的碗中，混合到一起，加入蜂蜜调匀即可。

营养师分析

香蕉中含有丰富的碳水化合物，营养丰富，具有清热、生津止渴、润肺滑肠的功效；猕猴桃中维生素的含量十分丰富，还含有一定量的纤维素和果酸。两者搭配食用，具有健胃消食的功效，还可以帮助孕妈妈预防便秘。

猕猴桃西米粥

材料：猕猴桃200克，西米100克。

调料：白糖100克。

做法：

1. 将西米洗净，浸泡30分钟后沥干水分备用。
2. 将猕猴桃去皮、核，用刀切成黄豆大小的丁备用。
3. 锅置火上，加入3碗清水，放入西米、猕猴桃丁和白糖，用大火烧开，再用小火稍煮即可。

营养师分析

西米具有健脾、补肺、化痰的功效，常食还可令皮肤红润有光泽。猕猴桃与其搭配食用，可以缓解孕妈妈由于消化不良引起的各种不适，帮助孕妈妈预防便秘和妊娠高血压综合征。同时这也是一道美容养颜的佳品，爱美的孕妈妈千万不要错过了。

酸甜猕猴桃虾球沙拉

材料：猕猴桃3个，虾仁5个，鸡蛋1个。

调料：干酪粉2大匙，沙拉酱30克。

做法：

1. 将猕猴桃洗净，去皮，对半切开，用挖球器挖出果肉，做成猕猴桃盅。
2. 挖出的果肉切丁备用；鸡蛋打入碗中搅匀成蛋汁备用；虾仁洗净备用。
3. 锅内加入油烧热，将虾仁依序沾裹蛋汁之后再蘸干酪粉，放入锅中炸至金黄色，捞出控油。
4. 猕猴桃盅内放入虾仁、猕猴桃肉，淋上沙拉酱即可。

营养师分析

虾仁中含有丰富的蛋白质和钙；猕猴桃中含有丰富的维生素C、纤维素和果酸，另外，其中所含的血清促进素具有稳定情绪、镇静心情的作用。这道菜的口味酸甜，可以增进孕妈妈的食欲，为孕妈妈补充所需的营养，促进胎儿的生长发育。

香蕉

营养档案

香蕉为芭蕉科植物甘蕉的果实。原产于亚洲东南部，我国台湾、广东、广西、福建、四川、云南、贵州等地也均有栽培，以台湾、广东最多。主要有甘蕉、粉蕉两个品种。甘蕉果形短而稍圆；粉蕉果形小而微弯。香蕉的果肉香甜，除供生食外，还可制作多种加工品。

据分析，每100克香蕉果肉中含碳水化合物20克、蛋白质1.23克、脂肪0.2克、膳食纤维1.2克，水分占60%，并含有胡萝卜素、维生素B_1、维生素B_2、维生素C等，此外，还有人体所需要的钙、磷和铁等矿物质。

推荐给孕妈妈的理由

● 香蕉中含有大量糖类物质及其他营养成分，可以帮助孕妈妈补充营养及热量。

● 香蕉能够缓和胃酸的刺激，保护胃黏膜。

● 香蕉中含有丰富的膳食纤维，有助于增加粪便的体积、促进肠胃蠕动，预防和治疗便秘。孕妈妈在怀孕期间，由于胃酸分泌减少，胃肠道肌肉的张力降低，蠕动减弱，腹壁的肌肉张力也减弱，很容易发生便秘。为了胎儿的安全，又不能过多使用药物通便，适当地吃一些香蕉，就可以很好地解决孕妈妈的便秘问题。

● 香蕉中含有血管紧张素转化酶抑制物质，可以抑制血压的升高，帮助孕妈妈预防妊娠高血压综合征。

● 香蕉果肉甲醇提取物对细菌、真菌有抑制作用，具有消炎解毒的功效。

烹调窍门

● 一定要吃熟透了的香蕉，因为只有熟透了的香蕉才有润肠通便的作用；不熟的香蕉含有较多的鞣酸，具有收敛作用，不但不能通便，反而会加重便秘的程度。

● 香蕉属于热带水果，适宜储存温度是11～18℃，一般情况下保存时间最长是13天，不能放在冰箱里保存。

特色食谱

银耳百合炖香蕉

材料：鲜百合120克，香蕉2根，银耳（干）15克，枸杞子5克。

调料：冰糖100克。

做法：

1. 将银耳用温水泡发，去蒂，撕成小朵，加入适量清水放入蒸笼蒸半小时取出备用。
2. 将新鲜百合剥开洗净，除去老蒂；香蕉去皮，切成0.3厘米厚的片。
3. 将所有材料放入炖盅内，加入冰糖，入蒸笼蒸半小时即可。

营养师分析

百合味甘、微苦，性平，具有养阴润肺、清心安神、止咳的功效；银耳中含有丰富的维生素D和天然的植物胶质，具有滋阴润肤、提高身体免疫力的功效。香蕉与其搭配食用可以为孕妈妈提供丰富的营养，预防便秘，还具有美容养颜的功效。

香蕉鸡蛋卷

材料：香蕉1个，鸡蛋1个，山核桃6个。

调料：番茄酱2大匙。

做法：

1. 将山核桃仁取出，放在菜板上用刀稍压碎；香蕉去皮，用刀压扁备用；鸡蛋打碎搅散备用。
2. 取一半山核桃仁撒在香蕉上，用刀压一下，使核桃仁嵌入香蕉里；将香蕉翻面，嵌入另一半核桃仁。
3. 锅内加入少许油烧热，倒入蛋液摊成蛋皮，再将香蕉放蛋皮上。
4. 用蛋皮将香蕉卷起，将蛋卷两端往里抄好，装入盘中，加上番茄酱即可。

营养师分析

山核桃仁松脆味甘，含有丰富的维生素和不饱和脂肪酸；鸡蛋中含有丰富的蛋白质、矿物质和卵磷脂；香蕉中含有丰富的蛋白质、糖类、维生素、磷、钾等多种营养物质。三者搭配食用，可以帮助孕妈妈预防妊娠高血压综合征、便秘，促进胎儿大脑的生长发育。

脆皮香蕉

材料：香蕉2根，鸡蛋1个。

调料：面粉、面包糠各少许。

做法：

1. 香蕉去皮，切成1.5厘米宽的片备用；鸡蛋打成蛋液备用。
2. 将香蕉片先沾面粉，再沾蛋液，最后裹上面包糠。
3. 锅内加入油烧热，放入香蕉片，用中火炸成两面金黄即可。

营养师分析

炸好的香蕉外脆里嫩，非常可口。可以缓解孕妈妈由于早孕反应引起的食欲不振，还可以为孕妈妈补充营养和热量。孕妈妈在吃的时候可配上水果沙拉，不容易上火哦。

香蕉乳酪糊

材料：香蕉1根，乳酪50克，鸡蛋1个，胡萝卜1小段。

调料：牛奶适量。

做法：

1. 将鸡蛋煮熟，取出蛋黄，压成泥状备用；香蕉去皮，切成小块，用汤匙捣成泥备用；胡萝卜去皮洗净，放到锅里煮熟，磨成泥备用。
2. 将蛋黄泥、香蕉泥、胡萝卜泥和乳酪混合，加入牛奶，调成糊状。
3. 将锅置于火上，倒入调好的糊，煮开即可。

营养师分析

蛋黄中含有丰富的维生素与脂肪溶解后容易被身体吸收利用，其中所含有的卵磷脂能够促进胎儿大脑的发育；乳酪中含有丰富的钙和蛋白质，能够促进胎儿牙齿和骨骼的生长发育。

玫瑰香蕉

材料：鲜玫瑰花1朵，香蕉300克。

调料：白糖、面粉、花生油、水淀粉、鸡蛋、芝麻各适量。

做法：

1. 香蕉去皮切滚刀块；玫瑰花洗净，切丝；鸡蛋打入碗内，加面粉、水淀粉拌匀调糊；芝麻洗净炒熟。
2. 锅烧热，倒入花生油烧至五成热时，将香蕉块贴一层面糊，逐块炸成金黄色时捞出；锅内留底油少许，放白糖，待糖炒至黄色时下入炸好的香蕉，翻炒几下，使糖全部裹在香蕉上，上面撒上熟芝麻，翻炒几下，盛入抹好油的平盘内，撒上玫瑰花丝即可。

营养师分析

玫瑰花具有理气、活血、调经的功能。香蕉味甘性寒，可清热润肠，促进肠胃蠕动，二者搭配，对孕妈妈调理身体十分有利。

橙子

营养档案

橙子又称黄果，属于芸香科柑橘属常绿乔木，是最具有代表性的柑橘类果树。原产中国南部，以四川、广东、台湾等省栽培较为集中。15世纪初期从中国传入欧洲，15世纪末传入美洲。

橙子的可食部分为74%，每100克甜橙肉含水分87.4克、蛋白质0.8克、脂肪0.2克、膳食纤维0.6克、碳水化合物10.5克、胡萝卜素160微克、硫胺素0.05毫克、核黄素0.04毫克、尼克酸0.3毫克、维生素C33毫克、维生素E 0.56毫克、钾159毫克、钠1.2毫克、钙20毫克、镁14毫克、铁0.4毫克、锰0.05毫克、锌0.14毫克、铜0.03毫克、磷22毫克、硒0.3微克等，还含橙皮苷、柚皮芸香苷、柚皮苷、柠檬苦素、那可汀、柠檬酸、苹果酸。果皮含挥发油，有七十多种活性物质，主要为正癸醛、柠檬醛、柠檬烯和辛醇等。

推荐给孕妈妈的理由

● 橙子中的维生素C含量丰富，对帮助孕妈妈增强身体的抵抗力、将体内一些脂溶性有害物质排出体外具有重要意义。

● 橙子还含有一定的β-胡萝卜素、柠檬酸、钙、磷、钾、橙皮苷以及醛、醇、烯等营养物质，具有生津止渴、开胃下气、促进消化、增强食欲的保健功效。

● 橙子中所含的纤维素和果胶可以促进肠道蠕动，有利于清肠通便，排出体内有害物质。

● 橙皮中则含有丰富的胡萝卜素，对帮助孕妈妈补充维生素A有很大帮助。维生素A参与了胎儿发育的整个过程，对胎儿皮肤、胃肠道和肺部发育尤其重要。

烹调窍门

● 冬天的时候，可以把橙子放到暖气片上烤一会儿，温热后就比较好剥皮。

● 饭前或空腹时不宜食用，否则橙子所含的有机酸会刺激胃黏膜，对胃不利。

● 不要用橙皮泡水饮用，因为橙皮上一般都会有保鲜剂，用水很难洗净。

特色食谱

香橙煨鸡胸

材料：鸡胸1个，洋葱50克，胡萝卜、芹菜各10克，蒜末1小匙。

调料：橙汁1杯，鸡汤半杯，盐1小匙，鸡精少许，干面粉适量。

做法：

1. 将鸡胸洗净，切成小块备用；将洋葱、胡萝卜、芹菜洗净，切成丁备用。
2. 锅内加入油烧热，将鸡块裹上干面粉，放到油锅里炸至金黄色，捞出控油。
3. 锅中留少许底油烧热，倒入洋葱、胡萝卜、芹菜和蒜末，翻炒几下，加入盐，倒入橙汁、鸡汤和鸡肉，用小火煨至熟烂即可。

营养师分析

洋葱能刺激胃、肠及消化腺分泌，增进食欲，促进消化；鸡肉中含有大量的磷脂和维生素A。这道菜酸甜可口，具有健胃消食的功效，还可以帮助孕妈妈预防便秘。

胡萝卜香橙沙拉

材料：胡萝卜3根，橙子2个，洋葱末、香菜末各适量。

调料：辣椒粉、白糖各适量。

做法：

1. 胡萝卜洗净切丝备用；橙子洗净后一个榨汁备用，另一个取橙肉和表皮之间一层皮肉切成细丝。
2. 锅置火上，倒入橙汁煮沸，加入辣椒粉和白糖，再放入一半胡萝卜丝，煮沸后，捞出胡萝卜丝控干。
3. 把生熟胡萝卜丝与橙皮肉拌匀，再加入洋葱末和香菜末搅拌一下即可。

营养师分析

胡萝卜中含有丰富的纤维素、维生素A和胡萝卜素，具有补肝明目、促进细胞增殖与生长等功效；橙子中含有丰富的胡萝卜素、维生素C、纤维素和果胶。两者搭配食用，对胎儿的生长发育有很好的促进作用，还可以帮助孕妈妈预防便秘。

橙香排骨

材料：排骨400克，橙子2个。

调料：南乳、淀粉各2小匙，盐、白糖、醋各1小匙。

做法：

1. 将橙子洗净，切成两半，放入榨汁机中榨成橙汁备用；取半个橙皮，刮净白膜和橙肉，切成细丝，泡在清水中备用。
2. 排骨洗净剁成长条，擦干水分放入碗中，加入半杯橙汁、南乳、1小匙淀粉、半小匙盐、白糖，搅拌均匀，腌制30分钟。
3. 将腌制好的排骨逐一放入面包糠里，均匀地蘸上一层面包糠。
4. 锅内加入油烧热，将3～4块排骨逐块放入锅中炸5秒，再转小火慢炸10～15分钟，炸至排骨外皮呈金黄色捞起沥油，依次放入剩下的排骨炸至熟透。
5. 锅中留少许底油烧热，撒入一半的橙皮丝，倒入剩下的橙汁和调料，用小火勾兑成芡汁，再将炸好的排骨倒入锅中，撒入剩下的橙皮丝，快速拌匀后熄火即可。

营养师分析

排骨提供人体生理活动必需的优质蛋白质、脂肪，尤其是丰富的钙；橙子中含有丰富的维生素C和纤维素。两者搭配食用，可以帮助孕妈妈增强食欲、防治便秘，还能够促进胎儿牙齿和骨骼的生长发育。

鲜橙牛排

材料：牛排5片，橙子2个。

调料：盐、白糖、料酒、酱油各少许。

做法：

1. 先将牛排每片切成三等份，用少量的盐、白糖、料酒及酱油腌制一下。
2. 橙子洗净后，一个榨汁备用；另一个切成四等份后取下果肉切成片状，用1/4的皮切成条状备用。
3. 锅内加入油烧热，放入牛排，煎3～5分钟，然后加入橙汁及橙果肉，快速炒至牛排全熟并吸入橙汁液后盛盘。
4. 另起锅，加入少许油烧沸，放入橙皮爆炸一下后，立刻捞起，撒在牛排上即可。

营养师分析

牛肉中含有丰富的维生素和蛋白质，其中氨基酸的组成非常接近人体的需要，具有补中益气、滋养脾胃、强筋健骨等功效。橙子与其搭配食用，可以帮助孕妈妈提高身体的免疫力，增强食欲。

苹果

营养档案

苹果为蔷薇科苹果属植物的果实，又名柰、天然子。原产于欧洲和中亚，元朝时期从中亚地区传入中国，主要产于华北、东北一带。

苹果酸甜可口，营养丰富，是老幼皆宜的水果之一。它的营养价值和医疗价值都非常高。每100克鲜苹果肉中含糖类15克、蛋白质0.2克、脂肪0.1克、膳食纤维0.1克、钾110毫克、钙4毫克、磷11毫克、铁0.6毫克、胡萝卜素20微克、维生素$B_1$0.06毫克、维生素$B_2$0.02毫克、尼克酸0.2毫克，还含有锌及山梨醇、香橙素、维生素C等营养物质。

推荐给孕妈妈的理由

● 苹果中的胶质和微量元素铬能保持人体血糖的稳定，并且所含有的果胶属于可溶性纤维，能够促进胆固醇代谢，有效降低胆固醇水平。

● 多吃苹果可改善呼吸系统和肺功能，保护肺部免受污染和烟尘的影响。

● 苹果特有的香味可以缓解压力过大造成的不良情绪，还有提神醒脑的功效。

● 苹果中富含膳食纤维，可促进胃肠道蠕动，协助人体顺利排出废物，减少有害物质对皮肤的危害。

● 苹果中含有大量的镁、硫、铁、铜、碘、锰、锌等微量元素，可使皮肤细腻、润滑、红润有光泽。

烹调窍门

● 苹果忌与水产品同食，会导致便秘。

● 吃苹果的时候最好不要削皮，因为最有营养价值的果胶就藏在苹果皮当中，如果削掉，营养就无法充分摄取。

● 在清洗苹果的时候可以在表皮上放一点点盐，用手轻轻地搓，表面的脏东西很快就能搓干净。

● 煲苹果汤时，苹果的芯、核不宜留下，否则汤会带有酸味。

● 将削掉皮的苹果浸于凉开水里，可防止氧化，使苹果保持清脆香甜。

特色食谱

苹果炖鱼

材料：瘦猪肉150克，草鱼100克，苹果2个，大枣8颗，生姜2片。

调料：清汤适量，盐半大匙，料酒半小匙，鸡精、胡椒粉各少许。

做法：

1. 苹果除去皮核，切成瓣，并用清水泡上；草鱼洗净切成块；瘦肉洗净切成大片；大枣泡洗干净备用。
2. 锅内加入油烧热，放入姜片、鱼块，用小火煎至两面稍黄，倒入料酒，加入瘦肉片、大枣，注入清汤，用中火炖。
3. 待汤炖至稍白，加入苹果瓣，调入盐、鸡精、胡椒粉，再炖20分钟即可。

营养师分析

猪肉、鱼肉、苹果三者搭配食用，可缓解孕妈妈的生理性水肿和便秘，有效地预防缺铁性贫血。

苹果银耳瘦肉汤

材料：瘦猪肉200克，苹果2个，胡萝卜1根，银耳20克，大枣6颗，姜2片。

调料：盐半小匙。

做法：

1. 苹果洗净后除去皮核，切成大块，放入淡盐水中浸泡备用；银耳用清水泡发后，撕成小块备用。
2. 胡萝卜洗净去皮，切去头尾，斜切块备用；猪肉洗净，切成大块备用。
3. 将锅置于火上，倒入5碗清水，依次放入姜片、瘦肉、胡萝卜、银耳、苹果和大枣拌匀。
4. 加盖大火煮沸后，改小火焖煮45分钟，至汤色浓稠，银耳变烂，调入盐即可。

营养师分析

这道汤清润甜美，非常适合由于早孕反应导致食欲不振的孕妈妈食用。

苹果玉米羹

材料：甜玉米2个，苹果半个，鸡蛋1个。

调料：冰糖少许。

做法：

1. 玉米洗净，取粒备用。
2. 将锅置于火上，倒入适量清水，加入玉米粒大火煮开后，改用小火煮6分钟。
3. 加入冰糖、倒入切好的苹果，大火煮开，打入鸡蛋搅拌匀即可。

营养师分析

玉米与苹果搭配食用，能够帮助孕妈妈预防便秘，舒缓情绪。

大枣

营养档案

大枣又名美枣、良枣，为鼠李科落叶灌木或小乔木植物枣树的成熟果实。自古以来就被列为“五果”（桃、李、梅、杏、枣）之一，历史悠久。我国栽培枣树范围极广，北边达到辽宁的锦州、北镇一带，以山东、河北、山西、陕西、甘肃、安徽、浙江产量最多。

大枣营养十分丰富，鲜枣含糖量在20%～36%，干枣含糖量在55%～80%，每100克大枣中含有维生素C 0.1～0.6克、蛋白质1.2克。同时还含有氨基酸、铁、钙、磷、镁、钾、皂苷、生物碱、黄酮、苹果酸、酒石酸、维生素B_2和胡萝卜素等营养物质，有“天然维生素丸”的美称。

推荐给孕妈妈的理由

- 大枣含有丰富的蛋白质、脂肪、糖类、果酸、维生素A、维生素C及多种氨基酸等营养成分，具有补中益气、养血安神的保健功效，是新妈妈产后滋补的良好食物。
- 大枣中还含有丰富的钙和铁，这对防治骨质疏松、预防缺铁性贫血具有十分重要的意义。
- 大枣能促进白细胞的生成，降低血清胆固醇，提高血清白蛋白，保护肝脏，帮助孕妈妈提高身体的免疫力。
- 大枣所含的芦丁，是一种使血管软化，从而使血压降低的物质，可以帮助孕妈妈预防妊娠高血压综合征。

烹调窍门

- 枣皮中含有丰富的营养，煮汤时应连皮一起炖。
- 生吃时，枣皮容易滞留在肠道中而不易排出，因此吃枣时应吐枣皮。
- 用30～40克盐，炒后研成粉末。将500克大枣分层撒盐放入缸中封好，大枣就不会坏，也不会变咸。枣多就按上述比例增加盐。

特色食谱

花生大枣猪蹄汤

材料：猪蹄2只，花生米100克，大枣10颗。
调料：盐少许。
做法：
1. 将花生米、大枣用清水浸泡1小时后，捞出备用。
2. 将猪蹄去毛和甲、洗净、剁开备用。
3. 将锅置于火上，放入适量清水，加入花生米、大枣、猪蹄，用大火烧开后改用小火炖至熟烂，调入盐即可。

营养师分析

猪蹄、花生、大枣搭配食用，能促进胎儿骨骼和皮肤的生长，也可使孕妈妈美容养颜。

大枣蒸糯米

材料：无核大枣250克，糯米粉100克。
调料：冰糖适量。
做法：
1. 将大枣用清水浸泡10小时备用；冰糖用温水浸泡溶化成冰糖水备用。
2. 糯米粉加入2大匙温水温熟，搅拌后揉成团，再搓成小条。
3. 用刀在大枣中间纵向切一刀，然后夹入搓好的糯米粉小条，再撒上冰糖水。
4. 蒸锅内放入适量水，把大枣放入碗内，大火蒸10分钟后，再用小火继续蒸50分钟即可。

营养师分析

糯米具有补中益气、健脾养胃的功效；大枣与其搭配食用，对孕妈妈贫血、腹胀、食欲不振、尿频有一定的缓解作用。

大枣黑豆鱼尾汤

材料：草鱼尾1条，黑豆50克，大枣5颗，姜2片，大枣洗净，去核备用。
调料：盐1小匙。
做法：
1. 将草鱼洗净后，用少量盐抹匀，腌渍20分钟；大枣洗净，去核备用。
2. 将锅置于火上烧热，放入黑豆炒至爆裂，再用清水洗净，沥干水分备用。
3. 锅内加入少许油烧热，放入腌制好的鱼尾煎出香味。
4. 将黑豆、鱼尾、大枣、姜一起放进沙锅中，加适量清水，先用大火烧开，再用小火煲2小时，调入盐即可。

营养师分析

草鱼具有开胃滋补的功效；黑豆具有通络活血、利水消肿的功效。大枣与其搭配，可帮助孕妈妈预防缺铁性贫血和水肿。

坚果

营养档案

坚果又称壳果，多为植物种子的子叶或胚乳，营养价值很高。坚果一般分两类：一是树坚果，包括杏仁、腰果、榛子、核桃、松仁、板栗、白果（银杏）、开心果、夏威夷果等；二是种子，包括花生、葵花子、南瓜子、西瓜子等。

坚果中分别含有蛋白质36%、脂肪58.8%、碳水化合物72.6%，还含有维生素（B族维生素、维生素E等）、微量元素（磷、钙、锌、铁）、膳食纤维等。另外，其中还含有单、多不饱和脂肪酸，包括亚麻酸、亚油酸等人体的必需脂肪酸。

推荐给孕妈妈的理由

- 坚果中含有的大量不饱和脂肪酸、蛋白质和氨基酸，具有补脑益智的功效，还具有调节血脂的作用。
- 一些坚果类食物具有较强的清除自由基的能力。自由基非常活泼，会与人体内的细胞组织以及DNA发生反应，从而产生毒性和损坏作用。
- 坚果中所富含的营养物质，有助于改善血糖和胰岛素的平衡，有效预防糖尿病。

烹调窍门

- 坚果做菜的时候要最后才放，可保持爽脆的口感，煮汤除外。
- 许多坚果类食材质硬（如核桃等），不易切碎，可将它们用纱布包裹然后敲碎即可。
- 核桃做菜的时候，有的孕妈妈喜欢将核桃仁表面的褐色薄皮剥掉，那样会损失一部分营养，所以不要剥掉这层薄皮。

特色食谱

松子菠菜

材料：菠菜1把，松子1大匙，蒜末1小匙。

调料：盐半小匙，胡椒粉少许。

做法：

1. 菠菜洗净后，放入沸水中焯烫一下，迅速捞出，沥干水分切段备用。
2. 锅内加入油烧热，倒入松子和蒜末，中火慢炒。
3. 炒成褐色后加入菠菜，改用大火快炒，加入盐、胡椒粉炒匀即可。

营养师分析

菠菜中含有丰富的植物纤维、胡萝卜素、钙、铁、磷等营养物质，具有补血、调气、止渴润肠、滋阴平肝、助消化的功效；松子中含有丰富的不饱和脂肪酸和大量的矿物质。两者搭配食用，可以帮助孕妈妈补充叶酸、预防贫血和便秘。

桃仁拌莴笋

材料：莴笋300克，核桃仁20克。

调料：香油1小匙，盐半小匙，鸡精少许。

做法：

1. 将莴笋去皮洗净，切成厚片，在每片中间竖切一个口，使之保持不断；核桃仁洗净切成条备用。
2. 将锅置于火上，加入适量清水烧沸，放入莴笋片、核桃仁焯烫至变色后捞出备用。
3. 把莴笋片中间开口处掀开，将桃仁嵌入莴笋片中，放入盘中，加入盐、香油、鸡精拌匀即可。

营养师分析

莴笋味道清新且略带苦味，可刺激消化酶分泌，帮助孕妈妈增进食欲，所含有的植物纤维，还可促进胃肠道蠕动，防治便秘；核桃仁含有丰富的蛋白质及人体营养必需的不饱和脂肪酸，具有健脑、润肤的功效。

板栗烧肉

材料；猪肉750克，板栗500克。

调料：汤1500克，姜15克，酱油25克，葱25克，冰糖200克，盐4克，植物油75克。

做法：

1. 将猪肉去毛洗净，煮于开水锅内，除去血腥味后捞起，切成2厘米见方的块；板栗切去蒂在开水中煮后去壳，在锅内（锅内下植物油油50克烧至七成热）炒呈黄色时捞起；姜拍松；葱切段。

2. 锅内下油加入25克冰糖炒至深黄色时，将肉放入炒一下，再加酱油、盐、汤等；烧开打去浮沫，即下葱、姜搅匀，然后舀入锅内，放冰糖用小火烧至肉快耙时，加入板栗合烧；待板栗熟透，汤汁浓稠去掉葱姜盛于盘中即可。

腰果炒鸡丁

材料：鸡腿肉150克，腰果100克，鸡蛋1个，葱末、姜末、蒜末各1小匙。

调料：料酒2小匙，蚝油、淀粉各1小匙，白糖、盐各半小匙。

做法：

1. 将鸡腿肉洗净，切成1.5厘米见方的小丁备用；将鸡蛋磕破，取蛋清加入鸡丁中，加入1小匙料酒、蚝油、淀粉和少许盐，腌制10分钟。

2. 将腰果洗净，投入沸水中焯烫5分钟，捞出沥干水分备用。

3. 锅内加入油烧热，倒入腰果用小火慢慢炸熟，捞出控油；继续加热油锅，倒入鸡丁，小火炸熟，捞出控油。

4. 锅中留少许底油烧热，倒入葱、姜、蒜爆香，加入鸡丁、腰果，烹入料酒，加入盐、白糖，大火炒匀即可。

营养师分析

腰果具有润肠通便、降压、利尿的功效，其中所富的油脂，还能起到润肤美容的作用；鸡肉中含有大量的磷脂、蛋白质和维生素A。两者搭配食用对帮助孕妈妈和胎儿提高免疫力具有重要意义。

小米

营养档案

小米又称粟米、稞子、粟谷，是一年生草本植物，属禾本科，我国北方通称谷子，去壳后叫小米。

据测定，每100克小米中含蛋白质9.7克、脂肪3.5克、碳水化合物72.8克、钙41毫克、磷240毫克、铁4.7毫克、硫胺素0.57毫克、核黄素0.12毫克。小米中还含有一般粮食中不含有的胡萝卜素，每100克的含量达0.12毫克。并且各种营养素在人体内的消化吸收率也较高，其中蛋白质的消化吸收率为83.4%、脂肪为90.8%、碳水化合物为99.4%。

推荐给孕妈妈的理由

● 小米具有防止反胃、呕吐的功效，可以帮助孕妈妈缓解由于早孕反应引起的不适。

● 小米可以为孕妈妈提供丰富的维生素B_1。孕妈妈在怀孕第7周后需要及时补充维生素B_1，因为这时胎儿的胃部发育完成，视神经形成，同时开始分化出性器官，孕妈妈对维生素B_1的需要量大大增加了。如果不及时补充，不但会引起孕妈妈心脏功能失调，还会影响胎儿的热量代谢，使胎儿患上容易致死的先天性脚气病，还可能诱发早产。

● 小米具有滋阴养血的功能，可以使孕妈妈虚寒的体质得到调养，帮助孕妈妈恢复体力。并且具有减轻皱纹、色斑、色素沉着的功效。

烹调窍门

● 小米所含的蛋白质中氨基酸的组成并不理想，赖氨酸过低，亮氨酸过高，所以宜和大豆或肉类食物混合食用，可以提高小米中蛋白质的利用率。

● 淘米时不要用手搓，更不要长时间浸泡或用热水淘米，以免小米中的B族维生素流失。

特色食谱

小米面发糕

材料：小米面400克，面粉50克，红小豆100克。

调料：鲜酵母10克。

做法：

1. 将红小豆淘洗干净，煮熟备用。
2. 面粉加鲜酵母和成稀面糊，静置发酵。
3. 面发好后，加入小米面，和成软面团，静置20分钟后，将面团分成三等份。
4. 蒸锅内加水烧开，铺好屉布，先放一份面团，用手蘸清水轻轻拍平，将红小豆撒上一半，再放一份面团，将余下的红小豆放上，铺平，最后将剩下的面团全部放入，拍平。盖严锅盖，旺火蒸15分钟即可。

营养师分析

红小豆能预防便秘，促进胎儿神经系统发育；小米具有预防孕吐的功效。

小米面茶

材料：小米面500克，麻酱100克，芝麻仁10克。

调料：香油、盐、碱面、姜粉各适量。

做法：

1. 将芝麻仁去杂，用水冲洗净，沥干水分备用。
2. 锅置火上，烧热，放入芝麻仁炒至焦黄色，盛出擀碎，加入盐拌和在一起。
3. 锅内加入适量清水、姜粉，烧开后将小米面和成稀糊倒入锅内，放一点碱面，略加搅拌，开锅后盛入碗内。将麻酱和香油调匀，用小勺淋入碗内，再撒入芝麻盐即可。

营养师分析

小米具有利尿通淋的作用；芝麻具有润肠通便等功效。此面茶能够补中益气、增加营养、助顺产。

小米什锦粥

材料：小米200克，大米100克，绿豆、花生米、大枣、葡萄干各50克。

调料：白糖适量。

做法：

1. 将绿豆淘洗干净，浸泡半小时；小米、大米、花生米、大枣、葡萄干分别淘洗干净备用。
2. 将锅置火上，倒入绿豆，加适量清水，煮至七成熟。
3. 倒入2碗开水，加入大米、小米、花生米、大枣、葡萄干，搅拌均匀，用大火烧开后，改用小火煮至熟烂，调入白糖即可。

营养师分析

大米、大枣、花生、绿豆与小米搭配食用，可以为孕妈妈提供均衡的营养，预防贫血和水肿。

Part 5

新妈妈月子期饮食指导

坐个好月子，健康一辈子，月子期间的饮食营养，对于新妈妈产后的身体恢复和减肥塑身，都起着不可忽视的作用。传统的月子饮食已经不能满足现代人的需要，新妈妈需要更科学、更符合产后生理变化需求的饮食方案。

省时阅读

● 月子里不能吃盐吗？不能吃水果吗？月子里真有那么多饮食禁忌吗？本章将为你解答这方面的疑问，为你科学安排月子饮食提供全面指导。

● 本章讲解了产后新妈妈的营养需求、补充营养的原则、方法，还指出了正确的进餐顺序、月子里适宜吃的蔬菜和水果，有哪些饮食宜忌。此外，还指出了产后不良体质（气虚、血虚、阴虚、阳虚）的饮食调养方案、哺乳期的膳食要点，以及怎样正确喝汤、恢复身材需怎样进食等注意的细节。

● 另外，本章根据每周的营养重点，提供了相应的滋补食谱，不仅有详细的制作过程，还解析了营养功效，方便你对症选食。甚至为你提供了产后第一周每天可供选用的食谱。

新妈妈的理想饮食

要富含蛋白质

月子里要比平时多吃一些蛋白质，尤其是优质动物蛋白质，如鸡、鱼、瘦肉、动物肝等。适量饮用牛奶，豆类也是新妈妈必不可少的补养佳品。但不可过量摄取，不然会加重肝肾负担，还易造成肥胖，反而对身体不利。

主副食种类要多样化

不要偏食，粗粮和细粮都要吃，不能只吃精米精面，还要搭配杂粮，如小米、燕麦、玉米粉、糙米、标准粉、赤小豆、绿豆等。这样既可保证各种营养的摄取，还可使蛋白质起到互补的作用，提高食物的营养价值，对新妈妈恢复身体很有益处。

多吃含钙丰富的食物

钙是构成人体骨骼和牙齿的重要成分，还对血液的凝固、心脏和肌肉的收缩及神经细胞的调节有重要作用。因此，新妈妈要特别注意摄入奶制品、虾皮等含钙丰富的食品，保证满足自己和宝宝的双重需要。

多吃含铁丰富的食物

产后出血及哺喂宝宝，补充铁也是非常必要的，不然容易发生贫血。如果在饮食中多注意吃一些含血红素铁的食物，如动物血或肝、瘦肉、鱼类、油菜、菠菜及豆类等，就可防止产后贫血。

合理摄取必需脂肪

要注意摄取必需脂肪，其中的脂肪酸对宝宝的大脑发育很有益，特别是不饱和脂肪酸，对中枢神经的发育特别重要。哺乳新妈妈饮食中的脂肪含量及脂肪酸组成，会影响乳汁中的这些营养的含量。

多吃蔬菜、水果和海藻类

产后禁吃或少吃蔬菜水果的习惯应该纠正。新鲜蔬菜和水果中富含丰富维生素、矿物质、果胶及足量的膳食纤维，海藻类还可提供适量的碘。这些食物既可增加食欲、防止便秘、促进乳汁分泌，还可为新妈妈提供必需的营养素。

多进食各种汤饮

一定要注意多喝汤。汤类味道鲜美，易消化吸收，还可促进乳汁分泌，如红糖水、鲫鱼汤、猪蹄汤、排骨汤等，需注意的是一定要汤和肉一同进食。

不吃酸辣食物及少吃甜食

酸辣食物会刺激新妈妈虚弱的胃肠，引起很多不适。甜食最好只喝红糖水，过多吃其他甜食不仅影响食欲，还易使热量过剩而转化为脂肪，引起新妈妈产后肥胖。

不吃腌制食物、咖啡

腌制食物会影响新妈妈体内的水盐代谢，咖啡及含咖啡因的食品可通过乳汁进入宝宝体内，影响他们的健康发育，特别要加以注意，尽量不吃腌制食物，喝咖啡等。

蔬菜水果少不了

传统习俗新妈妈不能吃生冷食物，所以水果就不能吃。但不是全部的水果都不能吃，以下介绍的5种蔬菜与9种水果对新妈妈还是很有益处的。

1.莲藕。 莲藕里含有大量的淀粉、维生素和矿物质，营养丰富，清淡爽口，是祛瘀生新的良药。能够健脾益胃，润燥养阴，行血化淤，清热生乳。新妈妈多吃莲藕能及早清除腹内积存的淤血，增进食欲，帮助消化，促进乳汁分泌，有助于新生儿的喂养。

2.黄豆芽。 黄豆芽中含有大量蛋白质、维生素C、纤维素等。蛋白质是生长组织细胞的主要原料，能修复生孩子时损伤的组织；维生素C能增加血管壁的弹性和韧性，防止产后出血；纤维素能通肠润便，防止新妈妈发生便秘。

3.海带。海带中含碘和铁较多。碘是制造甲状腺素的主要原料，铁是制造血细胞的主要原料，新妈妈多吃这种蔬菜，能增加乳汁中的热量，新生儿吃了这种乳汁，有利于身体的生长发育，防止因此引起的呆小症。铁是制造血红蛋白的主要原料，有预防贫血的作用。

4.莴笋。 莴笋含有多种营养成分，尤其含矿物质钙、磷、铁、钾较多，有助于骨骼、坚固牙齿、利小便等作用。中医认为，莴笋有清热、利尿、活血、通乳的作用。尤其适合产后少尿、无乳的新妈妈食用。

5.金针菜。 其中含有蛋白质及磷、铁、维生素A、维生素C等，营养丰富，味道鲜美，尤其适合做汤用。金针菜有消肿、利尿、解热、止痛、补血、健脑的作用。产褥期容易出现腹部疼痛、小便不畅、面色苍白、睡眠不安等症状，多吃金针菜可消除以上症状。

6.猕猴桃。又称奇异果，味甘性凉，维生素C含量极高，有解热、止渴、利尿、通乳的功效，常食可强化免疫系统。对于剖宫产术后恢复有利。因其性凉，食用前用热水烫温或入粥食用。每日一个为宜。

7.木瓜，味甘性平。木瓜的功效很多，能降压、解毒、消肿驱虫、帮助乳汁分泌、让胸部更丰满、消脂减肥等。

木瓜的营养成分主要有糖类、膳食纤维、蛋白质、B族维生素、维生素C、钙、钾、铁等，产于我国南方。我国自古就有用木瓜来催乳的传统。木瓜中含有一种木瓜素，有高度分解蛋白质的能力，鱼肉、蛋品等食物在极短时间内便可被它分解成人体很容易吸收的养分，直接刺激母体乳腺的分泌。同时，木瓜自身的营养成分较高，故又称木瓜为乳瓜。

新妈妈产后乳汁稀少或乳汁不下，均可用木瓜与鱼同炖后食用。

8.橄榄，味甘，略酸涩，性平。有清热解毒、生津止渴之效。

9.葡萄，味甘、酸，性平。有补气血、强筋骨、利小便的功效。因其含铁量较高，所以可补血。制成葡萄干后，铁占比例更大，可当做补铁食品，常食可消除困倦乏力、形体消瘦等症状，是健体延年的佳品。新妈妈产后失血过多，可以葡萄作为补血佳品。

10.龙眼。又称桂圆，味甘、性温，产于广东、广西等地。龙眼益心脾、补气血、安精神，是名贵的补品。产后体质虚弱的人，适当吃些新鲜的桂圆或干燥的龙眼肉，既能补脾胃之气，又能补心血不足。

11.榴莲，味甘性热，盛产于东南亚，有水果之王的美誉。因其性热，能壮阳助火，对促进体温、加强血液循环有良好的作用。产后虚寒，不妨以此为补品。

榴莲性热，不易消化，多吃易上火。与山竹伴食，即可平定其热性。剖宫产后易有小肠粘连的新妈妈谨食。

12.苹果，味甘、性平微凉。不仅有抗癌功效，还可促进大脑发育，增强记忆力。苹果有生津、解暑、开胃的功效，含有丰富纤维素，可促进消化和肠壁蠕动，减少便秘。

食用时，可用温开水烫食。

13.菠萝，味甘、酸，性平。产于广东、广西一带。有生津止渴、助消化、止泻、利尿的功效。富含维生素B_1，可以消除疲劳、增进食欲，有益于新妈妈产后恢复。

14.香蕉，味甘、性寒。有清热、润肠的功效。产后食用香蕉，可使人心情舒畅安静，有催眠作用，甚至使疼痛感下降。香蕉中含有大量的纤维素和铁质，有通便补血的作用。可有效防止因新妈妈卧床休息时间过长，胃肠蠕动较差而造成的便秘。

因其性寒，每日不可多食，食用前先用热水浸烫。

产后新妈妈的饮食禁忌

分娩后，为了自己的身体恢复，更为了给宝宝哺乳，新妈妈需要保证饮食的全面和科学，有些食物应多吃，而有些食物应少吃甚至禁食。

少吃鸡精

如果新妈妈选择亲自为宝宝哺乳，就应少吃鸡精。因为鸡精里的谷氨酸钠会通过乳汁进入宝宝体内，过量的谷氨酸钠对宝宝的发育有严重影响。它能与宝宝血液中的锌发生特异性的结合，生成不能被机体吸收的谷氨酸锌，从而导致宝宝身体缺锌。严重时，会引起宝宝发育停滞、身材矮小、智力减退等。

少食人参

人参是大补的中草药，但从临床医学角度来说，产后的新妈妈并不适宜食用人参。因为人参中含有多种药物成分，这些成分能使人体产生兴奋作用，会导致服用者失眠、烦躁、心神不宁等症状。当新妈妈出现这些症状时，不仅无法正常恢复体力，还会影响哺育宝宝。

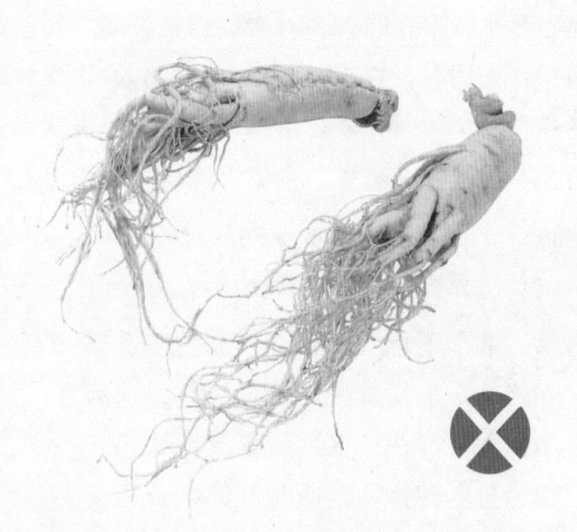

为什么人参虽是补品，却不适合新妈妈食用呢？因为服用人参后，可使血液循环加速，这对刚分娩后的新妈妈是不利的。在分娩过程中，内外生殖器的血管多有损伤，服用人参会妨碍受损血管的自行愈合，反而会造成出血过多，流血不止。严重时，还会导致产后大出血。

忌烟酒

孕前及怀孕时，烟酒会给胎儿带去危害。分娩后，如果新妈妈抽烟，同样会危害宝宝的健康。这是因为烟草中的尼古丁、一氧化碳、二氧化碳、焦油等物质，可以随着烟雾被吸收到血液中，有些有害物质可进入乳汁，从而影响宝宝的生长发育。同时，新妈妈吸烟就会使宝宝被动吸烟，宝宝的呼吸道还不能承受烟毒的刺激，在身体受尼古丁毒害的同时，还易使呼吸道黏膜受损伤，从而使宝宝反复患呼吸道感染，影响宝宝的生长发育。如果家中有宝宝，其他家庭成员也应禁止在室内吸烟。

如果新妈妈在哺乳期饮酒，则会使泌乳量减少，宝宝吃不到充足的乳汁。此外，宝宝吃了含有酒精的乳汁，易发生酒精中毒。

少吃老母鸡

按照民间的习俗，产后应多吃老母鸡，因为老母鸡被认为是营养价值高，能够增强体质，增进食欲，促进乳汁分泌的营养佳品。但研究表明，多吃母鸡不但不能增乳，还可能会出现回奶现象。这是因为产后血液中的激素浓度大大降低，这时催乳素会发挥催乳作用，促进乳汁形成。而母鸡体内含有大量的雌激素，因此产后大量吃老母鸡会加大新妈妈体内雌激素的含量，致使催乳素功能减弱甚至丧失，导致回奶。相反，公鸡体内所含的雄激素有对抗雌激素的作用，因此会促进乳汁的分泌，而且公鸡所含脂肪较母鸡少，不容易引发肥胖，对新妈妈和宝宝都有益处。

忌饮浓茶

茶叶中含有鞣酸，它可以与食物中的铁结合，影响肠道对铁的吸收，从而引发贫血。茶水的浓度越大，鞣酸的含量越高，对铁的吸收影响越严重。茶叶中还含有咖啡因，饮茶后，人容易兴奋，不易入睡，这会特别影响产后新妈妈的休息，对恢复体力影响很大。同时，茶叶中的成分还会通过乳汁进入宝宝体内，也会使宝宝精神过于兴奋，不能很好地睡觉，容易出现肠痉挛和无故啼哭的现象。

忌辛辣、生冷、坚硬之食

新妈妈在产后1个月内，食物应以清淡、易于消化为主，食物品种应多样化。如果产后饮食护理得当，新妈妈的身体恢复会加快。在月子里，新妈妈一定要忌食辛辣食物，因为辛辣的食物会助内热，使新妈妈上火，引起口舌生疮，大便秘结，或痔疮发作。母体内热可通过乳汁影响到宝宝的内热加重。因此，新妈妈应忌食韭菜、大蒜、辣椒、胡椒、酒等辛辣之物。生冷、坚硬的食物易损伤脾胃，影响消化功能，生冷之物还易致淤血滞留，引发产后腹痛、恶露不尽等症。

产后不良体质的食疗调理方法

产后气虚者

牛肉：牛肉中含多种营养素和蛋白质。由于其脂肪含量少，故适宜于新妈妈食用。中医认为，牛肉性平味甘，功能补中益气，健脾养胃，强筋健骨和消水肿，常吃牛肉“补气功同黄芪”。因此比较适合气虚体弱的新妈妈食用。

猪肚：中医认为猪肚性温味甘，功能健脾胃，补虚损，有利于新妈妈恢复元气，改善气虚体质。

黄鱼：黄鱼又名黄花鱼。黄鱼的白脬可炒炼成胶，再焙黄如珠，具有大补真元、调理气血的功效，对于亏血过重、元气大虚的新妈妈有显著的效果。

糯米：糯米由黏性很强的支链淀粉构成，加热后产生较多可溶性的糊精和麦芽糖成分，米粒不透明，煮熟后胶结成团，有黏性，可制成花式繁多，风味迥异的食品。糯米含有蛋白质、脂肪、碳水化合物和多种维生素，产热量高。中医认为，糯米性味甘温，功能补中益气，对新妈妈也有益处。

产后血虚者

牛奶：中医养生认为，牛奶能补虚损，益五脏，凡病后体弱、虚劳者，均可做滋补食疗饮用。此外，牛奶久服或入药，有生津利肠、润泽肌肤的功效，可用于治消渴、便秘、皮肤干燥等症。现代医学认为，牛奶含有八种人体必需的氨基酸，尤以蛋氨酸和赖氨酸最为丰富，非常适合产后血虚者。

蜂蜜：每100克蜂蜜含糖类79.5克，其中果糖39%、葡萄糖34%，这两种糖均能直接供给热量，补充体液，营养全身。蜂蜜可提高脑力，增加血红蛋白，改善心肌能力。因为蜂蜜中含有许多矿物质，所以是贫血体弱的婴幼儿及新妈妈的滋补良药。中医认为，蜂蜜性平味甘，为滋补养生佳品。日常食用有补益五脏，养血安神，润肺泽肤，聪耳明目，抗衰延年，强身健体之功效。

猪蹄：猪蹄含有较丰富的蛋白质和脂肪，并含有钙、磷等营养素。中医认为，其性凉味甘，有补血、通乳的效用，适用于贫血、产后乳少。

桑葚：桑葚是一种球形或椭圆形小浆果，熟时饱含汁液，味酸甜，有清香。含葡萄糖、果糖、果酸、果胶和多种维生素及钙、磷、铁等矿物质。中医认为，桑葚性微寒，味甘，功能滋养肝肾，养血润燥，适用于新妈妈头晕目眩、头发早白、腰膝酸软、肠燥便秘等症。

产后阳虚者

羊肉：羊肉的蛋白质含量略高于猪肉，脂肪量少于猪肉。羊肉含钙和铁，其量高于牛肉和猪肉。羊肉的营养结构比猪肉合理，适宜作为滋补食物。古有“人参补气，羊肉补形”之说。中医认为，其性温味甘，功能补虚养血，温中暖肾。适用于脾胃虚寒之食少、水肿、产后体弱、贫血、阳痿、早泄、形寒肢冷等。对新妈妈非常有利。

虾：肉厚味美，营养丰富。中医认为，其性温味甘、咸，能补肾壮阳，滋阴健胃。新妈妈可作食疗补品。常食还可健身强力，利于下乳。

产后阴虚者

甘蔗：甘蔗除了含有大量糖分外，还有蛋白质、脂肪、胡萝卜素、B族维生素、维生素C及钙、磷、铁、锰、锌等矿物质，尤以铁的含量居水果之冠。铁是人体制造血红蛋白的重要物质，食甘蔗汁不仅可以补血，还能使人的面色红润。中医认为，其性寒味甘，具有滋阴润燥、和胃止呕、清热解毒之功效。适用于新妈妈热病伤津、咽干口渴、小便不利、虚热咳嗽等症。

松子：松子的脂肪大部分为油酸、亚油酸等不饱和脂肪酸、钙、磷、铁等矿物质含量也很丰富。中医认为，其性微温，味甘，能益气润肠，滋阴养津。有助于新妈妈改善肺燥咳嗽，肠燥便秘，肝肾阴虚之头晕目眩，口干咽燥，以及皮肤干枯等。

海参：《五杂俎》说："其性温补，足敌人参。"海参是海产珍品，营养丰富。中医认为，海参性温味咸，为补益强壮养生佳品。日常食之可补肾气，益精血，润五脏，强身体。妇女食用能调经，养胎，利产。小儿能促进生长发育。新妈妈精血亏虚，产后虚弱，消瘦乏力，小便频繁，肠燥便秘，胃痛吐酸等皆可服用海参。

海蜇：海蜇为根口水母科海蜇的口腕部（海蜇头）与伞部（海蜇皮）。海蜇皮胶质较为坚硬。从海里捕捞出来的海蜇，用明矾和盐除水，再用盐渍后即可食用。中医认为，其性平味咸。功能补心益肺，滋阴化痰，杀虫止痛，开胃润肠，安胎。适用于新妈妈痰多哮喘，阴虚久咳，大便燥结等症。从海蜇中提取出的水母素，有抗菌、抗病毒的效用。

银耳：银耳营养丰富，银耳中的多糖类物质能增强人体的免疫力，调动淋巴细胞，加强白细胞的吞噬能力，兴奋骨髓造血功能。银耳以黄白色、朵大、光泽肉厚者为佳，既是名贵的营养滋补佳品，又是扶正强壮的良药。中医认为，其性平味甘，功能滋阴补肺，益胃生津，用于新妈妈肺虚咳嗽、便秘口渴、虚烦不眠等症。

产后血瘀者

黑大豆：又名乌豆。营养丰富，所含蛋白质达50%以上，其脂肪含量多为不饱和脂肪酸，并含有一定磷脂。中医认为，黑大豆味甘性平，有活血利水、祛风解毒之功效。《本草纲目》说："黑豆入肾功效多，故能治水，消肿，下气，制风热活血解毒。"临床上用于产后风痉等症。

黄豆：黄豆含丰富的蛋白质、钙、磷等营养素。中医认为，黄豆味甘性平，功能健脾宽中、润燥消水、活血解毒，适用于新妈妈面黄体弱、胃中积热、小便不利等症。

正确的进餐顺序

越来越多的新妈妈们开始关心坐月子饮食的注意事项，到底是该先喝汤，再吃饭，还是先吃点水果，再吃饭呢？实际上，只要是有利于身体对营养的吸收，又有利于自身的恢复，同时还有利于宝宝对乳汁营养的吸收的进餐顺序都是可以的。但我们强烈建议你按照这样的顺序来吃，即汤→青菜→饭→肉，半小时后再进食水果。理由如下：

饭前先喝汤

有很多新妈妈是吃完饭后再喝汤，这样做最大的问题是会冲淡食物消化所需要的胃酸，不利于营养消化和吸收。所以新妈妈吃饭时忌一边吃饭，一边喝汤，或以汤泡饭或吃过饭后，再来一大碗汤，这样容易影响正常消化。

米饭、面食、肉食等淀粉及含蛋白质成分的食物需要在胃里停留1～2小时，所以要在汤后面吃。

饭后吃水果

在新妈妈吃的各种食物中，水果的主要成分是果糖，它不需要通过胃来消化，而是直接进入小肠就被吸收了。

有的妈妈吃完饭菜后会马上吃水果，这样做最大的坏处就是会中断、阻碍体内的消化过程。胃内腐烂的食物会被细菌分解，产生气体，形成肠胃疾病。所以各位新妈妈一定要在饭后半小时后再吃水果。

食物有讲究

很多新妈妈在产后稍微休息一下就可以吃第1餐了，主要以易消化的流食或半流食为主。比如红糖水、牛奶、藕粉、蒸蛋羹、小米粥。

吃第2餐时就可以吃普通的饮食了，比如可以吃鸡蛋面汤、排骨汤、新鲜水果和蔬菜。但这时候一定要注意把汤内浮油去掉，这样做是为了不让新妈妈进食过多的脂肪，从而使乳汁内脂肪含量过高，避免引起宝宝腹泻。

产后第1周 适应产后新生活

产后新妈妈饮食调理很重要

新妈妈生了宝宝后，身体常常处于虚弱状态，而且还要哺乳宝宝，体内热量的消耗明显增加。新妈妈一方面要供给乳汁本身所含的热量，另一方面乳汁分泌活动过程中也消耗热量，所以这个时候一定要科学合理地进补，以内养外，新妈妈才能健康。

1.适当补充体内的水分。新妈妈在产程中及产后都会大量地排汗，再加上要给新生的小宝宝哺乳，而乳汁中88%的成分都是水，因此，新妈妈要大量地补充水分，喝汤是既补充营养又补充水分的好办法。

2.食物要松软、可口，易消化、吸收。很多新妈妈产后会有牙齿松动情况，过硬食物一方面对牙齿不好，另一方面也不利于消化吸收。因此，新妈妈的饭要煮得软一些。坚硬的、带壳的食物最好别吃。

3.少量多餐，宜荤素搭配。多用些汤类食物，以利哺乳。乳汁分泌是新妈妈产后水的需要量增加的原因之一；此外，新妈妈大多出汗较多，体表的水分挥发也大于平时，因此要多喝汤、粥等。

4.不宜食生、冷、硬的食物。新妈妈产后体质较弱，抵抗力差，容易引起胃肠炎等消化道疾病。产后第一周尽量不要食用寒性水果，如西瓜、梨等。

5.不宜快速进补，以免得不偿失。新妈妈大多乳腺管还未完全通畅，产后前两三天不要太急着喝催奶汤，不然涨奶期可能会痛得想哭，也容易得乳腺炎等疾病。可以喝蛋汤、鱼汤等较为清淡的汤，汤也不要过咸。

产后第2周 滋补肠胃，促进恢复

好消化的食物为先

酸奶

酸奶除含有牛奶的全部营养素外，突出的特点是含有丰富的乳酸，能将奶中的乳糖分解为乳酸。对于胃肠道缺乏乳酸酶或喝鲜牛奶容易腹泻的人，可改喝酸奶。乳酸能抑制体内真菌的生长，可预防使用抗菌素类药物（抗菌产品）所导致的菌群失调。乳酸还可以防止腐败菌分解蛋白质产生的毒物堆积，因而有防癌、抗癌作用，酸奶有轻度腹泻作用，可防止新妈妈便秘。

苹果

苹果既能止泻，又能通便。其中含有的鞣酸、有机碱等物质具有收敛作用，所含果胶可吸收毒素。对单纯性的轻度腹泻，单吃苹果可止泻。苹果中含纤维素可刺激肠蠕动，加速排便，故又有通便作用。

番茄

番茄含有丰富的有机酸如苹果酸、柠檬酸、甲酸，可保护维生素C，使之在加工烹饪过程中不被破坏，增加维生素的利用率。番茄中还含有一种特殊成分——番茄红素，有抗氧化的作用。

鸡肫皮

又称鸡内金，为鸡胃的内壁。鸡肫含有胃激素和消化酶，可增加胃液和胃酸的分泌量，促进胃蠕动。

番木瓜

成熟的番木瓜含有木瓜蛋白酶和一种酵素，能分解脂肪为脂肪酸，可促进食物的消化和吸收。

白菜

白菜含有大量的膳食纤维和多种营养素，可促进胃肠道蠕动，帮助消化，防止大便干结。

各种炖汤要跟上

新妈妈分娩以后，家里人都免不了要给新妈妈做些美味可口的菜肴，特别是要炖一些营养丰富的汤。这不但可以给新妈妈增加营养，促进产后的恢复，同时可以催乳，使宝宝得到足够的母乳。但是很多人不知道喝汤也有一些讲究。

新妈妈应多喝一些含蛋白质、维生素、钙、磷、铁、锌等较丰富的汤，如精肉汤、猪血汤、蔬菜汤和水果汁等以满足母体和宝宝的营养需要，同时还可防治产后便秘。

有的人在宝宝呱呱坠地后就给新妈妈喝大量的汤，但是过早催乳使乳汁分泌增多。这时宝宝刚刚出世，胃容量小，活动量少、吸吮母乳的能力较差，吃的乳汁较少，如有过多的乳汁淤滞，会导致乳房胀痛。而且此时新妈妈乳头比较娇嫩，很容易发生破损，一旦被细菌感染，就会引起急性乳腺炎，乳房出现红、肿、热、痛，甚至化脓，增加了新妈妈的痛苦，还影响正常哺乳。

因此新妈妈喝汤，一般应在分娩1周后逐渐增加。以适应宝宝进食量渐增的需要。还有一点需要注意，就是有的人给新妈妈做汤，认为越浓、脂肪越多营养就越丰富，以致常做含有大量脂肪的猪蹄汤、肥鸡汤、排骨汤等，实际上这样做很不科学。因为新妈妈吃了过多的高脂肪食物，会增加乳汁的脂肪含量，宝宝对这种高脂肪乳汁不能很好吸收，容易引起腹泻损害宝宝身体健康。这些汤品应注意搭配食用，猪蹄汤等可以饮用，但不宜过量。

产后第3周 催乳与补血并重

进补最佳阶段

生产完后，经过一段时间的调养，新妈妈的身体健康和精神状态都有了较大的提高。此时进补，新妈妈更加容易吸收和消化，而且不容易给身体造成负担。

另外，随着宝宝的生长，宝宝此时的食量也增加了，需要更多的乳汁来满足生长发育需要。所以此时进补，可以让新妈妈分泌更多的乳汁供宝宝生长发育。

在进补的时候，注意以下几点：

做到品种多样、数量充足

哺乳期的膳食要增加各种营养素的供给量，尤其是钙、锌、铁、碘和B族维生素，并要注意各营养素之间的合适比例，不要偏食。数量要相应地增加，以保证能够摄入足够的营养素。除了吃主食谷类食物，副食应该多样化，一日以4～5餐为宜。

膳食中的主食不能单一

不能只吃精白米、面，应该粗细粮搭配，每天食用一定量粗粮、杂粮，如燕麦、小米、赤小豆、绿豆等。

供给充足的优质蛋白质

动物性食品如鸡蛋、禽肉类、鱼类等可提供优质蛋白质，宜多食用。乳母每天摄入的蛋白质应保证有1/3以上来自动物性食品。每日150～200克。

多食含钙丰富的食品

因为新妈妈和宝宝对于钙的需要量大，需要特别注意补充。乳及乳制品含钙量最高，并且易于吸收利用。深绿色蔬菜、豆类也可提供一定量的钙。

及时补铁

为了预防贫血，应多摄入含铁高的食物，如动物的肝脏、肉类、鱼类、某些蔬菜（如油菜、菠菜等）、大豆及其制品等。

摄入足够的新鲜蔬菜、水果和海藻类

新鲜蔬菜和水果含有多种维生素、无机盐、纤维素、果胶、有机酸等成分，海藻类还可以供给适量的碘。这些食物可增加食欲，防止便秘，促进泌乳，是乳母每日膳食中不可缺少的食物，每天要保证供应500克以上，还要多选用绿叶蔬菜。

特别提醒：少吃盐和盐渍食品，刺激性大的调味品、污染食品。吸烟、饮酒、喝咖啡或长期服用某些药物，可通过乳汁影响宝宝的健康，特别需要加以注意。

注意烹调方法

对于动物性食品，如畜、禽、鱼类的烹调方法以煮或烧为最好，少用油炸。

需要多喝一些汤汁以利泌乳。如鸡、鸭、鱼、肉汤，或以豆类及其制品和蔬菜熬制的汤，既可以增加营养，还可以补充水分，促进乳汁分泌。

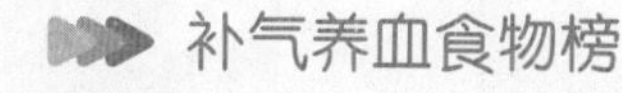

桂圆

桂圆即龙眼，其味甘，性平，无毒。龙眼肉营养丰富，含有蛋白质、脂肪、糖类、氨基酸、胡萝卜素、维生素A、维生素B_1、维生素B_2、维生素C以及钾、钠、钙、镁、铁、磷、锌、锰、铜等营养成分。现代医学认为龙眼肉具有增进红细胞及血红蛋白活性、升高血小板、改善毛细血管脆性、降低血脂、增加冠状动脉血流量的作用，对心、血管疾病有防治作用。龙眼所含糖分量很高，为易消化吸收的单糖，可以被人体直接吸收，故体弱贫血，年老体衰，久病体虚的人，经常吃些龙眼很有补益作用；孕妈妈产后，龙眼也是重要的调补食品。因含铁及维生素B_2很丰富，可以减轻子宫收缩及宫体下垂感。孕妈妈产后体虚乏力、贫血等，可用龙眼肉加入当归、枸杞子、大枣（去核）数颗炖鸡。或每日食用龙眼肉煮鸡蛋，可活血调经，促进体力恢复。

芝麻

芝麻中含有丰富的蛋白质、脂肪、钙、铁、维生素E等营养物质，是产后新妈妈的必备营养品，可以帮助新妈妈改善饮食的营养质量。相比白芝麻而言，黑芝麻的营养价值要更高一些。

胡萝卜

胡萝卜是一种质脆味美、营养丰富的家常蔬菜，素有“小人参”之称。胡萝卜富含糖类、脂肪、挥发油、胡萝卜素、维生素A、维生素B_1、维生素B_2、花青素、钙、铁等营养成分。其中铁的含量也不少，是一种补血养血的不错食品。

产后第4周 体质恢复关键期

定时定量进餐很重要

定时定量进餐可以使肠胃功能规律，防止因为过量进食或者少量进食对自己的身体造成损伤。规律地进餐定时定量还可形成条件反射，有助于消化腺的分泌更利于消化，可以使营养更多地被吸收。

尤其对于新妈妈来说，既要保证自己的饮食营养需求，又要保证供给宝宝的奶水营养丰富，每日三餐合理进餐，营养均衡是非常重要的。

事实上，从减肥的角度来说，定时定量进餐还可以避免脂肪过度堆积，防止一下子过度进食造成积食。

恢复身材巧进食

并非少吃就能减肥；如进食的技巧、食物的烹调、零食的选择等，皆是控制体重的关键。同样的营养价值，如果选择热量较低的食物，对于需要哺乳的宝宝和新妈妈本身影响很大。

改变进餐顺序：先喝水→再喝汤→再吃青菜→最后才吃饭和肉类。

1.养成三正餐一定要吃的习惯。

2.生菜、水果沙拉应刮掉沙拉酱后再吃，或要求不加。肉类应去皮且不吃肥肉，只吃瘦肉部分。油炸食品先去油炸面皮后再吃。浓汤类只吃固体内容物，但不喝汤。带汤汁的菜肴，将汤汁稍加沥干后再吃。以水果取代餐后甜点。以开水或不加糖的饮料及果汁来取代含糖饮料及果汁。

3.注意食物的种类及吃的分量。

4.吃完东西立刻刷牙，刷过牙就不再进食。睡前3小时不再进食。

满月后营养是否要继续加强

与平时相比，满月后的新妈妈每天膳食中营养素的供给量应多一些，这些营养素主要是为了满足其乳汁分泌的需要。如果满月后新妈妈不注意自己的膳食调整，没有根据营养素的需要来确定供给量，乳汁分泌就会减少。虽然说在短时间里新妈妈可以通过分解自己的组织细胞来分泌乳汁，哺育宝宝，但这只能是一种短期行为，长期下来，新妈妈的乳汁分泌就会受到影响。首先是乳汁的质下降，各种营养素的含量减少；如果不及时调整摄入足够的营养素，乳汁的量也会减少甚至停止分泌。所以，满月后的新妈妈要继续加强营养。

月子经典食谱

番茄菠菜面

材料：番茄1个，鸡蛋1个，菠菜50克，切面100克。

调料：盐适量。

做法：

1. 鸡蛋打成蛋液，菠菜洗净后切成3厘米左右的段。
2. 番茄洗干净用热水烫过，去皮切块。锅中放入少量油，加热后放入番茄煸出汤汁。
3. 锅内加入清水，烧开后煮面至熟透；将蛋液、菠菜放入锅内，煮开加盐调味即可。

营养师分析

富含蛋白质和维生素A，且营养均衡，易于消化，适合孕妈妈食用。

当归鲫鱼汤

材料：当归10克，鲫鱼1条，葱花少许。

调料：盐适量。

做法：

1. 鲫鱼洗净，去内脏和鱼鳞。鱼处理干净，汤就不会有腥味。鱼身上抹少量盐，腌制10分钟。
2. 用清水把当归洗净，整个放入热水里浸泡30分钟，取出切片。泡当归的水不要扔掉，可以用来煲汤。
3. 将鲫鱼与当归一同放入锅内，加入泡当归的水，炖煮至熟，加入葱花调味即可。

营养师分析

此汤具有补气益血、止血凉血、健脾养胃的功效。鲫鱼煮汤有健脾利湿、和中开胃、活血通络和温中下气之效，适合新妈妈食用。

紫菜鸡蛋汤

材料：鸡蛋2个，虾皮5克，紫菜、葱花各少许。
调料：盐、香油各适量。

做法：

1. 紫菜撕成片状备用；鸡蛋打成蛋液，加一点盐。
2. 锅里倒入清水，水沸后放入虾皮略煮，再把鸡蛋液倒进去搅拌成蛋花（边倒边搅动，蛋花造型会比较好看）。
3. 放入紫菜，继续煮3分钟。出锅前放入盐，撒上葱花、香油即可。

营养师分析

此汤营养丰富，其中的紫菜含碘量很高。富含的胆碱和钙，能增强记忆，有助于提高新妈妈的机体免疫力。

大枣小米粥

材料：小米100克，花生50克，大枣8个。

做法：

1. 将小米花生洗净，用清水浸泡20分钟备用。
2. 大枣温水洗净，去核后，备用。
3. 所有原料放入砂锅中，大火煮沸，转小火煮至原料完全熟透即可。

营养师分析

此粥补肺润燥，宁心安神，治疗失眠，多梦，纳食不香，大便干燥。大枣有益于养血安神，缓解产后抑郁。

什菌一品煲

材料：草菇50克，平菇50克，香菇30克，白菜心50克，葱少许。
调料：盐适量。

做法：

1. 各种菌菇洗净切成条或者块，白菜心掰成小条。
2. 锅内放入清水或素高汤，葱段，大火烧开。
3. 放入准备好的菌菇和白菜心，小火煲10分钟加盐即可。

营养师分析

味道香浓，有利于放松神经，具有很好的开胃作用，很适合产后虚弱、食欲不佳的新妈妈。

大枣莲子糯米粥

材料：圆糯米150克，粳米75克，大枣10颗，莲子150克。

调料：冰糖3勺。

做法：

1. 大枣洗净去核，莲子洗净，浸泡30～60分钟，备用；糯米和粳米混搭泡水1～2小时。
2. 锅内注入足够的清水，水大开的时候放入糯米；重新煮开后煲约10分钟再放入粳米继续煲。水开的时候放入浸泡好的莲子，待水重新开后调成慢火熬20～30分钟。待粥大开后放入大枣，再熬15分钟。
3. 将冰糖入锅调味，再稍焖片刻即可。

营养师分析

此粥可健脾养胃，安神定心，又能改善失眠和手足冰冷，非常适合新妈妈食用。

香油猪肝汤

材料：猪肝100克，米酒150毫升，老姜30克。

调料：香油20毫升。

做法：

1. 猪肝洗净，切成1厘米厚的薄片备用；老姜连皮切片。
2. 锅内倒香油，小火加热后加入姜片，煎到浅褐色；将猪肝放入锅内转大火快速煸炒。
3. 将米酒倒入锅中，煮开后立即取出猪肝。米酒用小火煮至没有酒味为止，再将猪肝放回锅中即可，趁热食用。

营养师分析

补肝，养血，明目，通乳。对于新妈妈缺铁性贫血有很好的食疗作用。

当归生姜羊肉煲

材料：羊肉500克，当归2克，生姜30克，葱10克。

调料：盐适量。

做法：

1. 羊肉洗净，切块，热水烫过去掉血污，沥干水分备用。
2. 生姜切片，葱切段备用。当归洗净，热水浸泡30分钟，泡药材的水不要倒掉。
3. 将羊肉放入锅内，加入生姜片、当归、葱段和泡当归的水，小火煲2个小时，出锅前加入盐调味即可。

营养师分析

温中暖下、益气补血。可用于产后的调理，适用于气血虚弱、阳虚失温所导致的腹部凉痛、血虚乳少、恶露不止等。

番茄菠菜蛋花汤

材料：番茄100克，菠菜50克，鸡蛋1个，葱少许。

调料：盐、香油各适量。

做法：

1. 番茄洗净切片，菠菜洗净切成段备用。
2. 鸡蛋打散，葱切成葱花。
3. 锅中放油烧热后，放入番茄片煸出汤汁，加入适量水烧开，放入菠菜段，蛋液，盐，稍煮一下即可，出锅前滴入香油。

营养师分析

番茄不仅有抗氧化的功能，还有提升免疫力的功效，这款汤可增强新妈妈的抗病能力，强化体质。

红豆酒酿蛋

材料：红豆50克，糯米酒酿200毫升，鸡蛋2个。

调料：红糖适量。

做法：

1. 红豆洗净，清水浸泡1个小时。
2. 浸泡好的红豆和清水放入高压锅中，将红豆煮烂。将煮好的红豆倒入小锅中，加入糯米酒酿和鸡蛋，烧沸后加入红糖即可。

营养师分析

红豆有滋补强壮、健脾养胃、利水除湿、和气排脓、清热解毒、通乳汁和补血的功效。

珍珠三鲜汤

材料：鸡脯肉50克，豌豆50克，番茄1个，鸡蛋清1个。

调料：牛奶25克，淀粉25克，料酒、盐、鸡精、高汤、香油各适量。

做法：

1. 鸡脯肉剔筋洗净剁成细泥；少许淀粉用牛奶搅拌；鸡蛋打开去黄留清。把这三样放在一个碗内，搅成鸡肉泥待用。
2. 番茄洗净开水滚烫去皮，切成小丁；豌豆洗净备用。
3. 炒锅放在大火上倒入高汤，放盐、料酒烧开后，下豌豆、番茄丁，等再次烧开后改小火，把鸡肉泥用筷子或小勺拨成珍珠大圆形小丸子，下入锅内，再大火待汤煮沸，入水淀粉，烧开后将鸡精、香油入锅即可。

营养师分析

这道菜很适合产后气血双亏、脾胃功能不健、食欲较差的新妈妈食用，可开胃增食、补养气血，促进产后康复。对于平素肝血不足、视力较差的新妈妈更为适宜。

红薯粥

材料：红薯250克，粳米150克，大枣若干，芝麻适量。

调料：白糖30克。

做法：

1. 将红薯洗净，连皮切成小块。
2. 粳米淘洗干净，用冷水浸泡半小时，捞出沥水。
3. 将红薯块和粳米一同放入锅内，加入约1000毫升冷水煮至粥稠，依个人口味酌量加入大枣、芝麻、白糖，再煮沸即可。

营养师分析

健脾养胃，益气通乳。适用于新妈妈维生素A缺乏症、夜盲症、大便带血、便秘、湿热黄疸。

猪排炖黄豆芽汤

材料：猪排500克，鲜黄豆芽200克，料酒50毫升，葱、姜各适量。

调料：盐、鸡精各适量。

做法：

1. 将猪排洗净切段，放入沸水中焯水，用清水洗净，放入锅中；黄豆芽洗干净。
2. 锅中放清水，加入料酒、葱、姜，用大火烧沸后，改用小火炖1小时。
3. 锅中放黄豆芽，以大火煮沸后，改用小火熬15分钟，加盐、鸡精，拣出葱、姜即可。

营养师分析

猪排骨上带肉，为滋补强壮养生佳品；黄豆芽解脾胃郁热。两者合烹成汁，汤鲜味美，具有催乳、滋补强身作用。

鲢鱼丝瓜汤

材料：鲢鱼1条，丝瓜300克。

调料：盐、生姜各适量。

做法：

1. 鲢鱼收拾干净，洗净，切小块。
2. 丝瓜去皮，洗净，切成段，与鲢鱼一起放入锅中，再放入生姜、盐，先用旺火煮沸，后改用小火慢炖至鱼熟即可。

营养师分析

此汤补中益气、生血通乳，适合产后因气血不足而导致乳汁量少或不通的新妈妈食用。

乌鸡白凤汤

材料：乌骨鸡1只，白凤尾菇50克。

调料：料酒、葱节、姜片、盐、鸡精各适量。

做法：

1. 乌骨鸡宰杀后，去血；起锅倒入清水煮至冒水泡时，加入1勺盐离火，浸入鸡，见鸡毛淋湿，提出，脱净毛及嘴尖、脚上硬皮，剪去鸡屁股，开膛取出内脏，用水冲洗干净。
2. 取砂锅置火上，加入清水、姜片煮沸，放入乌鸡、料酒、葱节，用小火焖煮至脱骨。
3. 放入白凤尾菇，加盐、鸡精调味后煮3分钟起锅即可。

营养师分析

乌骨鸡滋补肝肾的效用较强，食用本品可补益肝肾、生精养血、养益精髓、下乳增奶，对于产后补益之功、增乳之效尤妙。

冬笋雪菜黄鱼汤

材料：冬笋、雪菜、肥肉各30克，黄鱼1条约500克。

调料：葱、姜、花生油、香油、清汤、料酒、胡椒面、盐、鸡精各适量。

做法：

1. 先将黄鱼去鳞，除内脏，洗净，冬笋发好，切片；把雪菜洗净，切碎；肥肉洗净，切片备用。
2. 将花生油下锅烧热，放入鱼两面各煎片刻；然后锅中加入清汤，放入冬笋、雪菜、肉片、黄鱼和作料，先用大火烧开，后改用小火烧15分钟，再改用大火烧开，拣去葱、姜，撒上鸡精、胡椒面，淋上香油即可。

营养师分析

此汤补气开胃、填精安神。适用于体虚食少的新妈妈营养滋补。

干贝冬瓜汤

材料：干贝5克，冬瓜100克。

调料：高汤180毫升，盐2克。

做法：

1. 干贝用水泡软，再用蒸锅蒸软，搓成细丝。
2. 冬瓜挖球，与高汤、干贝丝一起用小火煮软，下盐调味即可。

营养师分析

此汤清热去湿、减肥、补肾平肝。干贝具有滋阴补肾、和胃调中功能。二者搭配，对新妈妈十分有利。

冬菇鸡翅

材料：鸡翅16只，水发冬菇15个，鸡清汤750毫升。

调料：红葡萄酒100毫升，酱油15毫升，盐5克，鸡精1克，料酒10毫升，葱、姜各10克，花生油500毫升（约耗75毫升）。

做法：

1.将鸡翅的翅尖一节剁掉，用酱油（4毫升）、料酒腌制片刻；冬菇去蒂洗净，片成片；葱切成7厘米长的段。

2.炒锅上火，放入花生油，烧至七成熟，下鸡翅炸至呈金黄色捞出沥油。

3.炒锅置火上，放入花生油（50毫升）烧热，下葱、姜煸香，倒入鸡翅，加红葡萄酒（50毫升）、酱油稍煸上色，添鸡汤，放盐、鸡精，大火烧开，盛入砂锅内，用小火焖熟。

4.炒锅置火上，放油少许，下葱段、冬菇煸一下，倒入沙锅中间，把余下的葡萄酒也倒入沙锅内，用小火焖20分钟即可。

营养师分析

此菜色泽金黄，鸡翅酥烂，味鲜清香，富含蛋白质、碳水化合物和钙、锌及多种维生素，尤其胶质蛋白质的含量丰富，对新妈妈恢复十分有利。

香蕉百合银耳汤

材料：干银耳15克，鲜百合120克，香蕉2根，枸杞子5克。

调料：冰糖100克。

做法：

1.干银耳泡水2小时，择去老蒂及杂质后撕成小朵，加水4杯入蒸笼蒸半个小时取出备用。

2.新鲜百合剥开洗净去老蒂；香蕉洗净去皮，切为0.3厘米小片。

3.将所有材料放入炖盅中，加调味料入蒸笼蒸半小时即可。

营养师分析

此汤具有养阴润肺、生津整肠之效，有助于新妈妈产后恢复。

海带蛋花豆腐汤

材料：豆腐300克，海带50克，鸡蛋50克，香菜15克。

调料：酱油5毫升，盐、淀粉各5克，鸡精、胡椒粉各2克，香油10毫升，高汤适量。

做法：

1.将鸡蛋打在碗内搅均匀；豆腐清洗，切成丝备用；海带切丝备用；香菜切段。

2.锅上火倒入高汤，加入盐、酱油、鸡精、海带丝、豆腐煮沸；用水淀粉勾芡，淋入鸡蛋液，加胡椒粉、香菜段，淋香油即可。

营养师分析

此汤具有软散坚结，清热利水，降脂，益中和气，生津润燥，清热解毒的功效，适合新妈妈食用。

木瓜牛奶露

材料：木瓜半个，细玉米面1小杯。

调料：冰糖3勺，鲜奶1大杯（椰奶风味更佳）。

做法：

1. 先将木瓜去皮去子，切块加水打成浆，玉米面用点水调匀，把木瓜浆用中火煮滚，然后慢慢加入调好的玉米面，还要不停地搅动，因为玉米面很容易结小疙瘩。
2. 放入冰糖煮至略浓稠后，就加入牛奶或椰奶，滚起离火即可。

营养师分析

木瓜口感好，糖分低，其中的木瓜酶可促进乳腺发育，对新妈妈有催乳发奶的作用，还是不错的美容佳品哦。

胡萝卜小米粥

材料：胡萝卜50克，小米50克。

做法：

1. 胡萝卜洗净切丝；小米淘洗干净备用。
2. 锅置火上，加水烧开，放入胡萝卜丝与小米同煮至黏稠即可。

营养师分析

胡萝卜含有大量的胡萝卜素，可以明眸养眼，润泽肌肤。小米能健脾和胃，清心安神，这两种食物在一起搭配对于新妈妈滋养身体很有效。

银鱼苋菜汤

材料：苋菜300克，银鱼100克。

调料：大蒜2粒，盐1小匙，淀粉2大匙。

做法：

1. 苋菜去根部，洗净，切小段；大蒜去皮，切末；银鱼洗净，沥干水分备用。
2. 锅中倒大匙油烧热，爆香蒜末，放入苋菜炒熟，加入银鱼、盐及2杯水，以小火焖煮至苋菜熟烂，倒入淀粉调匀，即可盛出。

营养师分析

银鱼有润肺止咳、善补脾胃、宜肺、利水的功效，尤其适合体质虚弱、营养不足、消化不良的新妈妈食用。苋菜能促进排毒，防止便秘。

蛤蜊豆腐汤

材料：蛤蜊250克，豆腐200克，咸火腿肉1大片。

调料：葱1根，姜2片，高汤1碗，盐1小勺，白胡椒粉适量。

做法：

1. 蛤蜊用冷水淘洗几次，放入清水中静置2小时吐净泥沙备用。
2. 热锅，把咸火腿肉切小块放入锅中煸出香味，再放入葱姜一起爆香。
3. 倒入一碗高汤大火煮开。放入切块的豆腐煮开。再放入蛤蜊，中火加盖煮5分钟。最后调入盐和白胡椒粉即可。

营养师分析

中医认为，蛤蜊肉性寒，味咸，有滋阴明目、软坚、化痰、利水之功效，但新妈妈不宜食用过多。

鸡蓉玉米羹

材料：鸡脯肉200克，玉米酱1罐，蛋白2个。

调料：盐适量，高汤5碗，玉米粉3大勺。

做法：

1. 鸡脯肉用刀刮细末，拌入蛋白，清水、盐、高汤、玉米粉调匀做成鸡蓉。
2. 高汤烧开，放入玉米酱煮滚，调味并勾芡，慢慢淋入鸡蓉，待浮起并煮滚时即熄火。

营养师分析

鸡脯肉有温中益气、补虚填精、健脾胃、活血脉、强筋骨的功效。是唯一的不必担心因动物性脂肪而使人体受到伤害的肉类，适合新妈妈食用。

西蓝花鹌鹑蛋汤

材料：香菇8朵，干贝25克，火腿50克，西蓝花150克，鹌鹑蛋10个。

调料：盐适量。

做法：

1. 西蓝花切小朵，放入开水中，加少许的盐和油，烫1分钟捞起待用；鹌鹑蛋煮熟剥皮待用。
2. 将香菇、干贝用热水泡开，火腿切片一起放入锅里，加1大碗的水用中火煮20分钟。
3. 取一大碗，先把香菇、干贝、火腿片捞起铺在碗底。
4. 把鹌鹑蛋、西蓝花放入锅中熬好的汤水里，加盐烧开起锅，最后倒入装有香菇、干贝、火腿片的碗中即可。

营养师分析

西蓝花含有丰富的维生素，能增强肝脏的解毒能力，提高机体免疫力。鹌鹑蛋含丰富蛋白质，可治风湿，强筋壮骨，是新妈妈理想的滋补食疗品。

芋头排骨汤

材料：猪排300克，芋头200克，青菜心30克，小枣（干）10克。

调料：大葱15克，姜8克，黄酒15毫升，盐3克，花生油15毫升。

做法：

1. 将猪排洗净斩成寸段，焯水捞出撇去血沫沥干水分。
2. 芋头洗净去皮，用挖球器挖成球状；青菜心洗净沥干水分；小枣洗净待用；葱姜洗净分别切段、片备用。
3. 锅内下入花生油烧至六成热后放入芋头球，翻炒至发黄后出锅。青菜心放入油锅煸香。
4. 另起锅，放入清汤大火烧开，放入排骨、葱段、姜片、黄酒，开锅后小火焖煮2小时。放入芋头小枣，再小火焖煮1小时，放入青菜心，加盐煮1分钟后即可。

营养师分析

滋补润心，补阳益髓，壮体抗老。芋头丰富的营养价值能增强新妈妈人体的免疫功能。

荔枝粥

材料：荔枝肉10克，粳米100克。

调料：白糖少许。

做法：

1. 将荔枝去壳取肉；粳米淘洗干净。
2. 将荔枝肉与粳米放入锅中，加清水适量煮粥，待熟时调入白糖，再煮1～2分钟即可。

营养师分析

此粥健脾益气，养肝补血，理气止痛，养心安神。适用于脾胃亏虚所致的饮食减少的新妈妈。

归枣牛筋花生汤

材料：牛蹄筋100克，花生米100克，大枣10颗，当归5克。

调料：盐适量。

做法：

1. 牛蹄筋洗净，切成块；花生米、大枣洗净。
2. 砂锅置火上，加适量清水，放入牛蹄筋、花生米、大枣、当归，用旺火煮沸后，改用小火炖至牛筋烂熟、汤稠时，加入盐调味即可。

营养师分析

此汤补益气血、强壮筋骨，适于产后气血两虚、肢体疼痛者。

益母草木耳汤

材料：益母草30克，黑木耳25克，大枣3个。

调料：生姜3片，盐适量。

做法：

1. 各物分别洗净，益母草、黑木耳稍浸泡。
2. 大枣去核，一起与生姜放进瓦煲内，加入清水750毫升，大火滚沸后，改小火煲半个小时，调入适量盐即可。

营养师分析

此汤能养阴清热、凉血止血。可用于防治产后血热、恶露不尽。益母草是妇科良药，不论胎前、产后都能起到生新血去淤血的作用。

腐竹粟米猪肝粥

材料：猪肝110克，鲜腐竹半块，粟米50克，粳米100克。

调料：姜2片，油、盐、胡椒粉各适量。

做法：

1. 鲜腐竹洗干净，剪碎；粟米洗干净；姜切丝。
2. 猪肝洗干净，放入热水中稍烫一下后冲洗干净，切薄片，下油、盐、胡椒粉各少许调味。
3. 粳米洗净，倒入适量水烧开，放入鲜腐竹、粳米、粟米，煲滚后改慢火煲2小时。下猪肝和姜丝，滚片刻，加盐调味即可。

营养师分析

腐竹含丰富的蛋白质和铁且易被人体吸收，对缺铁性贫血有一定疗效。猪肝中铁质丰富，是补血食品中最常用的食物，食用猪肝可调节和改善贫血的新妈妈造血系统的生理功能。粟米可健脾、开胃、利尿。

三丁豆腐羹

材料：猪肉丁150克，豆腐250克，番茄250克，青豆米50克，葱末少许。

调料：盐、鸡精、水淀粉、香油、鲜汤各适量。

做法：

1. 先将豆腐切成丁，下沸水焯一下，沥干水分待用。
2. 番茄烫去皮，去子，切成小丁，烧热油锅，下葱末略煸一下，放入鲜汤、豆腐、肉丁、番茄、青豆米、盐，烧沸再加鸡精，淋上水淀粉，出锅装碗淋上香油即可。

营养师分析

此羹味道鲜美，滋阴润燥，补中益气，补脾健胃，适合新妈妈食用。

黄豆猪蹄汤

材料：猪蹄750克，黄豆150克。

调料：黄酒10克，葱10克，姜5片，盐4克，鸡精2克。

做法：

1. 猪蹄用沸水烫后洗净，刮去老皮，加清水煮沸，撇去浮沫。
2. 加黄酒、葱、姜片及用清水浸泡过1小时的黄豆，中火煮35分钟，加盐、鸡精调味，再高火15分钟即可。

营养师分析

此汤补脾益胃，养血通乳，非常适合新妈妈食用。

莲子猪肚汤

材料：猪肚150克，莲子30克。

调料：姜8克，大葱段5克，盐3克，料酒5克。

做法：

1. 猪肚洗净，切成片；莲子用水泡软，去皮和心；大葱切段；姜切片。
2. 锅置火上，放入莲子和60克水，煮15分钟。再加入猪肚、料酒、大葱段、姜片和500克水煮沸。撇去浮沫，加入盐、鸡精盛入汤碗即可。

营养师分析

猪肚含有蛋白质、脂肪、无机盐类等营养物质，具有补虚损、健脾胃的功效。莲子具有健脾益气的功效。此菜易于消化，有助于新妈妈健脾益胃、补虚益气。

红豆黑米粥

材料：黑米、红小豆各100克。

做法：

1. 黑米淘洗干净；红小豆洗净，用清水浸泡5小时。
2. 将黑米、红小豆放入锅中，加适量清水，大火煮开后转小火，再煲1小时，至米粒熟烂即可。

营养师分析

红豆营养丰富是食疗佳品，有消肿解毒之功效。黑米可滋阴补肾、健身暖胃、明目活血、清肝润肠，有助于新妈妈活血养颜。

花生红豆汤

材料：大枣、红豆、冰糖、葡萄干、花生米、银耳各适量。

做法：

1. 银耳清水泡发，葡萄干、红豆、花生米、大枣洗净。
2. 所有原料放入高压锅中，加足量清水，大火煮开，撇去浮沫，加盖小火煮30分钟即可。

营养师分析

此汤补脾利湿，适用于脚气病、产后乳少者食用。无病者食之，可起到补脾胃、益气血、强身体的作用，又为补益强壮养生食品。

黄芪枸杞鸡汤

材料：黄芪20克，枸杞子20克，鸡肉200克，盐、葱、姜、料酒各适量。

做法：

1. 鸡肉切成块；枸杞子洗净。
2. 将鸡肉放入锅中，加入黄芪和枸杞子、盐、葱、姜、料酒煮至肉熟即可。

营养师分析

黄芪味甘、性微温，归脾、肺经；入气分，可升可降；具有补气升阳，固表止汗，行水消肿，排毒生肌的功效；本汤养血补气、滋阴益肾。适合新妈妈食用。

海带豆腐汤

材料：冻豆腐（或北豆腐）200克，海带结50克，蘑菇50克，姜2片，油、盐各适量。

做法：

1. 冻豆腐块挤干水分；海带结洗净；蘑菇洗净撕成小片。
2. 锅中油烧热后，放入冻豆腐，略煎一会。煎至豆腐表面有些发黄后，倒入水、海带结、姜片。煮至水开后，转小火煮30分钟，煮至一半时将蘑菇倒入一起煮，最后加盐调味即可。

营养师分析

海带味咸，有温补肾气的作用。此款汤清香滑爽，常食不腻。富有丰富的钙、碘、锌等元素。适合新妈妈食用。

大枣栗子粥

材料：米1小碗，栗子5个，大枣5个。

做法：

1. 大枣用开水烫一下捞出，去皮去核。
2. 将去掉外皮的栗子肉切成小块，放入锅里加适量水煮熟，然后放入米、枣肉一起上火煮米熟即可。

营养师分析

枣能宁心安神、益智健脑、增强食欲、提高人体免疫力。栗子具有益气健脾，厚补胃肠的作用。适合新妈妈食用。

桃仁莲藕汤

材料：桃仁10克，莲藕250克，红糖或盐各适量。

做法：

1. 莲藕洗净切片；桃仁去皮尖打碎。
2. 将打碎的桃仁、莲藕放锅内，加水500毫升共煮汤。酌加适量红糖或盐调味即可。

营养师分析

莲藕含丰富的铁质，故对贫血之人颇为相宜。适用于孕妈妈产后血瘀发热。

姜枣枸杞乌鸡汤

材料：乌鸡1只，生姜20克，大枣20克，枸杞子10克，盐适量。

做法：

1. 将乌鸡宰杀，煺净毛，开膛，去内脏，洗净；大枣、枸杞子洗净；生姜洗净去皮，拍碎。
2. 将大枣、枸杞子、生姜纳入乌鸡腹中，放入炖盅内，加水适量，大火煮开，改用小火炖至乌鸡肉熟烂。
3. 汤成后，加入适量盐调味即可。

营养师分析

补血扶羸。适用于产后贫血、体质虚弱。枸杞子具补精气、坚筋骨、滋肝肾之效，适合新妈妈食用。

胡萝卜牛蒡排骨汤

材料：排骨500克，胡萝卜2个，牛蒡半根，姜2片，料酒、盐、鸡精各适量。

做法：

1. 排骨用冷水浸泡15分钟去血水，牛蒡半根去皮切块，胡萝卜洗净切块。
2. 将排骨、牛蒡、胡萝卜、姜一起放入砂锅，加适量水，几滴料酒，先大火烧开后转小火煲2小时，放盐、鸡精调味。

营养师分析

此汤具有催乳发奶、清热解毒的作用。产后常食，既能增加乳汁的分泌，又能促进子宫恢复，有利于产后恶露的排除。

栗子黄鳝煲

材料：黄鳝200克，栗子50克，姜、盐、料酒各适量。

做法：

1. 黄鳝去肠及内脏，洗净后用热水烫去黏液，再进行加工。
2. 将处理好的黄鳝切成4厘米长的段，放盐、料酒拌匀，备用；栗子洗净去壳，备用；姜洗净切成片，备用。
3. 将黄鳝段、栗子、姜片一同放入锅内，加入清水煮沸后，转小火再煲1小时。出锅时加入盐调味即可。

营养师分析

黄鳝性温味甘，能补五脏，填精血，去风湿，滋阴补血，对生产前后筋骨酸痛、浑身无力、精神疲倦、气短等都有良好的食疗作用。

鸡蛋玉米羹

材料：罐头玉米160克，鸡蛋2个，罐头蘑菇40克，淀粉5克，牛奶100克，净冬笋、料酒各25克，鲜豌豆粒20克，盐4克，葱、姜各1克。

做法：

1. 鲜豌豆放入热碱水中泡一下，捞入凉水中泡凉。
2. 炒锅烧热，加油用葱、姜、料酒煸锅。倒入豌豆、蘑菇、冬笋，稍烩后，加水，倒入玉米、鸡蛋、牛奶和盐，开锅后加入淀粉勾芡即可。

营养师分析

鸡蛋味甘性平，能补阴益血、除烦安神、补脾和胃，可用于血虚所致的乳汁减少、病后体虚、营养不良，是产后新妈妈的理想食品。玉米性平味甘，有开胃、健脾、除湿、利尿等功效。

Part 6
孕产期常见症状调养食谱

在孕育胎儿的过程中及分娩后，孕（新）妈妈可能会出现这样或那样的不适症状。为避免或减轻不适症状，孕（新）妈妈应尽量避免使用药物。是药三分毒，尤其在孕期用药不当还有可能导致胎儿畸形呢！可也有一些安全的“药物”——食物，除了能为你提供营养外，还能作为食疗佳品。

省时阅读

● 孕妈妈在孕产期，都会或多或少地出现一些不适症状，如孕吐、孕期尿频、产后便秘、产后腹痛等。有的是正常的生理现象，不用过于担心，只要平时多注意一些生活方式上的调整，改变不良的生活习惯，再加上饮食调养，这些症状是可以减轻和缓解的。本章将着重为你提供食疗指导。

● 通过本章，你将了解到孕期（孕吐、孕期疲劳、尿频、小腿抽筋、水肿、失眠、产前抑郁）和产后（产后催乳、血晕、贫血、体虚、便秘、腹痛、恶露、抑郁）共15种常见症状的产生原因、特点，掌握其饮食调养要点及调理食谱的制作、用法及其注意事项。此外，还能掌握缓解不适的辅助措施及需警惕的异常情况。

孕 吐

在孕早期，多数孕妈妈都会出现食欲不振、轻度恶心、呕吐、头晕、倦怠等症状，称为早孕反应。早孕反应是一种生理现象，一般对生活与工作影响不大，不需特殊治疗，多在怀孕12周前后会自然消失。

大多数孕妈妈在怀孕初期都会发生不同程度的呕吐，早孕期的呕吐可能会发生在一天中的每一个时刻。有的孕妈妈只是感觉恶心，并不会真的呕吐；有的孕妈妈则可能会严重到从早到晚都要跑洗手间了。

恶心的原因不能完全确定，而且也要因人而异。主要有以下因素：绒毛膜促性腺激素水平升高；黄体酮增加引起胃肠蠕动减少；胃酸分泌减少引起的消化不良；有些气味和味道会使孕妈妈产生恶心的感觉。

严重的孕吐会使孕妈妈吃不下食物，有时候连喝水也会吐，甚至还可能引起脱水。一天内多次孕吐会消耗体力，体重也会急剧下降。甚至有时恶心并没有引起呕吐，也会使孕妈妈感到极度不适和虚弱。如果恶心不能控制住，或不能进食，就会引起体重下降，严重的时候甚至会引起眩晕或晕厥，如果有这种情况的话，就要马上到医院就诊或就医。

孕吐期间孕妈妈该怎么吃

1.在口味上可以尽量选取自己想吃的东西，还要尽量减少每次进食的量，少食多餐。孕吐较重时的饮食应以富于营养，清淡可口，容易消化为原则，所吃食物先简单后多样化，尽可能照顾孕妈妈的饮食习惯和爱好。

2.多喝水，多吃富含维生素的食物，可以防止便秘，因为便秘会加重早孕反应。

3.尽可能多地变换就餐环境，这样能激发食欲。

4.多吃一些较干的食物，如烧饼、饼干、烤馒头片、面包片等。如果孕吐严重，多吃蔬菜、水果等食物，以防酸中毒。

5.避免吃过于油腻、油炸、味道过重的食物，以免造成孕妈妈恶心或心悸。

6.避免咖啡、茶、薄荷。这些刺激性的东西不仅对胎儿无益，还会增加早孕反应，所以应尽可能远离。

7.多吃蛋白质食物（低脂餐、海产、蛋、豆类）。

8.姜可缓解孕吐。将鲜姜片含于口中，或者在饮水或喝牛奶时，冲入鲜姜汁，均可缓解恶心的症状。

9.多吃苹果。孕吐吃苹果，一方面可补充水分、维生素和必需的矿物质，同时又可调节水及电解质平衡，因此孕妈妈可多吃苹果。

注意防治妊娠剧吐

妊娠剧吐是指少数孕妈妈早孕反应严重，恶心、呕吐频繁，不能进食。妊娠剧吐是一种病理情况，会影响孕妈妈的身体健康，并造成胎儿生长发育不良，甚至威胁到母婴生命安全。

应对方法

如果在孕期发生妊娠剧吐，一定要及时就医，并在医生指导下积极治疗。

发生妊娠剧吐后，在积极治疗的同时，进行一些必要检查，排除葡萄胎、急性病毒性肝炎、胃肠炎、胰腺炎或胆道疾患的可能。

孕妈妈要解除思想顾虑，保持情绪平稳、愉快，并注意休息。必要时需住院治疗。

/专家提示/

适当参加一些轻缓的活动，如室外散步、做孕妈妈保健操等，都可改善心情，强健身体，减轻早孕反应。孕妈妈如果活动太少，恶心、食欲不佳、倦怠等症状反而会更为严重，长此以往便形成恶性循环。

营养餐单

生芦根粥

材料：鲜芦根100克，粳米100克，生姜2片。

做法：

1. 取鲜芦根洗净，切成小段，煎煮以后取汁备用。
2. 粳米洗净，加鲜芦根汁液煮粥。
3. 粥欲熟时加入生姜，稍煮即可(煮粥宜稀薄)。

营养师分析

这道粥孕妈妈每天可以吃2次，3～5天为一疗程。有清热，除烦，生津，止吐的功效。特别适用于孕妈妈妊娠恶心以及一切高热所引起的口渴心烦、胃热呕吐或呃逆不止等症。

大枣生姜粥

材料：粳米100克，大枣50克，老生姜1块。

调料：红糖2大匙。

做法：

1. 粳米洗净泡水1小时；老生姜拍碎。
2. 老生姜加3碗水煮出味。
3. 锅内加入姜汁、大枣、粳米和适量水，用小火慢慢炖煮至粥稠。
4. 再加入红糖煮10分钟即可。

营养师分析

生姜也是传统的治疗恶心、呕吐的食材，有“呕家圣药”之誉。孕吐严重的孕妈妈吃生姜有明显的止吐作用。大枣含有铁质，可以补血，还含有丰富的维生素A、维生素C等营养素，而这些营养素恰恰又是养眼、护眼的重要营养素，所以孕妈妈多吃些大枣，或是每天喝一杯大枣水，有助加速血气运行，减少淤血积聚，对孕妈妈和胎儿都是大有益处的。

蛋醋止呕汤

材料：鸡蛋2个，葱花少许。

调料：米醋半杯，白糖1小匙。

做法：

1. 将鸡蛋磕入碗中，搅匀，加入白糖、米醋，再搅匀。
2. 将锅置于火上，加入清水适量，用大火煮沸。
3. 将鸡蛋倒入锅中，煮沸后撒上葱花即可。

营养师分析

这道汤酸中微甜，具有和中止呕的功效。适用于有呕吐早孕反应的孕妈妈服用，如果每天1次，连服3天的话，孕妈妈的呕吐反应会有很好的缓解。

三汁汤

材料：莲藕200克，麦门冬10克，生地黄15克。

调料：盐适量。

做法：

1. 取麦门冬、生地黄、莲藕分别洗净，切碎。
2. 3种材料一并入锅加水适量，煎煮40分钟以后加盐适量。
3. 去渣取汁，晾温即可。

营养师分析

这道汤有养阴清热、和胃止吐的功效，怀孕恶阻、进食少、频频呕吐、咽食困难、反胃呃逆的孕妈妈可以常吃。

苏姜陈皮茶

材料：苏梗6克，陈皮3克，生姜2克，红茶1克。

做法：

1. 将生姜洗净，然后与苏梗、陈皮一起切碎。
2. 将以上切碎的药材与红茶一同用沸水冲泡，加盖闷10分钟。

营养师分析

孕妈妈可当茶温饮，此茶具有理气和胃、降逆安胎的功效。

孕期疲劳

在孕早期，不少孕妈妈都会感到非常疲惫，总是处在一种比较困倦的状态中，这是完全正常的。在孕前期，受到生理变化的影响，孕妈妈会出现恶心、呕吐等肠胃症状及尿频的现象，因此，有些孕妈妈容易有睡眠中断的情况，也就会有倦容、病容的体态出现。

进入怀孕中期后，孕妈妈不舒服的情况会稍稍改善，不过随着怀孕周数的增加、新陈代谢的增快，需要消耗更多的能量，这段时间对仍然坚持工作的孕妈妈而言，特别容易疲劳；其次，腰酸背痛、胎动等也会让孕妈妈倍感疲倦。

到了怀孕后期，由于生产时间临近，孕妈妈开始担心生产、胎儿健康状况等问题，这些因素加重了孕妈妈的心理负担，这也是造成孕妈妈疲倦的主要原因之一。

吃对食物，帮助孕妈妈缓解孕期疲劳

均衡饮食

食物具有消除疲劳、提振精神、舒缓压力等功用。健康的饮食结构应该由蔬菜、水果、粗细粮搭配的主食、脱脂牛奶和瘦肉、蛋、豆类等食物构成，合理的饮食会让孕妈妈觉得更有精力。必要时还得配合特殊的饮食，如有些孕妈妈会出现生理性的贫血，就得额外增加铁质的摄取。

补充B族维生素

适当的矿物质如钙、铁及充足的维生素等能舒缓孕妈妈身体的不适，其中又以B族维生素最具有消除疲劳的功效。如蛋、干酪、全谷类、豆类、海产类、瘦猪肉、奶类、酵母粉、绿色蔬菜、坚果类等。

避免摄取油炸类食物

孕妈妈们应该避免摄取过多油炸类、淀粉类、精致的糖类、酒、咖啡等，因为这些食物都会增加孕妈妈的身体负担，让疲劳更为严重。当然，在整个孕期也要避免增加过多的体重，因为肥胖也是导致疲劳的主要原因之一。另外，孕妈妈还需要喝足量的水，以确保身体不会脱水。

疲劳的时候可以这样做

按摩

孕妈妈在按摩时，应趴在床上。这时候不妨请准爸爸帮忙，顺着背部往臀部、手脚等部位进行按摩，让肌肉慢慢地达到松弛的状态。这样不仅有消除疲劳的功效，还能增添夫妻间的感情。准爸爸要注意，按摩宜轻，切不可伤到孕妈妈和胎宝宝。

泡脚

当身心疲惫时不妨泡泡脚，有促进血液循环的作用，让紧绷的肌肉恢复柔软性，走出疲惫的状态。

冥想

对于职业女性来说，冥想是恢复身心疲劳的方法之一。在冥想时，不妨将视野望向远处，心平气和地想象着美好的事物，然后让精神逐渐地放松。

睡眠

睡得好不仅可以消除一整天的疲劳，醒来后还能拥有绝佳的状态去面对新的事物。孕妈妈们应了解整个孕期的变化，针对这些变化做些适当的应变，如怀孕初期、后期容易有尿频的状况，睡前要少喝水，先去洗手间将膀胱排空，这样就能降低半夜起床的概率。

/专家提示/

适当的运动能有效改善疲劳的状况，孕妈妈在怀孕期间应选择缓和、轻松并能加强骨盆肌肉、背部肌肉韧性的运动。如散散步、做做伸展操、活动活动肩关节等，这些运动都能缓解身体疲劳。

营养餐单

山药香菇鸡

材料：山药100克，鸡腿1个，胡萝卜1根，鲜香菇5朵。

调料：盐、白糖、料酒、酱油各适量。

做法：

1. 山药洗净去皮，切成片；胡萝卜去皮，切成片；香菇泡软，去蒂，打上十字花刀。
2. 鸡腿洗净，剁成小块，沸水焯过，去除血水后沥干水分。将鸡腿放锅内，加入盐、白糖、料酒、酱油和水，并放入香菇同煮，用小火慢煮。
3. 煮10分钟后，放入胡萝卜片、山药片，再煮，煮至山药片熟透后即可。

营养师分析

山药含有淀粉酶、多酚氧化酶等物质，有利于脾胃消化吸收；而且山药中含有皂苷、黏液质、胆碱、维生素C等营养成分以及多种矿物质，对于孕妈妈孕期疲劳有很好的食疗作用。

橘饼炒蛋

原料：橘饼50克，鸡蛋1个，老姜15克。

调料：白糖适量。

做法：

1. 老姜切丝；鸡蛋打匀、橘饼切片状备用。
2. 起油锅、加入姜丝爆香后，放入切片的橘饼翻炒至橘饼变软。
3. 最后再一起将蛋液倒入锅中加白糖适量炒熟即可。

营养师分析

这道菜对孕妈妈孕期疲劳有不错的食疗效果。枸杞子对脾胃虚弱、倦怠无力、食欲不振、腰膝酸软有很好的缓解作用，和山药搭配食用更是事半功倍。

羊肉山药汤

材料：羊肉200克，山药、胡萝卜各100克，枸杞子15克。

调料：盐适量。

做法：

1. 山药、胡萝卜洗净、去皮，切成块；枸杞子用水泡软。
2. 把切成小块的羊肉放入水中，煮2～3分钟，捞出去掉血沫，沥干。
3. 把羊肉放入锅中，加水烧开后，转小火煮30分钟。
4. 放入山药块、枸杞子、胡萝卜，出锅前，加盐调味即可。

板栗烧子鸡

材料：子鸡1只，板栗10颗。

调料：蒜、盐、白糖、料酒、酱油、高汤各适量。

做法：

1. 将板栗划开一小口，大火煮10分钟捞出，剥去外壳。将子鸡肉洗净切块，放酱油、白糖、盐、料酒腌制10分钟。
2. 锅中加高汤、酱油、板栗、鸡块同煮，煮至板栗熟烂。再调转大火，加入蒜瓣，继续焖5分钟即可。

营养师分析

板栗中含丰富的不饱和脂肪酸和维生素、矿物质；板栗是碳水化合物含量较高的干果品种，能供给孕妈妈较多的热量，具有益气健脾、厚补胃肠的作用。常吃板栗不仅可以健身壮骨，还有消除疲劳的作用。而且炒熟的板栗味道香甜、可口，是一道非常不错的美食。

孕期尿频

频繁有尿意常常是确定怀孕的一个标志，甚至有很多人是在发现尿频而去医院检查的时候才发现自己怀孕的。多数孕妈妈都被尿频所困扰。整个怀孕过程中，孕早期和孕晚期最容易发生尿频现象。

怀孕前3个月，孕妈妈特别容易感到尿频，主要是因为子宫慢慢变大时，造成骨盆腔内器官相对位置的改变，导致膀胱承受的压力增加，使其容量减少，即便有很少的尿液也会使孕妈妈产生尿意，进而发生尿频；同时有研究表明，身体中激素分泌的改变也是尿频的原因之一。到了孕期的第4个月，由于子宫出了骨盆腔进入腹腔中，膀胱所受压力减轻，尿频症状就会慢慢地减缓。

进入孕晚期，由于胎头下降进入骨盆腔，使得子宫重心再次重回骨盆腔内，膀胱受压症状再次加重，尿频的症状也就又变得较明显，甚至很多孕妈妈一用力就容易有尿液从尿道渗出，也就是所谓“尿失禁”。孕晚期尿频是胎头下降到盆腔的标志，应到医院检查是否即将临产。

怎样对付恼人的孕期尿频

孕妈妈首先要消除顾虑

孕妈妈不要因为尿频苦恼，这样不仅使自己心情不好，还会影响胎儿的身体发育。有了尿意应及时排尿，切不可憋尿。有的人会因为憋尿时间太长而影响膀胱功能，以至于最后不能自行排尿，造成尿潴留而要到医院行导尿术。

忌食辛辣刺激食物及肥甘厚味的食物

孕妈妈可以在医生的指导下适当服用补肾中药，如何首乌、枸杞子、补肾益寿胶囊、六味地黄丸等，以保持内分泌功能正常。

平时要适量补充水分

孕妈妈平时要适量补充水分，但不要过量或大量喝水，临睡前1～2小时内最好不要喝水。睡觉时采取左侧卧位，这个姿势对于大腹便便的孕妈妈来说，也是最舒适的睡姿。

加强肌肉力量的锻炼

多做会阴肌肉收缩运动，加强会阴部肌肉锻炼不仅可收缩骨盆肌肉，以控制排尿，还可减少生产时产道撕裂伤的概率。

孕期应注意保持外阴部的清洁

每日要换洗内裤，用温开水清洗外阴部，至少1～2次。还要节制性生活。

警惕病理性尿频

怀孕后，由于输尿管和膀胱的移位，使尿液积聚在尿路里，让细菌易于繁殖。如果孕妈妈小便时出现疼痛感，或尿急得难以忍受时，可能发生了泌尿系统的感染，此时应赶紧就医。如果出现尿频而且尿量也很多，就要警惕糖尿病等情况的可能了。此时，就应该到医院做进一步的检查。

营养餐单

桂花栗子糯米粥

材料：糯米100克，栗子50克。

调料：白糖、桂花糖各适量。

做法：

1. 栗子洗净，加水煮熟，去壳压成泥；糯米淘洗净。
2. 将糯米放入锅中，加水适量，小火煮熟成粥。
3. 加入栗子泥、白糖稍煮，撒上桂花糖即可。

营养师分析

此粥补肾益气，可辅助治疗孕妈妈肾亏、小便不利、尿频、尿痛等症。

鲜虾韭菜粥

材料：粳米100克，鲜韭菜50克，虾50克，姜、葱各1大匙。

调料：盐半小匙。

做法：

1. 粳米淘洗干净，用水浸泡45分钟；虾洗净，去皮，挑除虾线。
2. 韭菜用水洗净，切末待用。
3. 粳米入锅，加水适量煮粥，待粥将熟时，放入虾仁、韭菜、葱姜及盐。
4. 煮至虾熟米烂即可。

营养师分析

韭菜可用于治疗腰膝酸软、尿频、遗尿等症。腰膝无力、肾虚的孕妈妈可常食此粥。

猪肾粥

材料：猪腰100克，粳米100克，姜末2小匙，葱花1小匙。

调料：盐少许。

做法：

1. 将猪腰洗净，剖成两半，切去中间的白膜和臊腺，切成片备用；粳米洗净备用。
2. 锅置火上，注入适量清水，放入猪腰，加入姜末、葱花煮开。
3. 将粳米倒入锅内，先用大火烧开，再用小火煮30分钟，调入盐即可。

营养师分析

猪腰含有丰富的蛋白质、维生素和矿物质，具有养阴、健腰、补肾、理气等功效。对孕妈妈的肾虚、尿频症状有很好的缓解作用。

葱花爆羊肚

材料：羊肚500克，葱花1小匙，姜末1小匙，蒜3瓣。

调料：白醋1大匙，盐适量，鸡精、花椒各少许，淀粉适量。

做法：

1. 羊肚去掉脂皮，洗净，切成小块，下入沸水中焯烫，即刻捞出沥干水分。
2. 再投入八成热油中，爆约2分钟，倒入漏勺。
3. 小碗中加入白醋、盐、鸡精、葱、姜、蒜、水淀粉，调拌成芡汁备用。
4. 炒锅上火烧热，加底油，放入花椒粒炸出香味，捞出不要。
5. 再放入羊肚，倒入调好的芡汁，翻炒均匀，迅速出锅装盘即可。

营养师分析

羊肚味甘性温，无毒。治虚劳、盗汗、尿频。适应孕妈妈四肢无力、尿频等症。古有“以脏补脏”之说，因此羊肚还有健补脾胃之功。

小腿抽筋

半数以上的妈妈在怀孕后（尤其在晚上睡觉时或早晨起床前）会发生腿部抽筋。原因主要有三种：一是在孕期中孕妈妈的体重逐渐增加，双腿负担加重，腿部的肌肉经常处于疲劳状态；二是孕妈妈为满足胎儿的生长发育，需要较常人更多的钙，尤其在孕中、晚期，每天钙的需要量增为1200毫克，如果饮食中摄取钙不足，容易引起小腿抽筋；三是夜间孕妈妈体内的血钙水平比日间要低，所以夜间常有小腿抽筋的现象。

如何应付小腿抽筋

1.一旦发生小腿抽筋，孕妈妈只要将足趾用力向头侧或用力将足跟下蹬，使踝关节过度屈曲，腓肠肌拉紧，症状就可迅速缓解。

2.为了避免腿部抽筋，孕妈妈应多吃含钙食物如牛奶、孕妇奶粉。五谷、果蔬、奶类、肉类食物都要吃，并合理搭配。

3.孕妈妈可以适当进行户外活动，接受日光照射（可补充维生素D）。

4.孕妈妈需注意不要使腿部的肌肉过度疲劳，不要穿高跟鞋。

5.睡前可对腿和脚进行按摩（方法：把双手放在大腿的内外侧，一边按压一边从臀部向脚踝处进行按摩，将手掌紧贴在小腿上，从跟腱起沿着小腿后侧按摩，直到膝盖以上10厘米处，反复多次，可预防小腿抽筋）。

6.必要时可遵医嘱加服钙剂和维生素D。

切勿随意乱补钙

孕妈妈千万不能以小腿是否抽筋作为需要补钙的指标，因为每个人对缺钙的耐受值是有所差异的，有些孕妈妈在钙缺乏时，并没有小腿抽筋的症状，同样，小腿抽筋也不一定是因为缺钙。

从孕中期开始，孕妈妈每天钙的摄入量增为1000～1200毫克。并不是越多越好，一个成年人对钙的最高耐受量是每天2000毫克，如果孕妈妈摄入的钙越接近最高耐受量，危害健康的风险就越大。同时钙摄入过多还会干扰人体对于其他微量元素的吸收利用，也可能增加孕妈妈患肾结石病的危险。所以，补钙只要适度就可以了，并非越多越好。必要时，可在医生指导下服用钙剂和维生素D，日常多吃一些含钙的食物和富含维生素D的食品就可以了。

营养餐单

香菇烧豆腐

材料：豆腐200克，水发香菇200克，彩椒丝少许。

调料：酱油、水淀粉各1大匙，盐1小匙，料酒、白糖、胡椒粉各适量。

做法：

1.将豆腐切成长方条；水发香菇洗净后去蒂。

2.锅内加入油烧热，逐步放入豆腐块，用小火煎至金黄色。

3.烹入少量料酒，倒入香菇翻炒几下，再加入白糖、酱油、胡椒粉和少许清水，大火收汁。

4.用水淀粉勾芡，颠翻均匀，撒上彩椒丝即可。

营养师分析

香菇中含有大量的维生素D，可以帮助促进孕妈妈体内钙的吸收，同时香菇对便秘和消化不良也有一定的疗效；豆腐可以为孕妈妈提供丰富的蛋白质和钙，其中所含有的卵磷脂对胎儿的脑部发育有很好的促进作用。

牛肉末炒芹菜

材料：牛肉50克，芹菜300克。

调料：淀粉2小匙，酱油、盐各1小匙，料酒、葱末、姜末各半小匙。

做法：

1.将牛肉去筋膜，洗净切碎，用淀粉、半小匙酱油、少许料酒调汁拌好；将芹菜洗净切段备用。

2.锅内加入油烧热，放入葱、姜末煸炒，再倒牛肉末，用大火快炒，盛出备用。

3.锅中留少许底油烧热，倒入芹菜快炒，加盐炒匀，然后倒入牛肉末，再用大火快炒，并加入剩余的酱油和料酒，炒匀即可。

营养师分析

牛肉具有益气补血、强筋健骨的作用，孕妈妈常食可增加钙、磷、铁的补充，可防治小腿抽筋，有利于胎儿的发育；芹菜可以帮助孕妈妈增进食欲，促进消化，有效地预防便秘。

鱼头炖豆腐

材料：鲢鱼头400克，豆腐100克，香菇8朵，葱3段，姜3片。

调料：盐1大匙。

做法：

1. 鱼头洗净，从中间劈开，用纸巾将鱼头表面的水分吸干；豆腐切大块备用；香菇用温水浸泡5分钟后，去蒂洗净。
2. 锅内加入油烧至七成热，放入鱼头，用中火将两面煎黄（每面约3分钟）。
3. 将鱼头摆在锅的一边，放入葱姜爆香，倒入开水，以没过鱼头为宜。
4. 放入香菇，盖上盖子，大火炖煮50分钟。
5. 放入豆腐，加入盐，继续煮3分钟即可。

营养师分析

鱼头中含有丰富的不饱和脂肪酸，具有软化血管、降低血脂和健脑的功效；豆腐可以为孕妈妈提供身体所需的蛋白质和钙质；香菇中的维生素D原可促进钙的吸收。

干炸虾肉丸

材料：肥猪肉15克，虾仁300克，鸡蛋2个，口蘑25克，葱、姜末各2小匙。

调料：面粉50克，料酒2小匙，盐半小匙，鸡精少许。

做法：

1. 将肥猪肉、口蘑、虾仁洗净，剁成末备用；鸡蛋打入碗中，搅成蛋液。
2. 将肥猪肉、口蘑、虾仁、蛋液、葱、姜放入一个比较大的盆中，加入面粉、料酒、盐、鸡精，顺同一方向搅成馅。
3. 锅内加入油，烧至五成热，将调好的虾肉馅制成大小均匀的小丸子，下入油锅中用小火炸至金红色，捞出来控干油即可。

营养师分析

虾肉中所含的钙，不但是胎儿骨骼和牙齿的重要构成成分，还具有降低孕妈妈神经细胞的兴奋性、预防抽筋、水肿、促进孕妈妈体内多种酶的活动、维持孕妈妈体内酸碱平衡的作用。

孕期水肿

孕期水肿发生的原因有很多，妊娠子宫压迫下腔静脉，使静脉血液回流受阻；胎盘分泌的激素及肾上腺分泌的醛固酮增多，造成体内钠和水分潴留；体内水分积存，尿量相应减少；母体合并较重的贫血，血浆蛋白低，水分从血管内渗出到周围的组织间隙等，都可能造成孕妈妈发生水肿症状。

孕妈妈可将大拇指压在小腿胫骨处，当压下后，皮肤会明显地凹下去，且不会很快地恢复，即表示有水肿现象。

消除水肿妙方

孕期应注重营养的合理搭配

多喝水，多吃富含铁、叶酸等的健康食物。如果水肿严重的话，可以多吃些利尿消肿的食物，如红豆汤、冬瓜鲤鱼汤（清汤、无盐）等。

多吃富含钾的食物

如香蕉、梨等新鲜水果，油菜、芹菜等蔬菜。

多吃富含维生素C的食物

如柠檬、番茄、草莓等水果和各种黄绿蔬菜。

富含维生素B_1的食物

如猪肉、花生等。

食用低盐餐

怀孕后身体调节盐分、水分的功能下降，因此在日常生活中要尽量控制盐分的摄取，每日摄取量在6克以下。

不吃烟熏食物

如牛肉干、猪肉脯、鱿鱼丝等，烟熏类食物中含有过多的盐分和其他不利于孕妈妈健康的成分，尽量少吃。

不吃腌制的食物

如泡菜、咸蛋、咸菜、咸鱼等。

起居调理，消除水肿

充分休息

消除水肿最好的方法是静养，研究表明，人在静养时心脏、肝脏、肾脏等负担会减轻，水肿自然会减轻或消失。

注意保暖

为了消除水肿，必须保证血液循环畅通、气息顺畅。为了做到这两点，除了安心静养外，还要注意保暖。

穿着合适的衣服

穿着紧身的衣服会导致孕妈妈的血液循环不畅，从而引发身体水肿。因此，孕妈妈在怀孕期间应尽量避免穿着过紧的衣服。

穿弹性(裤)袜

为了减少过多血液堆积在下肢，建议孕妈妈在清晨出门前穿上弹性(裤)袜，尤其长期站立或是保持坐姿的孕妈妈。可以选择孕妈妈专用的袜子，在秋冬穿着还有保暖的功效。

抬高双腿

建议孕妈妈在睡前（或午休时）把双腿抬高15～20分钟，可以起到加速血液回流、减轻静脉内压的双重作用，不仅能缓解孕期水肿，还可以预防下肢静脉曲张等疾病的发生。

左侧睡

孕妈妈可以采取左侧卧位，这样可以避免压迫到下肢静脉，并减少血液回流的阻力。这样还可以减少对心脏的压迫。

/专家提示/

一般来说，如在一天中到了傍晚才稍现有水肿，多半为正常现象。但如在早晨起床时发现脸、手、脚出现水肿，即有可能不正常。一般孕妈妈的水肿，常发生于小腿、脚踝，如有全身性水肿，则需考虑为异常情形，最好去医院进一步检查。

营养餐单

玉米煲老鸭

材料：老鸭1只，猪脊骨100克，猪瘦肉50克，玉米2根，姜1块，葱1根。

调料：盐适量，鸡精1小匙。

做法：

1. 先将玉米洗净，斩段；猪脊骨斩块；猪瘦肉切块；姜去皮。
2. 老鸭处理干净，剖好斩块；葱切段。
3. 砂锅烧水，待水沸时，将老鸭、猪脊骨、猪瘦肉焯烫，捞出洗净血水。
4. 在砂锅中加入老鸭、猪瘦肉、猪脊骨、玉米、姜，再加入清水。
5. 煲2小时后调入盐、鸡精，加少许葱段即可。

营养师分析

鸭肉鲜嫩肥美，营养丰富，食用鸭肉可消暑滋阴、健脾化湿、补益虚损，实为夏季清补之佳品。低热、虚弱、食少、大便干燥和水肿孕妈妈食鸭肉较为有益。

陈皮红豆汤

材料：红豆200克，陈皮5克。

调料：盐少许。

做法：

1. 红豆洗净，浸泡半小时左右；陈皮用热水泡软备用。
2. 锅置火上，加入2碗清水煮开，放入红豆煮熟。
3. 加入陈皮，盖上盖焖10分钟左右，调入盐即可。

营养师分析

红豆中含有丰富的蛋白质、钙、铁、磷等营养物质，可以为孕妈妈补充充分的营养，还不会使人发胖，并且红豆中所含的皂角苷，具有良好的利尿作用，可以帮助孕妈妈消除水肿。

海米冬瓜汤

材料：冬瓜300克，海米20克。

调料：盐、鸡精、香菜末、高汤各适量。

做法：

1. 将海米用温水泡软，洗净，控干水分；冬瓜去皮和瓤，洗净，切成片。
2. 锅中热油爆香海米，煎香后放入高汤和冬瓜煮至半透明，加入盐和鸡精调匀，撒入香菜末即可。

营养师分析

冬瓜含有充足的水分，具有清热毒、利尿、止渴除烦、祛湿解暑等功效，是孕妈妈的消肿佳品；海米是钙的较好来源。在孕晚期，孕妈妈可多吃冬瓜和海米，既可去除孕期水肿，又可补充钙质。

海带排骨汤

材料：排骨300克，干海带30克，葱花、姜片各适量。

调料：料酒、盐、鸡精各适量。

做法：

1. 将排骨洗净，放入开水中去除血沫后将排骨捞出。
2. 将浸泡好的海带捞出，洗净，切成1厘米宽的长条备用。
3. 在锅内放大半锅水，水烧开后加入排骨、少许葱花、姜片、料酒用中火煮20分钟。
4. 把海带加入排骨汤中，改用小火煲1小时后，加入盐和鸡精即可。

营养师分析

海带有“长寿菜”之称，有美发，防治肥胖症、高血压、水肿、动脉硬化等功效。孕妈妈在孕期应保证每周吃1～2次海带。海带能有效地降低血压、减轻水肿，对心脏也有很大的好处，因此，对孕妈妈的身体有很好的保健作用。

孕期失眠

睡眠是人体的生理需要，也是维持身体健康的重要手段。有一些孕妈妈或难以入睡，或睡而易醒，往往伴有头昏、头晕、健忘、倦怠等症状，严重影响了孕妈妈和胎儿的健康。

会吃的孕妈妈睡得更香甜

饮食调理

1.到了孕后期，孕妈妈们腿常常抽筋，大大影响睡眠的质量。应及时补充钙、镁及B族维生素，如睡前喝些温牛奶可缓解抽筋。

2.血虚极易引起失眠。多摄取含铁质的食物，如动物、绿色蔬菜、贝类等，补铁补血。

3.富含色氨酸食物具舒缓心情与助眠作用，如牛肉、羊肉、猪肉、南瓜子、葵花子、腰果等坚果类都含有色氨酸。且坚果类同时也含丰富B族维生素，既可助眠，又可稳定神经。

饮食禁忌

1.避免进食含高糖、咖啡因、高盐和酒精的食物和饮料。咖啡因和酒精都会干扰睡眠。

2.晚餐吃辛辣食物也是影响睡眠的重要原因。辣椒、大蒜、洋葱等会造成胃中有灼烧感和消化不良，进而影响睡眠。

3.油腻的食物吃了后会加重肠、胃、肝、胆和胰的工作负担，刺激神经中枢，让它一直处于工作状态，也会导致失眠。

好心情对睡眠也很重要

孕妈妈在精神和心理上都比较敏感，对压力的耐受力也会降低，常会抑郁和失眠，这是由体内激素水平的改变引起的。在孕期影响人体的激素主要是雌激素和黄体酮，会令情绪不稳、压力过大，容易早产，或者出现视力、听力和智能的缺陷。因此，适度的压力调适以及家人的体贴与关怀，可以解除孕妈妈不必要的顾虑，对于稳定的心情十分重要。

保持良好的心境，听听轻松舒缓的音乐，看看愉悦身心的风光片，放松训练或请心理医生帮助，运用心理疗法对孕期失眠调理很重要。

营养餐单

金针黄豆排骨汤

材料：排骨100克，金针菜50克，黄豆150克，大枣4颗，生姜1块，葱花少许。

调料：盐1小匙。

做法：

1. 黄豆用清水泡软，清洗干净；金针菜的头部用剪刀剪去，洗净打结。
2. 生姜洗净切片；大枣洗净去核；排骨用清水洗净，放入滚水中烫去血水备用。
3. 汤锅中倒入适量清水烧开，放入所有原材料。
4. 以中小火煲3小时，起锅前加入盐调味，撒上葱花即可。

营养师分析

金针菜味甘性凉，此汤对孕期失眠、乳汁不下等有缓解作用，可作为产后的调补品。

鲜奶冰糖炖蛤蜊

材料：蛤蜊100克，鲜奶2杯半。

调料：盐、冰糖各2克。

做法：

1. 蛤蜊用水浸泡至发胀，挑除污物及沙肠后洗净待用。
2. 鲜奶倒入炖盅内，加进发好的蛤蜊、冰糖，盖上盅盖。
3. 隔水炖1小时，加盐入味即可。

营养师分析

牛奶中含有丰富的色氨酸，为人体八种必需氨基酸之一，它能使人脑分泌催眠血清素，可以松弛神经，起到安神助眠的效果。蛤蜊中所含的硒可以帮助孕妈妈调节神经、稳定情绪。

大枣莲子汤

材料：大枣10颗，去芯莲子15粒。

调料：冰糖适量。

做法：

1. 先将莲子用清水浸泡1～2小时；大枣洗净。
2. 把泡好的莲子与洗净的大枣一起放锅内煎煮。
3. 等到煮至质软汤浓时，加入适量冰糖调匀即可。

营养师分析

孕妈妈在睡前30分钟喝一碗大枣莲子汤，对睡眠很有帮助。大枣含有大量的铁、钾等元素，能促进血红蛋白的再生，可治疗孕妈妈因贫血造成的心悸、失眠、健忘。

产前抑郁

孕妈妈从怀孕起，由于体内激素水平出现变化，特别在怀孕早期的3个月里，出现呕吐等各种身体不适；同时，心理也容易出现波动，情绪更容易低落。由于生育期女性是精神病易感人群，如果调节能力差的孕妈妈此时没有得到适当照顾，心理压力过大，难以从“少女角色”转换到“妈妈角色”，就可能在临床上表现出躁狂、抑郁、精神分裂，甚至出现意识障碍和幻觉，以致发生难以预料的意外事件。

以上是导致孕妈妈抑郁的生理原因，此外还有心理原因。比如怀孕后的孕妈妈担心产后会失去怀孕前的一切，在丈夫面前和单位里“失宠”，担心自己身材会变形，整天患得患失等，这些不必要的疑虑和顾忌，往往会带来心理问题，加重孕妈妈产前抑郁的症状。

抑郁孕妈妈要学会自我调节

饮食调节

食物与情绪及心理健康有着微妙关系

孕妈妈如果患上了产前抑郁症，除了加强心理调节或心理治疗外，适当的饮食调理也很有好处的。调整好每日饮食、适当补充某些营养物质，可以使孕妈妈精力充沛、心情愉悦，尤其重要的是，饮食治疗没有不良反应，可以列为调节情绪的首选。

热量摄入要充足

保证足够热量物质摄入，能够使脑细胞的正常生理活动获得足够能量。由于心情抑郁时大都有不同程度上的食欲减退，甚至出现厌食症状。因此准爸爸要在食物的色、香、味上做文章，以刺激孕妈妈胃口，增强食欲，促进摄入热量物质，保证大脑活动所需。

别忽略维生素和矿物质

人的大脑需要维生素和矿物质将葡萄糖转化为热量，每天至少食用5份80克的水果和蔬菜，尤其是绿色、多叶、含镁丰富的蔬菜。同时，镁、硒、锌和B族维生素都是抗抑郁必备的微量元素。

均衡饮食

孕妈妈要养成良好的饮食习惯，多吃蔬菜水果等，均衡饮食，在避免消极情绪的同时有利于保健养生。

增加蛋白质的摄入

鱼虾、瘦肉中含有优质蛋白质，可为脑活动提供足够兴奋性介质，提高脑的兴奋性，对拮抗抑郁症状是有所帮助的。

心理调节

孕妈妈可事先了解一些生育的基本知识，对分娩和产后的卫生常识有所了解，这样可以减轻孕妈妈对分娩时的疼痛感产生恐惧感和紧张感；还要学会自我调节情绪，放松心情，比如适当参加一些户外运动，如短途旅游、做孕妈妈体操等，参与一些社交活动。

准爸爸在孕期应该更关注孕妈妈的心理变化，尽一切可能关心她、体贴她，减少不良刺激；要和孕妈妈共同分担孕期的苦乐，并把做准爸爸看作自己最大的幸福，这对孕妈妈将是最大的安慰。建议准爸爸平常应陪同孕妈妈到医院检查，详细询问检查的结果。

营养餐单

莲子银耳汤

材料：莲子50克，水发银耳30克，大枣3颗。

调料：白糖适量。

做法：

1. 莲子加适量清水倒入锅中煮汤。
2. 待莲子熟烂，加入水发银耳和大枣一同煮开。
3. 加入适量白糖调味即可。

营养师分析

莲子益胃补精，银耳含维生素及铁质，具滋润养颜、安神益脑的功效。常喝可治疗孕期抑郁症。

海蜇荸荠汤

材料：海蜇150克，瘦肉150克，荸荠250克，大枣（去核）4枚，生姜2片。

调料：盐适量。

做法：

1. 荸荠去皮，洗净切片；海蜇浸洗干净，切小块；瘦肉切片后出水。
2. 将全部材料放入煲内，加水煮约1小时。
3. 加入适量盐调味即可。

营养师分析

这道汤滋肾健脾、养胃阴、安心神，秋季容易患抑郁症的孕妈妈应常饮用。

百合冬瓜煮蛤蜊

材料：蛤蜊150克，冬瓜100克，鲜百合30克，生姜1块，葱1根。

调料：清汤适量，鸡精1小匙，盐、料酒、胡椒粉各少许。

做法：

1. 鲜百合洗净，蛤蜊洗净，冬瓜去皮切条。生姜去皮切片，葱切段。
2. 用瓦煲一个，加入清汤，用中火烧开。
3. 下入蛤蜊、冬瓜、生姜、料酒加盖，改小火煲40分钟。
4. 再投入百合，调入盐、鸡精、胡椒粉，继续用小火煲30分钟，撒上葱段即可。

营养师分析

此汤有良好的营养滋补之功，特别是对产前抑郁、神经衰弱等症大有裨益。蛤蜊性寒，能滋阴养肝，明目清热；常食百合有润肺、清心、调中之效，可止咳。

产后催乳

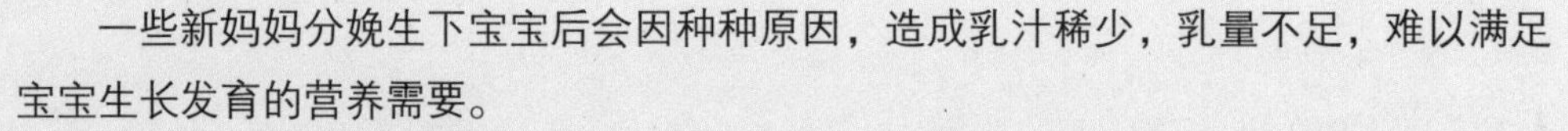

一些新妈妈分娩生下宝宝后会因种种原因，造成乳汁稀少，乳量不足，难以满足宝宝生长发育的营养需要。

产后新妈妈乳汁的多少，既受内分泌激素的调节，又受乳房组织本身发育状况的影响。除此之外，要维持足够的奶量，新妈妈须适当增加富含蛋白质食物的摄入，如瘦肉类、蛋类等，尤其是要喝易下奶的汤水，如鸡汤、猪蹄汤、鲫鱼汤等，多吃新鲜蔬菜和水果。

下面对于乳量不足的新妈妈推荐多款以食物为主、配以药物的催乳食谱。这些催乳食疗方无不良反应，不仅可使乳汁稀少、乳量不足的乳母增加乳汁，而且对产后新妈妈的身体康复也大有裨益。

营养餐单

猪蹄金针菜汤

材料：猪蹄1对（约750克），金针菜100克，冰糖30克。

做法：

1. 将金针菜用温水浸泡半小时，去蒂头，换水洗净，切成小段，待用。
2. 把猪蹄洗净，用刀斩成小块，放入砂锅内，再加清水适量，置于旺火煮沸，加入金针菜及冰糖，锅加盖，用小火炖至猪蹄烂时即可食用。

营养师分析

此菜养血生精，壮筋益骨，催奶泌乳，对新妈妈乳汁分泌有良好的促进作用。

龙井虾仁

材料：虾仁500克，龙井新茶1克，鸡蛋1个，鸡精、黄酒、盐、水淀粉各适量。

做法：

1. 虾仁用清水反复冲洗，盛入碗内，放入盐和鸡蛋清，用筷子轻轻搅拌至有黏性时加入水淀粉，加鸡精搅拌，静置，使虾仁入味。
2. 将龙井茶用沸水冲泡，1分钟后倒出部分茶汤，茶叶及剩余茶汤待用。
3. 将油锅用中火烧至四成热时，将虾仁倒入油锅，迅速用筷子划散。待虾仁呈玉白色时起锅，沥去油。
4. 将锅留底油，倒入虾仁，和剩余的茶叶、茶汤，然后烹入黄酒，翻炒数次，起锅装盘。

营养师分析

虾含有人体所必需的氨基酸、维生素A、维生素B_1，有通乳之功效，治疗产后乳汁不下。

莴笋猪肉粥

材料：猪肉150克，莴笋30克，粳米50克，鸡精5克，盐2克，酱油3克，香油10克。

做法：

1.将莴笋去皮，清水洗净，切成丝，待用。

2.把猪肉洗净，切成末，放入碗内，加少许酱油、盐腌制10～15分钟，待用。

3.将粳米淘洗干净，直接放入锅内，加清水适量，置于火上煮沸，加入莴笋丝、猪肉末，转小火煮至米烂汁黏时，放入盐、鸡精及香油，稍煮片刻后即可食用。

营养师分析

此粥可益气养血，生精下乳，益养五脏。既可促进母体康复，又能下乳催奶，为新妈妈产后的上等粥品。

花生煮鸡爪汤

材料：鸡爪10只（约200克），花生50克，黄酒5克，姜片、盐各3克，鸡精1克，鸡油10克。

做法：

1.将鸡爪剪去爪尖，清水洗净，待用。

2.将花生米放入温水中浸半小时，换清水洗净，待用。

3.把煮锅洗净，加入清水适量，置于炉火上，用旺火煮沸，放入鸡爪、花生米、黄酒、姜片，锅加盖，煮2小时后，并将盐、鸡精放入，小火焖煮一会儿，淋上鸡油，即可食用。

营养师分析

此汤养血催乳，活血止血，强筋健骨。新妈妈产后食用，能促进乳汁分泌，有利于子宫复旧，促进恶露排出，防止产后出血。

鲤鱼煮枣汤

材料：鲤鱼1条（约500克），大枣10颗，料酒、盐各适量。

做法：

1.将大枣去核，清水冲洗净，待用。

2.将鲤鱼去鳞、内脏、鳃，清水洗净，放入锅中，加清水、大枣、盐、料酒后，置于炉火上，煮至鱼肉熟烂，即可食鱼饮汁。

营养师分析

此汤养血催乳，补益五脏，健脾行水，和胃调中，开胃增食。新妈妈产后食用，可开胃补益、催乳复体、健脾行水；同时，还可以预防与治疗产后水肿，具补益治病双重之功。

产后血晕

产后血晕是指新妈妈分娩后出现头晕眼花、不能坐起或心胸满闷、恶心呕吐，甚至神志昏迷等症状。中医认为，导致血晕的原因，一是生产时失血过多，心神失养，以致气虚血脱；二是血瘀气滞，扰乱心神而致血晕。治疗时可对症用独参汤、定坤丹或夺命散。还可根据病症分型采用药膳调理。下面几款食谱不仅对新妈妈身体恢复大有裨益，在治疗血晕上也有一定的食疗效果。

营养餐单

糯米葱粥

材料：糯米100克，葱30克。

做法：

1. 糯米淘洗干净，放入锅中，加水500毫升，先用大火煮开，改为中火续煮，至粥汁浓稠时改为小火。
2. 葱洗净，切碎，待粥近熟时加入锅中，再煮片刻即可。

营养师分析

此粥益气养血，开窍醒神，回阳救逆。可用于治疗血虚气脱之产后昏厥，但其急救之效较独参汤为逊；若与独参汤配合食用，可增强治疗效果。

归芪羊肉汤

材料：当归10克，黄芪8克，葱段、姜6克，羊肉500克，盐5克，黄酒15毫升。

做法：

1. 将当归、黄芪、姜、葱段用纱布包好；羊肉洗净，放入沸水中焯去血水捞出，切成条。
2. 砂锅置火上，放入清水烧沸，放入羊肉、黄酒和纱布包，用大火烧沸后转小火慢炖1小时，取出纱布包，加盐调味即可。

营养师分析

对产后血虚型血晕，浑身乏力，食欲不佳的新妈妈有效。

桃仁粥

材料：桃仁15克，粳米50克，红糖适量。

做法：

1. 桃仁捣烂后加水浸泡，取汁。
2. 粳米洗净煮粥，粥半熟时加入桃仁汁与适量红糖，炖至粥熟，每日清晨服食。

营养师分析

此粥对产后血瘀型血晕新妈妈有效。

黄芪粥

材料：粳米50克,黄芪20克，红糖20克。

做法：

1. 黄芪加水200毫升，煎至100毫升，去渣留汁。
2. 粳米淘洗干净，加水300毫升与黄芪汁一起煮至米开花、汤稠时加红糖少许。

营养师分析

此粥补气升阳，益卫固表，排毒生肌，利水退肿。适用于气虚体弱、感冒、倦怠乏力、食少便溏、产后虚血气脱型血晕。

莲子粥

材料：莲子50克，粳米200克，红糖10克。

做法：

1. 先将莲子煮熟，去壳去心，晒干，磨成细粉（可多磨一些备用）。
2. 粳米淘洗干净入锅，加水适量煮粥，待煮至快熟时加入莲子粉，再煮至米烂汤黏稠时加入红糖即可。

营养师分析

补脾益气、固肾益精、养心安神。适合治疗产后血虚气脱型血晕。

产后贫血

新妈妈在生完宝宝后失血量多，会导致贫血。

发生贫血时，如果新妈妈自身的营养得不到补充，在身体虚弱的时候，很可能会引起乳汁分泌不足，同时导致乳汁的含铁量减少，影响宝宝对营养成分的吸收。一般贫血严重的新妈妈，进行母乳喂养常使宝宝营养不良，抵抗力下降，进而引发宝宝腹泻及感染性疾病，影响宝宝体格及智力发育。

遇到这种情况新妈妈该如何调理？俗话说药补不如食补，长期服用药物会引起不良反应，也会发生消化障碍，唯有食物，不但使新妈妈食用起来津津有味，还能不断翻新来引起食欲。发生贫血的新妈妈在咨询过医生后，如果医生经检查认为不需要治疗，就可以通过饮食调节来改善贫血症状。

下面几款食谱对于产后贫血的调理有着不错的效果。

营养餐单

紫米粥

材料：紫米、糯米各100克，大枣8颗，白糖少许。

做法：

1. 将紫米、糯米分别淘洗干净，待用；把大枣去核，洗净，待用。
2. 在锅内放入清水、紫米和糯米，置于火上，先用旺火煮沸后，再改用小火熬煮到粥将成时，加入大枣略煮，以白糖调味即可。

营养师分析

此粥补脾胃，益气血。适用于新妈妈体质虚弱、营养不良、贫血等症。

党参当归猪腰汤

材料：猪腰2个，党参30克，当归15克，盐5克，胡椒粉3克。

做法：

1. 将猪腰去膜，片成两片，去尽腰臊，洗净，切成细丁备用。
2. 在锅内放入清水、猪腰丁，大火烧开后放入党参、当归煎煮数分钟，最后加入盐、胡椒粉调味即可。

营养师分析

此汤有益气、养血、润肠胃、润泽皮肤、补肾的功效，对新妈妈血虚心悸、气虚自汗、贫血等症有功效。

鸡汤粥

材料：柴鸡1500克，粳米100克，盐适量。

做法：

1. 将柴鸡宰杀，沸水烫过，去毛及内脏，清水洗净，放入砂锅内，倒入适量水，置于小火熬鸡汁，将鸡汁倒入一个大汤碗内，待用。
2. 把粳米淘洗干净，放入锅内，加入鸡汁、盐，锅加盖，置于火上，同煮至粥成。

营养师分析

此粥滋养五脏，补益气血。适用于新妈妈产后羸瘦、气血不足、虚弱劳损等症。

木耳红枣果味粥

原料：粳米100克，黑木耳50克，大枣100克。

调料：冰糖、橙汁各适量。

做法：

1. 粳米淘洗干净，浸泡30分钟；大枣洗净。
2. 黑木耳放入温水中泡发，择去蒂，除去杂质，撕成瓣状。
3. 将所有原材料放入锅内，加水适量用大火烧开。
4. 转小火炖至黑木耳粑烂、粳米成粥后，按个人口味加适量糖即可。

龙眼羹

材料：龙眼肉50克，白糖20克。

做法：

1. 将龙眼肉清洗干净，待用。
2. 将锅中放清水，置于炉火上大火烧开，放入龙眼肉，改为小火炖30分钟左右，加入白糖即可。

营养师分析

此羹益气养血，补益心脾。对于新妈妈产后失血过多，气血两虚者甚为有效。

米酒蒸鸡蛋

材料：米酒500毫升，鸡蛋5个，糖桂花少许。

做法：

1. 将鸡蛋打入碗内，倒入米酒，加入糖桂花，拌匀，待用。
2. 煮锅里加入清水适量，把鸡蛋碗放入锅里，隔水炖1小时即可。

营养师分析

此蛋活血，滋补。适于气血两伤的新妈妈食用。

产后体虚

很多新妈妈生完宝宝后，身体或多或少会出现一些不适的情况，如食欲不振、乳汁不足、易疲劳、怕冷、健忘、气虚、血虚、阴虚等。

产后体虚是新妈妈产后最常见的不适症状。由于分娩时失血过多、用力、疼痛、创伤等都会导致新妈妈气、血、津液的损耗，所以就算平时体质再好也会感到从未有过的虚弱。月子期饮食结构的不当也可能造成产后气血两虚，会给新妈妈带来很大的危害。所以产后的饮食调理是非常必要的。

营养餐单

糟鱼肉圆汤

材料：青鱼中段400克，肥瘦猪肉200克，鸡蛋1个，冬笋、水发冬菇各25克，豆苗15克，干姜粉30克，葱姜汁、盐、料酒、鸡精、香糟各适量。

做法：

1. 青鱼洗净，切成5厘米长、2厘米宽的长方块，盛在碗内，加少许盐拌匀，腌30分钟，随即将香糟用料酒调稀后，倾入鱼块内拌和，腌2小时待用。
2. 冬笋切成片状；冬菇去蒂洗净；肥瘦肉剁成肉末，放在碗内，加入盐、鸡精、葱姜汁、蛋清拌匀搅上劲，再加入干姜粉拌和待用。
3. 将砂锅置于炉上，倒入清水，将鱼块洗净后，和笋片、冬菇一起下锅，加入盐、鸡精，待烧开后，端锅离火，将拌好的肉泥做成肉圆，一面做一面放入锅内，制毕后起锅再置炉上，用小火滚烧5分钟左右，撇去浮沫，放入豆苗烫热后，即可。

营养师分析

此汤对于产后新妈妈有良好的补益作用，若兼产后有水肿，食之有促进水肿消除之效。

清炖鸡参汤

材料：水发海参400克，童子鸡500克，火腿片25克，鸡骨500克，小排骨250克，水发冬菇50克，笋花片50克，料酒、鸡精、高汤、盐、葱姜各适量。

做法：

1. 将发好的海参下开水锅焯一下；鸡骨、小排骨斩成块，与童子鸡一起下开水锅焯一下，洗净血秽。冬菇去蒂，洗净待用。
2. 将海参、童子鸡放在汤碗内，笋花片放在海参与童子鸡间的空隙两头，火腿片放在中央，加入料酒、鸡精、盐、葱姜、鸡骨、小排骨、高汤，盖上盖子，上笼蒸烂即可。

营养师分析

此汤补肾益精、养血润燥、健脾壮骨、培益脏腑，对于产后新妈妈体虚食之有益。

羊排粉丝汤

材料：羊排骨500克，干粉丝50克，姜2片，葱、香菜各少许，醋、盐各适量。

做法：

1. 羊排骨洗净切块；粉丝洗净后用开水浸泡至软；香菜洗净，切段。
2. 用热油少许，倒入羊排骨煸炒至干，加醋后再炒干。
3. 煲内加适量水及姜、葱，大火煮沸，去浮沫，再用小火煲2小时，然后投入粉丝，撒上香菜、盐，待沸即可。

营养师分析

羊骨具补肾、强筋骨之功。此汤补虚，散寒，通乳。适用于虚寒少腹冷痛、乳少、产后体虚等症。

银耳乌龙汤

材料：水发海参50克，银耳5克，盐、鸡精各5克，料酒8毫升，清汤300毫升。

做法：

1. 银耳温水泡开，去根蒂，清水洗净；海参洗净，切成小片。
2. 将银耳、海参片一起放入开水锅中焯透，捞出滤去水分。
3. 锅内放入清汤100毫升、盐、鸡精及料酒，把银耳、海参片放入汤内，小火煨5分钟，盛入碗中。
4. 另起锅，放入清汤200毫升、盐、鸡精及料酒，汤烧开，撇去浮沫，倒入盛银耳与海参片的汤碗中即可。

营养师分析

此汤滋养肺胃、养血润燥、益肾生精、消肿利尿。新妈妈食之，有海中人参之效，为补益佳品。

黄鱼羹

材料：净黄鱼肉200克，葱末3克，嫩笋50克，葱段5克，熟猪肥膘5克，黄酒15毫升，熟火腿10克，盐4克，鸡蛋1个，鸡精3克，姜汁水10毫升，清汤450毫升，姜末3克，水淀粉60克。

做法：

1. 黄鱼肉片成长4厘米、宽2厘米、厚1厘米；猪肥膘切成指甲片；嫩笋、熟火腿均切成末；鸡蛋磕入碗内搅散。
2. 油锅置火上烧热，投入葱段、姜末，煸出香味，将鱼片落锅，倒入黄酒、姜汁水、清汤、笋末、盐、猪肥膘片，烧沸后撇去浮沫，加入水淀粉勾芡，淋入鸡蛋液，搅拌，撒上葱末、熟火腿末，即可。

营养师分析

黄鱼肉蛋白质含量高，含多种不饱和脂肪酸，中医认为有补气、开胃、安神之功效，适用于产后新妈妈体虚、食少等症。

产后便秘

产后几乎所有的新妈妈都会便秘，这是因为新妈妈分娩前后基本不进食，腹压降低不易用劲，会阴切开或痔疮疼痛不能用劲，产后卧床休息等各种不利条件相互重叠所致。此外，新妈妈在产后几天内的饮食单调，往往缺乏纤维素食物，尤其缺少粗纤维的含量，这就减少了对消化道的刺激作用，也使肠蠕动减弱，影响排便。

新妈妈在分娩后，一是应适当地活动，不能长时间卧床。二是在饮食上，要多喝汤、饮水。每日进餐应适当配一定比例的杂粮，做到粗、细粮搭配，力求主食多样化。在食用肉、蛋的同时，还要吃一些含纤维素多的新鲜蔬菜和水果。饮食调养对产后便秘的恢复有很大影响。

营养餐单

黄瓜炒冬笋

材料：净冬笋200克，黄瓜100克，盐、鸡精、料酒、姜末、鸡汤各适量。

做法：

1. 冬笋洗净，放入沸水锅中煮5分钟，捞出，冲凉，切成片；黄瓜洗净，切片。
2. 油锅置火上烧热，煸香姜末，放入冬笋片略炒，再放入黄瓜片，倒入料酒，加盐、鸡精和鸡汤，用大火翻炒几下即可。

营养师分析

冬笋是一种富有营养价值并具有医疗功能的美味蔬菜，质嫩味鲜，清脆爽口，含有蛋白质和多种氨基酸、维生素，以及钙、磷、铁等微量元素，还含有丰富的纤维素，能促进肠道蠕动，预防产后便秘。

姜汁菠菜

原料：嫩菠菜500克，姜25克，蒜末、盐、酱油、醋、花椒油、麻油各适量。

做法：

1. 菠菜洗净，切成段，锅中加入适量清水烧沸，倒入菠菜，焯至断生后捞出，用凉水过凉，沥净水分，摆入盘中。
2. 姜捣烂挤出姜汁，在姜汁中加盐、大蒜、酱油、醋、花椒油、麻油拌匀，浇在菠菜上即可。

营养师分析

菠菜能滋阴润燥、补肝养血、清热泻火，用于治疗阴虚便秘、消渴、贫血等症。

白萝卜西红柿汤

材料：西红柿150克，番茄酱150克，白萝卜400克，精盐、鸡精、植物油、面粉各适量。

做法：

1. 西红柿洗净切小块，白萝卜去皮切细丝。
2. 植物油放入锅内烧热，加面粉搅拌成糊状，再放番茄酱炒匀。
3. 待炒出红油时加入萝卜丝翻炒片刻，倒入适量清水，用小火煮10分钟，下西红柿块，煮沸后加精盐、鸡精调味即成。

营养师分析

白萝卜中的膳食纤维含量是非常可观的，尤其是叶子中含有的植物纤维更是丰富。这些植物纤维可以促进肠胃的蠕动，消除便秘，起到排毒的作用。

芝麻糊

材料：黑芝麻500克，粳米100克，白糖适量。

做法：

1. 将黑芝麻去除杂质，洗净，炒熟。
2. 粳米淘洗干净，除净水分，炒熟。
3. 将芝麻与粳米一起磨细，加入白糖拌和均匀，盛于容器中，盖紧备用。
4. 食用时，根据所需量取出，加水用小火煮，边煮边搅，煮成糊状即可。

营养师分析

此糊可补肝肾、黑须发、润五脏、生津液、通乳汁、生精血。为产后良好补益佳品外，还可治疗产后虚弱、腰部无力、眩晕耳鸣、大便燥结、乳汁缺少等病症。

产后腹痛

新妈妈在分娩过程中由于失血过多，或者本来体质气血虚弱，使冲脉、任脉空虚，因而产后腹痛，其表现为：小腹隐隐疼痛，绵绵不断，腹部喜用热手揉按，恶露量少、色淡红、清稀，或兼头昏眼花耳鸣、身倦无力，或兼大便燥结，面色萎黄等。

此时的新妈妈一定要注意多卧床休息保证充足睡眠，还要在饮食方面加强营养。可选择食用一些药膳来帮助减轻症状。

以下食谱对产后腹痛有一定疗效，可以酌情选用。

营养餐单

桂皮红糖汤

材料：桂皮6克，红糖12克。

做法：

锅中加水，烧开，放入桂皮及红糖，煮约20分钟，取汁饮服。

营养师分析

此汤温经散寒、化淤止痛、养血活血，适用于产后寒凝血瘀、经脉不畅所致的产后腹痛者。

八宝鸡

材料：公鸡1只（约1500克），猪肉500克，党参、白术、茯苓、炙甘草、熟地黄、白芍各10克，当归15克，川芎6克，盐15克，葱、姜各10克，鸡精3克。

做法：

1. 鸡宰后去毛，剖腹去内脏，洗净，切成小块。
2. 猪肉洗净，切成小块。
3. 八味中药用干净纱布包裹。
4. 将鸡肉、猪肉放入锅中，加水，并把药包放入锅中，置火炉上煎煮，先用旺火烧开，撇去浮沫，加入葱、姜、盐，改用小火炖至鸡肉及猪肉烂熟，去药包，加入鸡精，分数次食肉喝汤。

营养师分析

此菜益气养血，生精濡脉，补养五脏。适用于产后气血虚弱、经脉失养所致的腹痛。

归七山楂饮

材料：当归、山楂各20克，三七粉10克，红糖30克。

做法：

将当归、三七粉及山楂放入锅中，加水约250毫升，煎约30分钟，取汁，放入红糖搅化即可。

营养师分析

此饮活血化瘀，通络止痛，可用于治疗产后淤血内阻、气闭不行所致产后昏厥，亦可治疗其他淤血内停所致的疾病，如恶露不下或不尽、产后腹痛等。

田七炖鸡

材料：鸡肉300克，田七15克，姜、葱各3克，料酒5毫升，盐2克，鸡精1克。

做法：

1. 鸡肉洗净，切块。
2. 田七烘干，研成粉末（或直接用粉末）。
3. 将鸡肉放入锅内，加清水，置旺火上烧开后，撇去浮沫，加姜、葱、料酒，移至小火上炖至鸡肉熟烂，再加田七粉、盐及鸡精，稍煮片刻即可。

营养师分析

此菜益气养血，生精补脏，化淤止痛。对产后兼有气血虚弱者亦为适宜。此外，还可治疗产后恶露不下、恶露不止等。

当归煮猪肝

材料：猪肝1具（约1500克），当归15克，胡椒、红花、肉桂各9克。

做法：

1. 将当归、胡椒、红花、肉桂碾成粗末。
2. 将猪肝上切挖数孔，装入药末，放入锅中，加入清水，上炉煮1小时左右，食肝饮汤。

营养师分析

此菜温经散寒，暖肾回阳，养血活血，化淤止痛，养肝明目，对产后寒凝经脉所致的腹痛有较好的治疗作用。

山楂粥

材料：山楂20克，粳米60克。

做法：

1. 将山楂洗净先煎，去渣，取汁约200克。
2. 将粳米淘洗干净。
3. 将粳米放入锅中，加入山楂汁，置炉火上煮，煮至米烂汁黏时即可。

营养师分析

此粥养血益气，化淤止痛，对产后血瘀所致腹痛，以及恶露不尽、恶露不下等均有治疗作用。

产后恶露不尽

分娩后由子宫排出的淤血和浊液称之为恶露，正常情况下，产后3周左右完全排尽。如恶露持续3周以上不止者称为产后恶露不绝。当然，恶露不正常的情况有多种，恶露不止是其中最常见的。在恶露排出的关键时期，饮食上以清淡、稀软、多样化为主。新妈妈可根据自己的情况选择食谱。

营养餐单

小米鸡蛋红糖粥

材料：小米100克，鸡蛋3个，红糖100克。

做法：

1. 先将小米淘洗干净，待用。
2. 在洗净的煮锅内放入清水、小米，置于炉火上。先用旺火煮沸，再用小火熬煮至粥成，打入鸡蛋搅匀，略煮，加红糖调味即可。

营养师分析

此粥补脾胃，益气血，活血脉。适用于新妈妈产后虚弱、口干口渴、产后虚泻、恶露不净、产后血痢，是新妈妈产后补养保健佳品。

西米莲心汤

材料：西米500克，干莲心250克，白糖250克，盐25克。

做法：

1. 容器中放入沸水500毫升，加入盐拌匀，放入干莲心，用勺子搅拌至水浑，衣脱，重复几次擦至衣净，然后捞出，用冷水反复洗净，用牙签挑掉中间绿心。
2. 莲心、西米放锅中，加入适量水放入笼中盖严，旺火蒸至酥，出笼，倒掉水后放入浅盘中。
3. 适量水煮沸与白糖拌匀溶化后，将蒸酥的莲心放入即可。

营养师分析

此汤补脾益气、养心益肾、滋养肺胃、生津润燥、湿肠止泻，新妈妈食之有较好的补虚作用，对于失眠多梦、心烦尿频、崩漏带下、恶露量多、淋漓不止有一定疗效。

鸡蛋羹

材料：鸡蛋3个，阿胶30克，甜酒酿100克，盐1克。

做法：

1. 先将鸡蛋打入碗内，用筷子搅匀，待用。
2. 阿胶打碎，在锅内炒泡，加入甜酒酿和少许清水，用小火煎煮，待胶化后，倒入鸡蛋，加入盐调味，稍煮片刻即可。

营养师分析

此羹滋阴养血，清热宁血，调养冲任。对新妈妈阴血不足、血虚生热、热迫血溢而致的产后恶露不尽很有效，既可养体又可止血。

冰糖银耳汤

材料：水发银耳250克，山楂糕25克，冰糖200克，糖桂花15克。

做法：

1. 将银耳择洗干净，切成小片。
2. 将冰糖放盆内，加开水溶化后倒入锅内，再加500克水，烧开后撇去浮沫，倒入沙锅内，放入银耳、山楂糕片，移至微火上煨糕，倒入大碗内，加入糖桂花，搅匀即可。
3. 如不用炒锅煨，可将银耳放入一个大碗内，加糖水及500毫升水，上笼蒸烂，其效相同。

营养师分析

此汤有补益虚损，促进恶露排出及子宫复旧等功能，并可开胃消食、增进食欲。对新妈妈产后出现腹痛，血瘀恶露不尽有一定的治疗作用。

产后抑郁

产后抑郁症已经成为新妈妈们常见的产后疾病之一，这是由分娩后内分泌环境的急剧变化和一些外在因素引起的。月子里的新妈妈还没有完全适应宝宝的出生再加上自身的疼痛、不适，很容易产生一些情绪问题。如不及时调整好心情，就容易导致新妈妈产后抑郁。

产后抑郁主要症状为烦闷、沮丧、焦虑、失眠、食欲缺乏、易激动。它一般不需要药物治疗。对于轻微的情绪问题，新妈妈们可以通过食物进行调养。

营养餐单

香菇豆腐

材料：水发香菇75克，豆腐300克，酱油20毫升，鸡精1克，胡椒粉0.5克，料酒8毫升。

做法：

1. 豆腐切成3.5厘米长、2.5厘米宽、0.5厘米厚的长方条；香菇洗净去蒂。
2. 炒锅上火烧热油，逐步下豆腐，用小火煎至一面结硬壳呈金黄色。
3. 烹入料酒，下入香菇，放入所有调味品后加水，用旺火收汁、勾芡，翻动后出锅。

营养师分析

香菇富含锌、硒、B族维生素，加之豆腐中的蛋白质和钙，会使这道菜的营养很完善，有助于产后新妈妈恢复心情。

小炒虾仁

材料：鲜虾仁50克，西芹250克，白果仁、杏仁、百合各25克，盐、鸡精各适量。

做法：

1. 西芹切段或片，与白果仁、杏仁、百合一同焯水。
2. 虾仁上浆，并放在油锅里过一下。
3. 取出后与西芹等一同炒熟放入调味料调味即可。

营养师分析

西芹可促进食欲，虾仁含蛋白质、钙丰富、开胃补肾。添加白果仁、杏仁、百合一起炒，可养心安神。这道鲜脆、爽口、亮丽的菜肴，会让新妈妈看见它就变得愉快起来。

姜爆空心菜

材料：空心菜1把，老姜2片，盐少许，橄榄油适量。

做法：

1. 空心菜洗净、去老叶备用。
2. 橄榄油倒入锅中，开中火待油热后，将姜片放入锅中爆香。
3. 再将空心菜放入炒锅中，续炒最后加上少许盐，炒匀即可。

营养师分析

空心菜含有丰富的B族维生素、镁、钙和铁。老姜含有丰富的植物多酚及姜黄素。此菜色味俱佳，可让新妈妈赏心悦目。

大枣莲子桂圆汤

原料：大枣10个，去芯莲子15粒，桂圆10个。

调料：冰糖适量。

做法：

1. 先将莲子用清水浸泡1至2小时；大枣洗净；桂圆去壳备用。
2. 把泡好的莲子与洗净的大枣一起放锅内煎煮，最后放入桂圆肉。
3. 等到煮至质软汤浓时，加入适量冰糖调匀即成。

莲心大枣汤

材料：莲心3克，大枣10颗。

做法：

取莲心研末，与大枣共同煎汤，每日1次，饭后服。

营养师分析

此汤用于焦虑情绪明显、烦躁不安的抑郁症新妈妈。

图书在版编目（CIP）数据

怀孕了就要这样吃/艾贝母婴研究中心编著. --北京：中国人口出版社，2014.5

（家庭发展孕产保健丛书）

ISBN 978-7-5101-2387-0

Ⅰ.①怀… Ⅱ.①艾… Ⅲ.①孕妇－妇幼保健－食谱 Ⅳ.①TS972.164

中国版本图书馆CIP数据核字（2014）第052701号

怀孕了
就要这样吃

艾贝母婴研究中心 编著

出版发行 中国人口出版社
印 刷 廊坊市兰新雅彩印有限公司
开 本 720毫米×960毫米 1/16
印 张 19.5
字 数 285千字
版 次 2014年7月第1版
印 次 2014年7月第1次印刷
书 号 ISBN 978-7-5101-2387-0
定 价 29.80元

社 长 陶庆军
网 址 www.rkcbs.net
电子信箱 rkcbs@126.com
总编室电话 (010)83519392
发行部电话 (010)83534662
传 真 (010)83515922
地 址 北京市西城区广安门南街80号中加大厦
邮 编 100054

版权所有 侵权必究 质量问题 随时退换